高职高专“十二五”规划教材

矿石可选性试验

主　编　于春梅
副主编　姜学瑞　王铁富　李金玲
主　审　夏立凯

北　京
冶　金　工　业　出　版　社
2011

内 容 提 要

本书从矿石可选性试验的目的与任务介绍起，系统地阐述了碎矿筛分、磨矿分级、浮游选矿、化学选矿、磁电选矿、重力选矿等各种选矿工艺的试验理论及操作技术。着重实践部分，对各类试验的具体操作、计算、分析等进行了详细说明。

本书是工科高职院校选矿技术专业的教学用书，也可作为选矿领域技术管理人员和技术工人的培训教材，还可供能源、冶金、化工、环境、建材等领域从事与分选有关工作的工程技术人员参考。

图书在版编目(CIP)数据

矿石可选性试验/于春梅主编．—北京：冶金工业出版社，2011.10

高职高专“十二五”规划教材

ISBN 978-7-5024-5767-9

Ⅰ．①矿…　Ⅱ．①于…　Ⅲ．①矿石—可选性—试验—高等职业教育—教材　Ⅳ．①TD913

中国版本图书馆 CIP 数据核字(2011)第 203995 号

出 版 人　曹胜利

地　　址　北京北河沿大街嵩祝院北巷 39 号，邮编 100009

电　　话　(010)64027926　电子信箱　yjcbs@cnmip.com.cn

责任编辑　马文欢　美术编辑　李　新　版式设计　葛新霞

责任校对　卿文春　责任印制　牛晓波

ISBN 978-7-5024-5767-9

北京百善印刷厂印刷；冶金工业出版社发行；各地新华书店经销

2011 年 10 月第 1 版，2011 年 10 月第 1 次印刷

787mm×1092mm　1/16；14.25 印张；341 千字；215 页

30.00 元

冶金工业出版社投稿电话：(010)64027932　投稿信箱：tougao@cnmip.com.cn

冶金工业出版社发行部　电话：(010)64044283　传真：(010)64027893

冶金书店　地址：北京东四西大街 46 号(100010)　电话：(010)65289081(兼传真)

(本书如有印装质量问题，本社发行部负责退换)

前　言

本书为高职高专“十二五”规划教材，是根据选矿技术专业人才培养方案和“矿石可选性试验”课程教学大纲编写的。

编者根据多年的教学与实践经验，面向矿山企业的选矿厂，针对高职院校学生，以培养适应地方建设和社会发展需要、具有良好的职业道德和职业核心能力、能够在选矿技术领域一线从事“生产、建设、管理、检验”工作的高素质技能型人才为目标，本着实用原则编写了本书。内容力求体现职业教育的特点，理论与实际相结合。

本书主要介绍了有关矿石可选性试验的基本理论、基本测试技术和试验的具体操作技术，既可满足课堂教学需要，又可作为学生试验时的指导书。

本书由于春梅担任主编，姜学瑞、王铁富、李金玲担任副主编，夏立凯担任主审。具体编写分工为：于春梅编写第 1 章、第 8 章和第 9 章，夏立凯、姜学瑞编写第 4～6 章、第 10 章和第 11 章，王铁富、徐富华编写第 7 章，王洪胜、田宝刚编写第 2 章，李金玲、包丽娜编写第 3 章，全书最后由于春梅负责统一整理。

由于编者水平所限，书中若有不足之处，恳请读者批评指正。

编　者

2011 年 7 月

目 录

1 绪　论

1.1 矿石可选性试验及其目的和任务

1.1.1 矿石可选性及可选性试验

矿石的可选性是指在现阶段的选矿技术水平下，矿石中各种可能利用的矿物根据其物理、化学性质的差别（密度、粒度、形状、导磁性、电导率、表面物理化学性质等），相互分选及与脉石分选的难易程度。

矿石可选性试验是对矿石进行系统的选矿试验工作，根据试验的结果，判断矿石可选的难易程度，并确定应用的选矿方法、选别流程、选别条件及可能达到的选别指标。

选矿试验的研究对象，主要包括以下几个方面：

（1）具体矿产的选矿工艺试验，统称为“矿石可选性试验”；

（2）选矿新工艺、新设备和新药剂的试验；

（3）选矿基础理论的研究。

1.1.2 矿石可选性试验的目的和任务

为了使矿产得到最有效的应用，根据所完成任务的性质不同，选矿试验可分为几类，每一类试验的目的和任务如下所述。

1.1.2.1 可选性试验

可选性试验是指矿产普查勘探早期对不同自然类型、不同品级的试样所作的选矿试验研究，它是为了判别试验对象是否具有工业价值。可选性试验是地质矿产研究中的重要内容，对于在矿产普查勘探早期掌握矿石选矿性能、评价矿石质量具有重要意义，关于易选矿石的可选性试验结果，可作为制定工业指标的基础。

可选性试验首先应进行物质组成的初步研究，着重于矿石的主要组分、结构、构造、赋存状态等的研究，掌握矿石的基本性质以指导选矿试验。试验应在通常认为具有工业意义的选矿方法和常规的流程条件下，用物理的或化学的方法获得最终产品。

可选性试验在回收两种成分时，一般以主要组分的回收试验为主，顺便试验研究伴生组分的回收。

用实验室设备进行分批的单元条件试验，除机器运转外，还辅以人工操作，随人的试验技巧和操作的熟练程度而有不同的试验结果，试验结果的随机性较强，模拟度较低。在一般情况下，此种试验获取的试验指标往往优于较大规模试验获取的指标。

1.1.2.2 实验室流程试验

实验室流程试验是在可选性试验的基础上，为进一步深入研究如何能充分合理回收有用矿物并获得较好的技术指标而进行的流程结构及其条件的多方案比较试验。

流程试验不仅是对各类矿石的选别性能要以相适应的流程予以体现，而且要研究几种组合类型的矿石的统一加工流程，以求得方法技术的先进性与适应性，技术经济指标合乎一定规范要求，估算的经济指标基本接近实际情况。

实验室流程试验采用的是实验室小型非连续的试验设备，流程中作业间的联系辅以人工来进行，即串联和衔接是依靠人工来完成的，流程的平衡不是动态的自然平衡。对矿石的流程试验，由于机器和人的结合衍化出若干不同结构的流程和相应的技术指标，从中选择其合理的流程和指标，便是矿石选别相应的基本依据，其原则流程总是后续试验研究的基础。

实验室流程试验，通常是地质矿产评价的主要依据：对一般矿石而言，是矿床开发初步可行性研究和制定工业指标的基础；对易选矿石，在满足矿山设计所需基本参数的情况下，可作为矿山设计依据。

对于多组分复杂的且较为难选的矿石，就前述的两类试验，并没有截然的划分界线。由于它们的选矿性能，往往要通过多种方法、若干个流程的试验比较，在其流程结构与矿石的加工特性相适应后才会反映出预期的结果。

实验室流程试验要详细进行物质组成研究，特别是矿物工艺学的研究；对有可能回收的伴生组分应研究回收途径，对产品及其影响工艺的中间产物应研究其性质；对试样必须考虑围岩、夹石的混入率。

1.1.2.3 实验室扩大连续试验

实验室扩大连续试验的主要任务是将实验室流程试验推荐的一个或数个流程，串组为连续性的类似生产状态的操作条件，试验因素和指标都在“动态平衡”中反映出来，一般说来已具有一定的模拟度，其结果是可靠的。

实验室扩大连续试验在绝大多数情况下是局部流程的连续，试验是在“动态”中实现给料、供水、给药和产品数量及质量的平衡，达到“动态”平衡后，根据具体情况操作时间要维持24～72h。

就一般矿石而言，实验室扩大连续试验得到的设计要求的各种参数测定值，连同试验成果资料，可作为矿山设计的基本依据。对于难选的矿石，其试验成果仅能作为矿床开发初步的可行性研究和制定工业性指标的基础资料和依据。

1.1.2.4 半工业性试验

半工业性试验是在专门的试验车间或试验工厂从事的模拟试验。

半工业性试验主要是针对矿石选矿工艺流程复杂，在实验室试验中难以充分查明工艺特性及设备的某些关键环节，而且有可能会因这些技术环节的可靠性而影响技术经济指标等问题，从提高试验的模拟程度方面加以解决的试验。

半工业性试验是在生产型设备上所做的试验。它不像在实验室那样可以较为灵活地调整变更流程和条件。试验中依靠工人岗位操作，试验人员负责观测取样来完成试验项目获取数据，包括试验条件和流程指标。它一般是作为矿山建设前期的准备而进行的试验，供矿山设计使用。

半工业性试验的规模，随矿石的品位、性质以及工艺流程的复杂程度和研究目的不同而异，其设备的处理量一般为每日 10～20t。

1.1.2.5 工业性试验

选矿的工业性试验是建厂前的一项准备工作。主要是在矿床规模很大、矿石性质较为复杂，或采用先进技术，在工业生产中缺乏足够的经验，以及因技术和经济指标或新设备的适应性需要在工业性试验中得到可靠的验证等情况下才进行工业性试验。

工业性试验是借助工业生产的一部分或一个系列或性能接近、处理量相当的数个系列进行局部或全流程的试验。它和半工业性试验一样，在生产正常状态下取样获取必要数据，来完成试验任务。工业性试验的数据资料是作为矿山建厂设计和生产操作的基础和依据。它应是工业生产和设计部门合作，地勘部门提供取样帮助的一项试验。

1.2 矿石可选性试验的程序和试验计划

1.2.1 矿石可选性试验的程序

矿石可选性试验是一项较为复杂的系统工程，除试验工作本身外，还涉及多个单位或部门，任何矿石可选性试验立项后几乎均按一定的程序开展具体工作。矿石可选性试验项目通常按以下程序进行：

（1）由委托单位提出试验任务，说明要求，并需编制专门的试验任务书；

（2）收集文献资料和调查研究，以便了解并借鉴同类性质矿石的试验及生产经验；

（3）协助相关部门采取有代表性的矿样，并对矿样进行加工处理以满足矿石可选性试验需要；

（4）由化验及地质部门对矿样进行化学分析及岩矿鉴定，进行矿石物质组成和物理化学性质的研究；

（5）根据矿石的物质组成和物理化学性质拟订试验方案；

（6）按照试验计划要求进行选矿试验；

（7）整理试验结果，编写试验报告；

（8）试验报告的审批。

在试验工作开始前，先要拟订试验计划，使整个试验工作有一个明确的方向、恰当的研究方法和合理的组织安排，以便能用较少的人力、物力和时间，得出较好的结果。

1.2.2 试验计划的内容

试验计划的拟订是为了避免试验的盲目性，是矿石可选性试验的重要因素，应保障试验的顺利完成。

试验计划应包括下列内容：

（1）试验的题目、任务和要求；

（2）选择试验方案，可能遇到的问题和预期结果；

（3）试验的内容、步骤和方法，以及各项试验的工作量和完成日期，可用日程表的形式表示；

（4）人员组织和所需物质条件，包括仪器设备、材料和经费等；

（5）需要其他专业人员配合进行的项目及其工作量，如岩矿鉴定计划、化学分析计划等。

试验计划的重点是试验方案。试验方案确定以后，才能估计出试验工作量和所需的人力、物力。

1.2.3　制订试验计划时的注意事项

试验计划的制订，必须在调查研究的基础上进行。为使调查研究的内容更具体，更充实应注意以下几个方面的内容：

（1）了解委托单位对试验的广度和深度的具体要求；

（2）了解该矿床的地质特征和矿石性质，以及过去所做试验工作的情况；

（3）了解矿区的自然环境和经济情况，特别是水、电、燃料和药剂的供应情况等；

（4）深入有关厂矿和科研设计单位，考察类似矿石的生产和科研现况；

（5）查阅文献资料，广泛地了解国内外有关科技动态，以便能在所研究的试验项目中，尽可能采用先进技术。

2 试样的采取和制备

试样的采取就是对拟进行可选性试验的矿床、矿体、矿堆中的矿石进行取样。试样的制备就是对已采取粒度较大的矿样用碎矿、筛分和缩分等方法进行加工，以便适应矿石可选性试验对矿石粒度的要求。试样的采取和制备是矿石可选性实验前必不可少的试样准备工作。

矿石可选性试验可服务于地质、采矿、选矿等不同部门以及矿山生产的不同阶段和选矿厂的不同生产时期，根据试样采取地点及矿石存放状态的不同可采用不同的采样方法。无论采用何种采样方法，为使试样能充分代表矿床、矿体、矿堆的矿石性质，采样前应由地质、采矿、委托及生产单位、试验人员共同制定采样设计，以便采样人员有组织、有计划地采取矿样。

除选矿厂的尾矿外，从矿山所采取的试样数量较多，粒度较大，为满足矿石可选性试验的需要，通常在矿石可选性试验前对已采试样进行制备，为矿石可选性试验提供粒度适宜、数量充足的试样。

2.1 采样的目的、要求及采样设计

2.1.1 采样的目的

矿石可选性试验中，无论是实验室小型条件试验，还是半工业性试验或工业性试验，均是对矿床、矿体、矿堆探索适宜的选矿方法、选别流程及最佳工艺条件，试样用量虽然各不相同但并不大，试验设备规格也较小，只需少量试样即可顺利完成全部试验任务，为此，只需从矿床、矿体、矿堆中采取一小部分有代表的矿样进行试验即可，通过对上述矿样进行可选性试验，即可了解该矿床、矿体、矿堆的整体特性（即矿石可选性）。

2.1.2 对试样的要求

为使矿石可选性试验的结果能充分代表矿床、矿体及矿堆的整体特性，所采取的试样应满足质量及数量两方面的要求。

2.1.2.1 对试样的质量要求

对试样在质量方面的要求总的原则就是所采取的试样应有充分的代表性。若所采取的矿样没有代表性或代表性不足，试验结果就不能真实地反映矿床、矿体及矿堆的真实可选性，该可选性试验将失去意义。由此可见，试样的代表性是圆满完成矿石可选性试验任务的重要条件，试样在质量方面的代表性可体现在如下几个方面：

（1）试样的化学及物质组成。各采样点的矿石由各种金属矿物及大量各类脉石矿物组成，各取样点矿石中上述成分的比例及含量往往差别很大。为保证试样的代表性，采取试

样时应注意下列事项：

1）采样点的位置、取样点的个数、采取范围及深度的布置要科学合理，每个采样点的采样量应适当，不宜过多或过少；

2）不同试验任务的试样应采自相应的开采地段，尤其是大型矿山矿石储量很大，生产年限较长，不同开采时段内矿石性质变化较大，因此，采样顺序应与开采进度相适应；

3）采取试样时出现操作误差在所难免，应注意及时发现及时补救。

（2）试样的矿物特性。试样的矿物组成，特别是有用矿物及其特性是影响分选效果的重要因素，也是可选性试验成败的关键，有用矿物种类及赋存状态、结构、构造、嵌布粒度、结晶、氧化程度、共生及伴生矿物的种类和数量、有害元素及脉石的特性等方面均应有充分的代表性。

（3）试样的物理、化学性质。所采取试样的矿石密度、硬度、脆性、泥化程度及含泥量、金属矿物及金属元素的化学稳定性、溶解性等应与矿床、矿体、矿堆相一致。

2.1.2.2　对试样的数量要求

试样的数量即质量是保证矿石可选性试验有始有终顺利完成的重要条件。若试验中途试样不足，再重新采取试样就很难保证两次试样的性质相一致，甚至两次试样的性质会相差很大。为避免上述现象的发生，采样时必须保证有足够的试样量。所需试样量的多少常与下列因素有关：

（1）选矿方法。不同的选矿方法所需的试样量有所不同。如重力选矿法的选别流程比较复杂，工作量较大，一般粒度又较粗，所需的试样量就较大，而磁力选矿或浮游选矿所需的试样量就相应少些。

（2）试验流程的结构。不同的选矿方法、试验内容、试验方案的流程结构不尽相同，流程结构比较复杂时试样在线时间较长，所需试样量较大。反之，试验流程结构简单所需的试样量就可少些。

（3）拟回收金属矿物种类的多少。不同的试验任务的试样中金属矿物的种类可能有多有少，需回收的金属矿物种类的多少也是决定试样量的因素之一。如单金属矿的可选性试验只需回收一种金属矿物，试验流程简单，所需的试样量较少；而对于多金属矿的可选性试验需回收多种金属矿物，流程方案复杂，所需的试样量较多。采样时应充分考虑拟回收的目的矿物的种类及其他因素以确定相应的采样量。

（4）试验的类型。根据不同需要可能有实验室小型条件试验、连续试验、半工业性试验和工业性试验，不同类型的试验所需的试样量则有所不同，而且差别很大。如：实验室小型条件试验只需按试验条件的多少，准备相应数量的试样即可；而对于连续选矿试验，除设备的规格较大外，连续试验持续的时间较长，至少需按24h处理能力准备正式试样，半工业性试验和工业性试验的设备规格更大，试验时间更长，因此，需更多的试样量。

总之，根据试验的具体情况不同，应采取充足的试样。当然也不是越多越好，随采样量的增加，所投入的人力、物力、财力及时间越大，造成不必要的浪费，甚至为后续工作造成不必要的负担。确定适宜采样量的基本原则就是满足最小必需采样量的要求。

2.1.2.3 最小必需采样量的确定

各种采样方法的工作量均随采样量的增加而增大，若采样量过大，不仅采样工作量增大，同时又为后续的试样加工增加不必要的麻烦。为尽量减少采样时的工作量，则采样量应适当少些，但试样量太少，不仅试样的代表性差，同时又难以满足试验用样量的要求。鉴于上述情况，适宜的采样量应以最小必需的采样量为标准，常用如下经验公式计算：

$$m = kd^2 \tag{2-1}$$

式中 m——样品最小质量，kg；

k——矿石性质系数，与矿石品位、密度、浸染粒度、有用矿物成分的均匀程度有关，一般取0.1~0.2，常取0.2；

d——样品中最大颗粒尺寸，mm。

2.1.3 采样设计

采样设计就是有组织、有计划、有针对性地采取有代表性的试样，它是矿石可选性试验前的一项十分重要的工作，并将决定采样工作的成败。

所谓有组织就是由地质、采矿部门，委托及生产单位，试验人员共同组成采样组织，共同商定及编制详细的采样计划，以使采样人员有计划、准确地采取必要而充分的有代表性的试样。

所谓有计划就是在科学合理地布置取样点的基础上，充分考虑各取样点矿石储量，各种金属矿物含量、品位及有用和脉石矿物特性，经详细计算后恰当选择各取样点的取样量，以及各取样点间的比例关系。

2.2 矿床采样

矿床采样就是在矿床处为矿石可选性试验采取有代表性的矿样，以便确定矿石的可选性，由于矿床的性质多变，采样的难度较大，保证矿样的质量是矿床采样的一项重要工作，在矿床采样的实践中，首先应充分了解矿床及矿床采样的特点，在此基础上进行采样设计，然后再按采样设计进行采样。

2.2.1 矿床及矿床采样的特点

矿床在地下不可见，矿物分布不均，各类矿石储量、矿物种类及品位不同，采样难度比较大。

为保证矿样有足够的代表性，采样时应注意如下三项：

（1）试样的性质应与所研究矿体基本一致，具体包括：

1）试样中主要化学组分的平均含量（品位）和含量变化特征与所研究矿体基本一致。在采样时，不仅要使试样中主要化学组分的平均含量（质量分数）符合规定（见表2-1），而且要注意使所采试样的组成能反映所研究矿体中组分含量的变化特征。即试样应由矿体中具有不同组分含量的样品组成，否则即使平均含量相同，其可选性也不会相同，且当组分含量变化到一定程度时，矿石就可能具有完全不同的工业价值和技术加工性质，而被划归为不同的“工业品级”或“自然类型”，导致分别采样进行研究。这点在下面讨论采样设计问题时还会进一步说明。

表 2-1 试样中主要有用元素允许误差

含量/%	允许相对误差/%	允许绝对误差/%	含量/%	允许相对误差/%	允许绝对误差/%
>20		1	1～0.005	10～20	
20～10	5		<0.005		0.001
10～1	5～10				

2）试样中主要组分的赋存状态如矿物组成、结构构造、有用矿物嵌布特性等，与所研究矿体基本一致。采样时，除了主要组分的含量必须有明确要求以外，还须对能反映主要组分赋存状态的一些其他主要指标提出具体要求，如金属矿石试样的氧化率。对于复杂难选的矿石，采样要求应更详细，如对于氧化铜矿石还需注意控制试样中的“结合铜”含量，对于铁矿石须控制以硅酸盐形式存在的铁量等。同样，在这方面不仅应注意其平均指标，而且要反映其变化特征。矿体中包含几个不同“自然类型”的矿石时，更应注意这一点。

3）试样的理化性质与所研究矿体基本一致，如矿石的碎散程度、含泥量等。

（2）采样方案应符合矿山生产时的实际情况，具体指：

1）所选采样地段应与矿山的开采顺序相符。当矿山生产前期和后期的矿石性质差别很大时，常需分别采样。选矿厂设计所采取的试样，应主要安排在该矿床前期开采地段采取，同时在后期开采地段采取少量试样供对比和验证试验用。

2）设计用选矿试验样品的采样方案，应与矿山生产时的产品方案一致。所谓矿山的产品方案，是指今后矿山生产时准备产出几种原矿石分别送选矿厂处理。若在进行选矿试验时，矿山的产品方案已定，即可按已定的产品方案采样；如果产品方案未定，就需由选矿、地质、采矿人员共同商定采样方案。首先，要根据矿石的性质和过去所做选矿试验结果，判断所研究矿床中不同工业品级、自然类型、块段的矿石是否需要采用不同的选矿方案；其次，要根据矿山开拓方案判断这些矿石是否有可能分采、分运；最后，还需根据选矿厂的建设规模和条件，判断今后是否有可能为这些矿石建设不同的选矿厂或不同的系列，以便可分别采用不同的选矿方案处理。显然，只有那些在生产上需要分别处理，而又可能分采、分运、分选的品级、类型或块段，才有必要分别采样进行试验。其他则应按照矿山的开拓方案（若开拓方案未定，则可按储量比例）配成组合试样进行试验。但在产品方案未定时，最好仍先分别采样，留待试验时再配样，以便在矿山产品方案改变时，可不再重新采样。

3）试样中配入的围岩和夹石的组成和性质，以及配入的比率，也都应与矿山开采时的实际情况一致。矿山开采时废石（指围岩和夹石，但不包括储量计算时已划入工业矿体的那部分夹石）的混入率，取决于矿层或矿脉的厚度，以及所采用的采矿方法。此处：

$$混入率=\frac{混入废石量}{采出矿石总量（包括废石）}\times100\%$$

废石混入后，将造成矿石的贫化，使采出矿石品位低于采区地质平均品位。

$$贫化率 = \frac{采区矿石地质品位 - 采出矿石品位}{采区矿石地质品位 - 废石品位} \times 100\%$$

不同矿山矿石的贫化率数值，由矿山设计部门确定。采样时即可根据已定的混入率或贫化率计算废石的配入量。

(3) 要注意到不同性质的试验对试样的不同要求。例如：

1) 在矿床勘探初期，通常需对不同工业品级（如贫矿、富矿、表外矿）和自然类型（如硫化矿、氧化矿、混合矿）的矿石分别采样进行可选性试验，作为地质部门正式划分矿石类型和圈定工业矿体的依据，并对这些不同品级和类型的矿石是否可能采用统一的选矿原则流程作出初步估计。当围岩和夹石中含有可供综合开采利用的贵重和稀有元素时，通常也需单独采样进行技术加工试验。所有这些分别采取的试样，统称为类型样。

2) 在矿床勘探后期，则通常需在对不同类型样分别研究的基础上，采取（或利用原有试样配成）组合试样进行试验，以便最后确定不同类型样应采用同一原则流程还是必须采用不同的原则流程，并据此确定矿山产品方案和选厂设计方案。

3) 还应注意实验室试验、中间试验和工业性试验对试样的不同要求。一般来说，规模不大的中间试验样品的采样要求应与实验室试验样品基本一致，若有可能，最好同时采取，以保持其性质一致。工业性试验以及某些规模较大的中间试验（如试验厂试验）样品，则一般不可能与实验室试样同时采取，并且往往难以事先混匀成具有“平均品位”的平均试样，而只能在采样设计时注意使所选采样地段的矿石的组成和赋存状态及其变化特征基本上能代表所研究的对象。此外，实验室试验样品的粒度通常较小，而对于工业性试验，则往往希望其样品能保持矿石采出时的原始粒度。

由于上述特点，加之矿床采样的难度较大，为使矿床采样顺利有效进行，采样应制订详细的采样计划。

2.2.2 采样设计任务

采样设计的任务是：选择和布置采样点，进行配样计算，并据此分配各个采样点的采样量。

2.2.2.1 采样点

在地质勘探工作中，为了查明矿石的化学组分的品位，并据此计算有用组分的储量，常需系统地采取化学分析试样。为了反映矿石的品位变化，要将所取试样划分为许多小的区段，每一个小的区段组成一个化学分析单样或简称为“样品”，每一个样品的化验结果即代表该区段矿石各组分的品位，因而每一个样品所代表的区段即可看做一个采样点。例如，刻槽采样时，根据矿石类型和组分分布的均匀程度，可将每0.5～3m（常用1～2m）长的刻槽样作为一个样品，分别化验；钻探采样时，也可将每1～1.5m的岩心作为一个样品。

选矿试验样品的采取，是在已有地质资料的基础上进行的，因而没有必要像地质化验样那样沿整个勘探工程系统地采取，而只是从中选取一部分有代表性的地点，作为“采样点”，但采样方法和每点的采样长度不一定会和地质采样时完全相同，一个采样点可不止包括一个地质化验单样。在有关地质采样方面的规程和报告中，谈到采样点数目时，有时是按地质化验单样计，有时则是按采样地点计，应注意区别。

2.2.2.2 采样点的布置

应在对矿床地质综合研究的基础上，主要根据对试样代表性的要求确定采样点。

（1）应选择能充分代表所研究的那部分矿石的特征而原有勘探工程质量又较好的地点作为采样点，但也要照顾到施工运输条件。

（2）应充分利用已有勘探工程（坑道或钻孔岩心）采样，尽量避免开凿专门的采样工程。

（3）应选择矿石工业品级和自然类型最多、最完全的勘探工程作为采样工程，这样就可以在较少的采样工程内布置较多数量的采样点，减少采样工程量。

（4）采样点应大致均匀地分布在矿体的各部位，不能过于集中。沿矿体走向在两端和中部都应有采样点，沿倾斜方向在地表、浅部和深部也都应有采样点。但矿体甚大时，已如前述，应考虑分期采样问题，即采样点应主要布置在前期开采地段。

（5）采样点的数目应尽可能多一些，但也要照顾到施工条件。一个工业品级或自然类型的试样，采样点不能少于3~5个。

2.2.2.3 配样计算

前面已经讲过，将各类型样配成组合样时，组合试样中各工业品级和自然类型矿石的比例应与矿山生产时的出矿比例基本一致，矿山开拓方案未定时，则可先按储量比例配矿。在进行采样设计时，就应根据所要求的配样比例计算和分配各个类型样的采样数量。

由于每个类型样均包括几个采样点，因而算出各个类型样的采样数量后还要计算和分配各个采样点的采样量。各点样品的配入质量在原则上应与该点所代表的矿量成比例。在实践中往往是直接根据矿体中矿石的品位变化特征，按地质样品中各个品位区间的试样长度占全部样品总长度的百分比分配采样量。

例如，某矿体在地质勘探中是用穿脉坑道揭露，刻槽总长为100m，每2m作为一个化学分析单样，故共有50个样品。化验结果表明，有用组分品位变化特征如下：品位为0.2%~0.4%的样品6个，样槽共长2×6=12m；品位为0.4%~0.6%的样品14个，样槽共长28m；品位为0.6%~0.8%的样品20个，样槽共长40m；品位大于0.8%的样品10个，样槽共长20m。由此算出各个品位区间样槽长度百分比分别为18%、28%、40%、20%，这就是采样时对各品位区间试样量的配比要求。

选矿试验样品采样点的数目远小于地质化验单样的数目，因而按理论计算比例配出的试样的平均品位不可能与地质平均品位完全吻合，而必须根据各点的实际采样结果重新计算和调配，品位偏高时可多配些低品位样，品位偏低时可多配些高品位样，但这时应特别注意避免因片面追求品位的代表性而破坏其他性质的代表性。对矿石可选性而言，最重要的往往还不是矿石的品位而是其赋存状态。例如，某铜锌黄铁矿选矿试样，由于受勘探工程客观条件的限制，所选的采样点不够理想，配出的试样的锌品位偏低，不得不从另一处采一含锌高的样品配入，使试样中锌的平均品位达到设计要求。但试验后发现，浮选指标不合理地高于过去试验结果。经查核，试样中锌的品位虽然符合要求，但其氧化率，特别是可溶性氧化锌的含量却大大偏低，结果不得不将该试样报废，返工重采。

2.2.3 采样方法

矿石可选性试样的采取方法主要有剥层法、刻槽法、爆破法以及钻孔岩心劈取法等几种。

2.2.3.1 剥层法

剥层法或称全面剥层法，是一种在坑探工程中采集样品的方法。它沿矿体的整个出露部分，连续或间隔地均匀凿下一薄层矿石作为样品。剥层法一般只用于矿化极不均匀、有用矿物颗粒粗大、用其他采样方法不能获得可靠结果的矿床，或用其他采样方法不能得到足够质量样品的薄矿体，以及用来检查其他采样方法的可靠程度，剥层深度一般为10～20cm。

2.2.3.2 刻槽法

刻槽采样法的具体做法是，在矿体上开凿一定规格的槽子，将从槽中凿下的全部矿石作为样品。断面规格较小时，完全用人工凿取；规格较大时，可先用浅孔爆破崩矿，然后再用人工修整，使之达到设计要求的规格形状。

刻槽的基本原则是，样槽应沿矿体质量变化最大的方向通常就是厚度方向布置，并应尽可能使样槽通过矿体的全部厚度（见图2-1a）。

在地表探槽中采样时，样槽通常布置在槽底，有时也布置在壁上。

在穿脉坑道中采样时，样槽通常布置在坑道的一壁；若矿体品位和特征变化很大，则须在两壁同时刻槽。选矿试样应尽量利用穿脉坑道采取。

在沿脉坑道中采样时，最好在掘进过程中从掌子面上刻槽采样（见图2-1a）。由于选矿试样常是利用已有勘探坑道采取，故此时只能在坑道的两壁和顶板每隔一定距离布置拱形样槽，或沿螺旋线连续刻槽（见图2-1b），一般均不取底板。若矿脉较薄，则矿体将主要暴露在顶板，这时只能从顶板上采样。

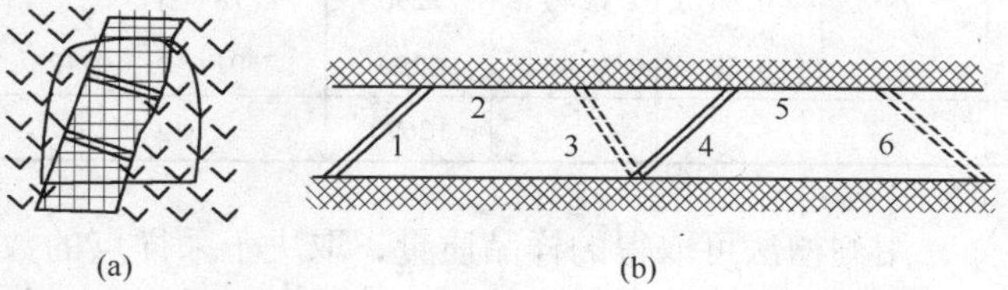

(a) (b)

图2-1 刻槽采样法

（a）平行刻槽；（b）螺旋刻槽

在浅井中采样时，样槽也是布置在浅井的一壁或两对壁。

样槽断面形状有矩形和三角形两种，但常用矩形，因为三角形断面施工比较麻烦。

在地质勘探工作中，化学分析试样的样槽尺寸主要取决于如何保证试样的代表性，一般不会出现样品质量不够化验的情况。因而可根据矿床地质特征，如矿化均匀程度、矿体厚度、矿物颗粒大小等因素，参照经验，选用一定的数值。在有关的手册中，常列有参考数字，可资查阅。例如，对于铁、铜、铅、锌、钨、锡等常见金属矿床，刻槽断面尺寸一般为5cm ×2cm 至10cm ×5cm。采取可选性试样时，若刻槽总长度不大或所要求采取的试样量较大，采用上述小断面刻槽采得的试样质量常不足，此时应主要根据所需试样量来计算和设计样槽断面，而不能机械地搬用手册上的数字。要求试样粒度较大时。断面尺寸的选择还应考虑到凿下的样品粒度能否符合要求。

祁东铁矿某地表赤铁矿试样，是一个小断面刻槽采样的例子。采样的目的是进行实验室选矿试验，要求的采样量为1500kg，布置在14个地表探槽中，用矩形断面连续刻槽采样。由于刻槽总长度达一千多米，根据所需试样量算出的断面尺寸并不大，一般与地质化验样样槽尺寸相近，为5cm ×3cm，个别为20cm ×10cm。

云锡某网状脉锡矿试样，则是一个用大断面刻槽采样的实例。所采取的是选厂设计前(以重选为主的)选矿流程试验样品，因而所需试样量较大。上部试样和下部试样的采样质量均达十多吨（包括备样)。上部试样布置了5个采样点，下部试样则有4个采样点，均位于地下坑道内。要求试样最大粒度为200mm。设计采用单壁大型刻槽采样，先用浅孔崩矿，再用人工修整。各点的取样规格和质量均列于表2-2中。

表2-2 单壁大型刻槽采样实例

试样名称	采样点	设计				实际			
		采样规格/m			质量/kg	采样规格/m			质量/kg
		长	宽	深		长	宽	深	
上部试样	1	10	0.50	0.40	4586	8.92	0.60	0.41	5609
	2	7	0.65	0.40	4173	7.13	0.67	0.41	4362
	3	10	0.40	0.40	3669	10.06	0.44	0.40	4906
	4	10	0.40	0.40	3669	10.13	0.43	0.37	3832
	5	10	0.40	0.40	3669	9.20	0.42	0.38	3578
	小　计				19766				22287
下部试样	6	6	0.50	0.40	2820	6.03	0.54	0.40	4113
	7	7	0.50	0.40	3290	7.03	0.53	0.40	3923
	8	7	0.50	0.40	3290	6.78	0.53	0.36	4127
	9	7	0.50	0.40	3290	7.01	0.42	0.50	4135
	小　计				12690				16298

由以上二例可知，用刻槽法可取得的样品质量，取决于采样点的数目以及各点样槽规格。若矿床地质条件和勘探工程的实际情况允许选用较多的采样点以及样槽甚长时，样槽渐面并不需要很大，即可满足对样品质量的要求；反之，则必须采用大断面刻槽。实际上经常由于采样总长度有限而使刻槽采样法一般只能用于采取实验室试验样品，样品数量很大时需改用其他方法。也可以认为，在采样总长度受到限制时，不得不大幅度增加样槽断面尺寸，断面宽度增加到与矿体暴露面同宽时，即转化为采用剥层法；深度再增加到一定程度，即采用爆破法。

2.2.3.3　爆破法

爆破采样法，一般是在勘探坑道内穿脉的两壁和顶板上（通常不取底板，必须采取时应预先仔细清理)，按照预定的规格打眼放炮爆破，然后将爆破下的矿石全部或缩分出一部分作为样品。此法用于所要求采样量很大以及矿石品位分布不均匀的情况。采样规格视具体情况而定，但深度多数为0.5~1.0m，长和宽则为1m左右。例如，广西某锡石多金属硫化矿某选矿试样，就是在穿脉坑道内用爆破法采取，共布置了8个采样点，采样规格为长×宽×深=1m×1m×0.5m，矿石体重2.9t/m^3，实际采得质量为13t左右。

若在掘进坑道（为采取可选性试样而专门开凿的采样坑道或生产坑道）内采样，则可将一定进尺范围的全部矿石或缩取其中一部分矿石作为样品，实际就是在掌子面上爆破取样。在穿脉坑道中应连续采样，在沿脉坑道中则按一定的间距采样。需要注意的是，在打眼放炮前，要分段在掌子面上先用刻槽法采取化学分析试样，各段坑道内爆破下来的样品也先要分别堆存，然后根据刻槽样品分析结果，结合矿石类型选定采样区段，再将选定区段的样品加工，按比例缩取部分矿石，混合成为样品。此法仅用于采取工业性试验样品。但砂矿床从浅井中全巷采样的方法也属于这个类型，其具体做法是，在开凿浅井时，把每掘进1m或0.5m的全部矿砂取出，在铁板上或胶布上进行缩分，得出样品。砂矿床浅井的开凿比较容易，因而此法不限于用来采取工业性试验样品。

打眼法又称炮眼法，是一种在坑探工程中的采样方法，是在坑道掘进的过程中，同时收集钻凿炮眼所产生的岩屑和岩粉作为样品。其优点是效率高，样品颗粒细，对尚未被坑道揭露的某些部分可进行采样，节约了采样和样品加工时的人力和物力消耗。但缺点是往往不能按勘探要求的方向进行采样。打眼法一般只在开发勘探阶段，用于厚度较大、矿化均匀的矿体。

2.2.3.4 岩心劈取法

当用钻探作为主要勘探手段时，试验样品可从岩心钻的钻孔岩心中劈取。劈取时是沿岩心中心线垂直劈取1/2或1/4作为样品，所取岩心应穿过矿体之全部厚度，并包括必须采取的围岩和夹石。由于地质勘探时已劈取一半岩心作为化验样品，取可选性研究试样时往往只能从剩下的一半中再劈取一半。劈取时要注意使两半矿化贫富相似，不能一半贫一半富。若必须将剩余岩心全部动用，则应经勘探、设计、试验及生产单位共同协商同意后才能动用，因为岩心是代表矿床地质特征的原始资料，不能轻易毁掉。有时为了避免动用保留岩心，亦可将原岩心化验样品在加工过程中缩分剩余之副样供选矿试验用，但应尽量利用粗碎后缩分的副样，而不要用粉样。

岩心劈取法能取得的试样量有限，一般只能满足实验室试验的需要。全部用钻探法勘探的矿区，若收集的岩心不能满足试验的需要，则尚需为采样掘进专门的坑道，这种坑道一般应垂直于矿体走向。

2.2.3.5 采样注意事项

在各类金属矿床中，铁矿床多半矿体较大，形状较简单，矿化较连续，分布较均匀，因而采用钻探作为主要勘探手段的较多，相应的采样方法也是以岩心劈取法为主。例如，祁东铁矿选矿试验样品，除地表试样是在探槽中用刻槽法采取以外，其余基本都是岩心试样。

砂矿取样是为查明砂矿床中有用矿物（或有用组分）的含量及其回收性能而进行的工

作。它与一般矿产取样工作相比较，具有以下特点：

（1）矿石是由粗细不一的松散沉积物（或坡、残积物）所组成的，其中有用矿物的含量变化比较大，相应要求原始样品的体积或质量也较大。采样时一般需用较大直径的钻孔或大断面的样槽，甚至用剥层法或全巷法采集样品。对湖泊、河床等水下砂矿，要用特殊的采样工具，如用带有挖掘机械的木筏或船只进行采样。

（2）原始样品的处理方法，是经过淘洗获取重矿物精矿，然后再送交分析。

（3）分析时，主要是用重砂分析的方法确定有用矿物（或有用组分）的含量，化学分析一般只作为辅助手段。

采样施工中应注意：

（1）坑道采样时，不论采用何种采样方法，均应事先清理工作场地。并检查采样工作面矿体上有无风化现象。矿体表面有风化壳时应预先剥去。对于易氧化的矿石，应尽量避免在探槽或老窿中采样。

（2）在采样、加工、运输过程中，都要注意防止样品的散失和污染，特别是要防止油质污染。对于易氧化变质的矿石，要注意防止水浸和雨淋。

（3）不同采样点采出的试样，应分装分运，包装箱要结实，做到不漏不潮，每个试样箱内外都要有说明卡片，最后还必须填写采样说明书，连同样品一起送试验单位。

（4）在未采过化学分析试样的专门工程中采取选矿试样时，要先采取化学分析试样，并进行地质素描，在肯定了该点的代表性后再采取选矿试样；在已采过化学分析试样的原有勘探工程中采样时，也应将采得的样品在当地取样化验，检验品位是否符合采样设计要求。

（5）在采取选矿试样的同时，还要按矿石类型各取一套有代表性的矿石和围岩鉴定标本，与选矿试样同时交试验单位。标本规格一般为100mm×70mm左右，每套标本的总数应不少于30块。

（6）地质、采矿部门尚需采取物理、机械性质试样时，可同时采取。

2.3　选矿厂区内的取样

选矿厂区内的取样与矿床采样有所不同，其主要区别如下：

（1）矿石已从矿床中开采出来并运输至选矿厂区内堆存；

（2）储矿堆的直观性较强，便于取样；

（3）矿石存储量较少，取样工作量较小；

（4）选矿生产过程中丢弃的“废石”及尾矿坝中的尾矿露天堆放时间较长，受氧化等因素的影响，矿石性质变化较大，选矿厂区内的取样比较简单、易行。

选矿厂区内的取样应根据矿石所处状态不同采取不同的取样方法，主要有粗粒块状料堆的取样和细粒料堆的取样、流动块状物料的取样和流动矿浆的取样，现分述如下。

2.3.1　粗粒块状料堆的取样

选矿厂区内块状料堆可分两种情况：其一是备用储矿堆；其二是选矿厂生产过程中废弃的所谓废石。

矿床开采因受各种因素影响有时可能难以保证正常供矿，特别是大型露天矿因受风、雨、雪等自然天气及设备故障等因素影响较大，为保证选矿厂能正常生产，往往在选矿厂区内适当位置存储相当数量的原矿石，以备用。

选矿厂在长期生产过程中产生的一些低品位的矿石被视为废石逐渐堆积在厂区内，待需要及条件成熟时再行收回。

上述粗粒块状料堆可采用下述方法进行试样的采取：

(1) 挖取法。挖取法就是在矿堆的表面沿纵、横及深度方向挖取适量的矿样，为使试样有足够的代表性，应沿纵、横两个方向布置取样点并考虑各取样点矿石性质的差异，特别是不同时期堆存的矿石性质的差异及变化。挖取法取样的深度不能太深，试样的代表性较差，其应用有一定的局限性，为使试样有较好的代表性，就需加深采样深度，即采用探井法。

(2) 探井法。探井法就是在矿堆的表面沿纵、横方向科学合理地布置取样点，并沿矿堆全深度挖成浅井，所挖取的矿石全部收集为样品，最后再将所有取样点所采取的矿样合并为本次所采取的试样，供下一步处理。

探井法与挖取法相比，工作量较大、试样量较多，试样的代表性较好。当采取较松散料堆的物料时，为防止塌方应加强井壁支护，以保证采样工作安全顺利进行。

2.3.2 细粒料堆的取样

选矿厂区内的细粒物料主要是尾矿坝中的尾矿。由于矿产资源的不断减少，对原尾矿坝中的金属矿物及贵重、稀有金属的综合利用日益为人们所重视及开发，尤其是早期选矿的技术水平和经济条件有限，尾矿中仍含有一定数量的金属矿物和贵重、稀有金属，它将成为宝贵的矿产资源，供人们充分地再利用。

选矿厂不同生产时期所排放的尾矿性质不尽相同，排放地点变化不定，尾矿的粒度较细，易于氧化，矿石性质变化较大，为此，在尾矿回收前采取尾矿试样进行可选性试验是一项必不可少的重要工作。细粒堆积尾矿的取样方法可分为人工取样和机械取样两种方法。

(1) 人工取样法。人工取样法就是用人工在尾矿坝中各取样点钻出一定深度的孔提取矿样。该取样法简单易操作，但劳动强度太大；另外，钻孔深度有限，试样的代表性较差。在机械设备条件有限时可采用此法进行取样。

(2) 机械钻孔取样法。机械钻孔取样法就是利用钻孔机械代替人工钻孔取样的一种取样方法。机械钻孔取样可利用成型的钻孔取样设备，劳动强度较小，工作安全可靠，可按尾矿全深度钻取至最下层尾矿，在尾矿坝深度方向有较好的代表性，工作效率高，取样进度较快，是比较理想的一种取样方法。

上述人工取样和机械取样仅是取样的手段不同而已，无论采用人工取样法还是机械取样法都必须保证所采取的试样有代表性。为保证试样的代表性应注意的事项如下：

(1) 取样设计。取样前应制定详细的取样设计，尾矿坝取样不同于矿床采样。矿床中的矿体是自然形成的，有一定的规律可循，而尾矿坝中的尾矿是人为排放的，带有随意性。首先，取样设计要充分考虑选矿厂不同生产时期所排尾矿的位置及数量，尾矿中金属矿物的种类及数量、矿物的共生及伴生情况；其次，要注意取样点布置的密度、尾矿的厚度及取样量；再次，取样范围应与拟订的试验或生产时段相适应。尾矿量较大，尾矿的存放时间较长，应先取近期拟处理范围内的尾矿，对尾矿坝总体而言可分期分批取样，分期分批试验或处理。

（2）取样操作。取样人员应严格按取样设计认真取样，以保证所采取试样的质量；尾矿坝属松散料堆，取样时的安全措施自然必不可少。

（3）试样的处理。尾矿坝采取的试样量较大，除需按试样加工过程进一步处理外，对尾矿试样如同原矿试样一样需取样化验分析并做岩矿鉴定，以便了解陈旧尾矿的性质，为尾矿可选性试验或生产回收提供参考或指导。

2.3.3 粒状料流的取样

前述是静态矿堆的取样，下面则是动态物料流的取样。动态物料的取样依采矿部门供矿方式不同而异，采矿部门主要的供矿方式有架空索道的矿斗和箕头提升的矿斗供矿、矿车或汽车供矿、胶带运输机供矿及选矿厂内胶带运输机运送矿石，现分述如下：

（1）隔斗抽取法取样。架空索道的矿斗及箕斗提升的矿斗间断性为选矿厂提供原矿，取样方法是每隔一定的斗数抽取一整斗为一个小样，间隔的斗数可为5斗、10斗、20斗，无具体规定，取样时间可为8h（1个班）或24h（1天3个班）具体取样时长视所需的取样量及原矿的代表性而定。取样结束后将各斗试样合并为总的试样，待下一步加工处理。试样加工的方法及过程将在试样的制备一节中另有介绍。

（2）隔车抽取法取样。采矿部门常用矿车或汽车供矿，隔车抽取法取样与前述隔斗抽取法基本相同，也是每隔一定的车次抽取一整车为一个小样。不过，大型矿山用大型汽车供矿，每车的载矿量很大，少则几十吨，多则上百吨，这样抽取一整车的试样量很大，若间断抽取8h或24h的试样量太大，可适当减少车次或增大车次间隔。

（3）胶带运输机处的取样。胶带运输机处的取样有两种情况：

1）采矿部门用胶带运输机源源不断地为选矿厂提供原矿，因矿石粒度较大、矿量较多、胶带的运行速度较快，在胶带上直接取样有一定的难度，为此可在胶带运输机的卸矿处定时截取适量的矿样，最后将各次所截取的矿样合并即可；

2）在选矿厂碎矿过程中的胶带运输机上或磨矿机的给矿运输胶带上取样，取样的方法是用特制的刮板刮取，频率约为30min一次，取样时间通常为8h，根据需要也可为24h，最终将每次刮取的试样合并即可。

上述料流取样法的共同特点是间断截取，试样的代表性取决于每次截取试样的重量、截取频率、截取时间、矿石粒度及供矿工具的容积。此外，供矿单位即采矿部门供矿是否有代表性也是影响试样代表性的一个重要因素，因此，取样前应与供矿部门加强联系，以保证供矿质量。

2.3.4 流动矿浆的取样

在选矿厂生产期间或可选性试验的全过程中，磨细的矿石均以流动矿浆的形式充满整个工艺过程，为满足不同的需要，可在分级机的溢流处、最终精矿处、最终尾矿处及工艺过程的中间环节设置取样点，按时、适量截取矿浆。流动矿浆的取样方法主要有两种：

（1）机械自动取样。机械自动取样是将取样器固定在取样机上，取样机在电动机的带动下垂直矿浆流向横向截取矿浆，截取的频率约为30min一次，每次截取的矿浆均流入同一个容器内，截取时间可为8h或24h，取样结束后将所采取的矿浆再进行加工处理。自动取样均匀、可靠，不受人为操作误差影响，节省人力，它已成为选矿厂生产过程中最为常用的一种取样方法。

（2）人工手工取样。手工取样就是取样工手拿取样器沿矿浆流向垂直横向截取，每次所取的矿浆均倒入同一个容器中，取样结束后将矿样取走，再进行加工处理。人工取样简单易行，无需取样机械，但费时、费力，人为操作误差在所难免。但目前仍有一些选矿厂仍在使用，实验室多为人工取样。

人工取样时应特别注意不得将各种不同性质取样点的取样器混用，即做到专勺、专盆、专人、定点、定时。人工取样器如图2-2所示。

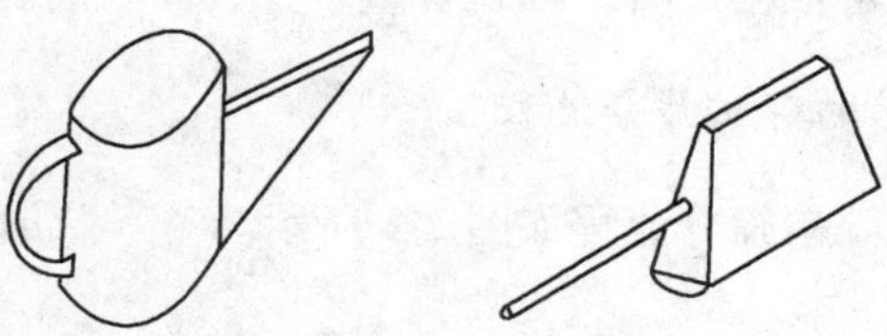

图2-2　人工取样器

2.4　试样的制备

试样的制备就是对已采取的试样，经过碎矿、筛分、混均、缩分直至装袋备用对试样进行加工的全过程。

试样制备的主要目的除为矿石可选性试验准备适宜粒度、适当数量的试样外，尚需在适当粒度时预留备用试样、原矿粒度组成特性试样、岩石鉴定及化学分析试样。

2.4.1　试样制备的过程

对已采取的原矿试样进行加工制备的过程包括碎矿、筛分、混均、缩分、装袋备用五个环节，现分述如下：

2.4.1.1　*碎矿*

原矿试样的粒度均较大，必须通过碎矿使粒度逐渐减小以便磨矿。在实验室内常分成三段或四段将原矿试样破碎至1～3mm。若原矿试样中含有大量过大矿块，并超过第一段碎矿机的最大给矿粒度时，应在生产现场预先碎至第一段碎矿机所能承受的最大给矿粒度；若过大矿块含量较少时可用人工方法砸碎即可。总之，为保证矿样的代表性，大块矿石不得随意丢弃。

就碎矿过程而言，若原矿试样的最大粒度为100mm，第一段碎矿多采用200mm×150mm或150mm×100mm颚式碎矿机将矿石破碎至30～40mm；第二段采用100mm×60mm小型颚式碎矿机将矿石破碎至6～10mm；第三段通常用ϕ200mm×125mm或ϕ200mm×75mm的对辊机将矿石破碎至1～3mm。

无论采用碎矿机的型号及规格如何，碎矿采用几段，碎矿最终产物的最大粒度均应控制在1～3mm左右，以便满足磨矿对粒度的要求。

2.4.1.2　筛分

筛分是试样制备过程中不可或缺的一项工作，筛分作业可根据需要布置在碎矿的不同阶段。为保证碎矿最终产品粒度及均匀性，最后一段应采用振动筛与碎矿机构成闭路碎矿，振动筛的规格可为600mm×300mm，筛孔尺寸为1～3mm。

上述碎矿机的型号、规格并非严格固定，碎矿及筛分过程中可视矿石及试验设备的具体情况灵活选用。

在对原矿试样进行破碎及筛分时，通常均采用三段或四段闭路的碎矿、筛分流程。为保证碎矿最终粒度最后一段采用闭路碎矿是必不可少的。至于第一段及第二段碎矿是否采用预先筛分及检查筛分，可根据矿石中细粒含量多少、矿石的脆性等情况灵活布置。

2.4.1.3　三段一闭路的碎矿筛分流程

第二段带预先筛分的碎矿筛分流程如图2-3所示。

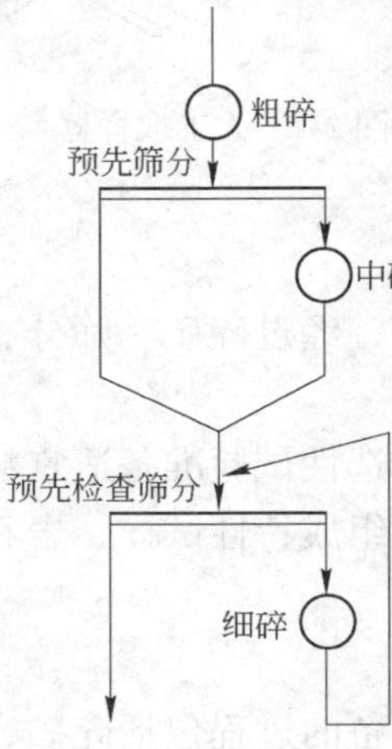

图2-3　碎矿筛分流程图

2.4.1.4　混均

为防止试样在加工制备过程中在粒度组成、金属矿物含量方面产生析离现象，保证试样的均匀性，必须对试样进行混均，使试样均匀是试样制备过程中必不可少的重要内容。常用的混均方法有：

（1）移锥法。移锥法就是将矿堆从一处移往另一处，具体做法如下：在干净的地面上将矿堆中的试样用锹、铲等工具一锹一锹地移向另一处，操作时应使锹中的矿石从矿堆的顶部中心向四周均匀给下，并成锥形，直至一堆矿样中的矿石全部移完为止，并清扫干净，再按上述操作移回原处，上述移锥过程至少进行三次，可视为试样已混均。

（2）环锥法。环锥法就是将圆锥形矿堆向四周耙成环形，圆环的断面呈自然的锥形，环锥法的操作如下：首先将圆锥形矿堆从顶部向四周均匀压平，使矿层厚度变薄，然后从中心耙向四周呈环锥形，注意清扫地面时勿有残留；然后再将环锥用移锥法移成圆锥，接下来再将圆锥耙成环锥。试样经上述移锥、耙环过程反复进行三次以上试样即可混均。

上述移锥混均法及环锥混均法主要用于数量较大、粒度较粗的粗粒试样的混均，而对于少量、细粒试样有时亦可采用。

（3）翻滚法。翻滚法就是将试样在漆布或胶布上反复折叠翻滚使其均匀，具体操作如下：首先将漆布或胶布置于操作台上，再将试样倒在漆布或胶布上，然后两手在对角位置上将漆布或胶布两对角提起，在操作台上沿左右方向反复折叠，使试样翻滚数次；再沿另一对角方向重复上述操作。反复折叠要求在三个循环以上，在翻滚法操作中重矿物、细颗粒析离现象较为明显，操作中应特别注意。

翻滚混均法适用于数量较少、粒度较细的试样的混均，有时用此法混均后常接着进行取样，如需取样应将试样呈圆锥形压平，使矿层变薄以利取样。

2.4.1.5 试样的缩分

试样在混均的基础上才能进行缩分，否则均匀性难以保证。缩分的目的在于从较多的试样中分出相应少的试样，以满足不同的需要，主要的缩分方法有：

（1）对角线二分法。对角线二分法又称四分法对分，就是将已混均的试样分成四等份，取其对角两份合并，使一个试样分成均等的两份。具体操作如下：首先将待缩分的试样按上述方法混均并堆成锥形矿堆，压平后用专用的十字板对准中心处压下，使试样均分成四等份，再用铲、刷等工具铲取对角的两份，将试样缩分成均质的两份。在无专用十字板时，可用薄铁板或直尺等工具沿中心处分成四等份，再沿对角取其中的两份合并（如图2-4c 所示），操作方法与上述基本相同。

采用对角线二分法时，操作中谨防在取、留之时有残留或过量采取，特别是无专用十字板时更应小心。对角线二分法如图 2-4 所示。

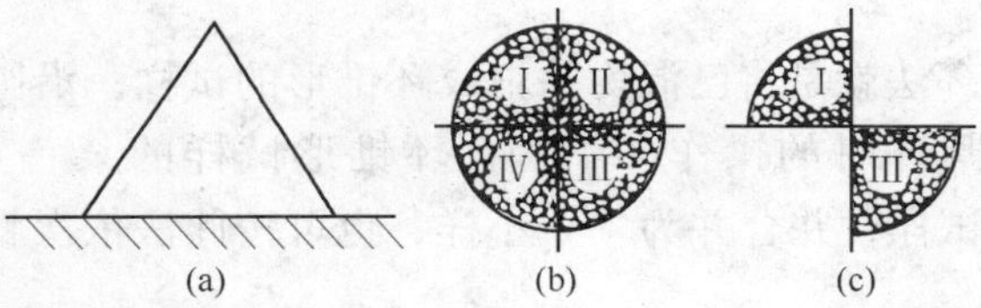

图 2-4 对角线二分法

（a）锥形矿堆；（b）圆形矿层；（c）二分法取样

对角线二分法可用于较多粗粒试样的缩分，也可用于少量细粒试样的缩分。

（2）方格法。方格缩分法就是将已混均的试样的表面划成方格，再将若干方格内试样全部或用点取法取出少量试样。方格法的具体操作如下：首先将混均的试样堆成锥形，然后从上部向下压成薄层状，再在表面轻轻划成若干均匀方格，最后将几个方格内的试样用平底铲取出；也可用点取法在若干方格内点取试样。此法在操作时要特别注意将试样全部取出勿有残留。方格法仅适用于数量较少、粒度较细的试样，这种方法常与后续的取样相接应。

（3）多槽二分器法。多槽二分器法就是利用一个特制的二分器对试样进行缩分，多槽二分器的构造如图 2-5 所示。多槽二分器由薄的白铁皮制成，它由 10 个左右底部约为 50°的倾角、方向依次相反交替排列的小斜槽组合而成。

用多槽二分器缩分的操作比较简单，试样从多槽二分器的顶部均匀给入，其中二分之一的试样从二分器的一侧排出，另二分之一从二分器的另一侧排出，起到了一分为二的作用。多槽二分器主要用于细粒干试样的缩分，也可用于矿浆等物料的缩分，操作时要注意保持两侧试样或矿浆均等。

（4）矿浆缩分器。矿浆缩分器是专门缩分矿浆的一种装置。其构造如图 2-6 所示。矿浆缩分器的操作过程如下：原矿浆经漏斗给入搅拌桶中搅拌，使矿浆保持均匀并呈悬浮状态，待搅拌均匀后经导管及排矿嘴均匀分配到 8 个扇形分样室中，最后经各排矿管排出。

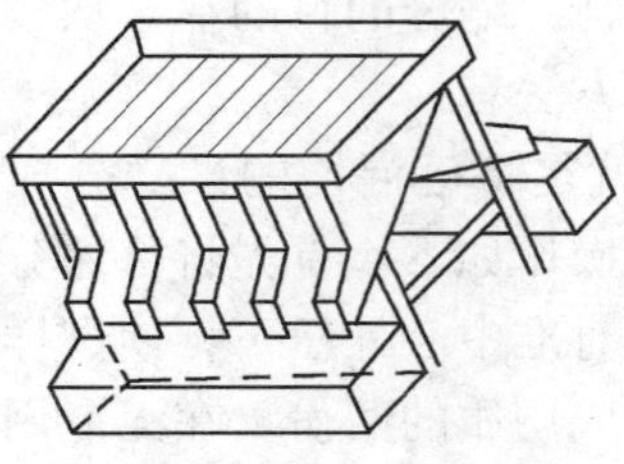

图 2-5　多槽二分器

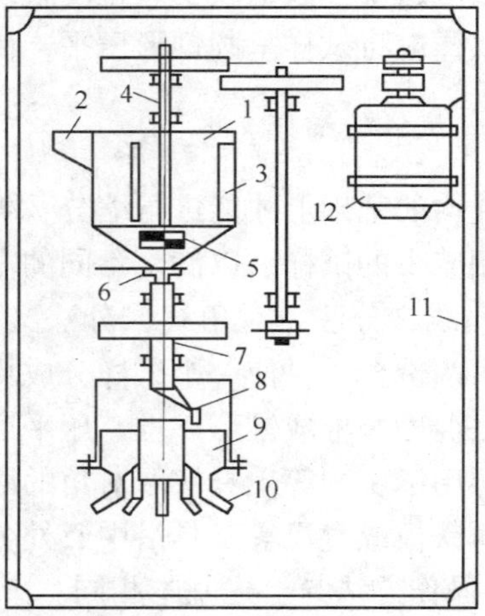

图 2-6　矿浆缩分器

1—搅拌槽；2—漏斗；3—稳流板；4—主轴；5—搅拌器；6—隔膜；7—导管；8—管嘴；9—扇形分样室；10—排矿管；11—框架

（5）割环法。割环法就是将已混均并耙成环锥形的试样，沿圆环方向垂直于圆环断面而割取小量试样。割环时的操作如下：在环锥形试样的某一点及相对应的另一点（180°）等量割取所需试样，并合并为一个小样，也可按此法依次将试样割完为止，或装袋后备用。

割取前应使环锥断面小些为宜，割取时应垂直于环锥全断面割取，随时清扫地面，切勿有试样残留。

2.4.1.6　缩分装袋

缩分装袋就是将已混均的试样按后续作业的要求将大量试样分装成适当重量的若干小袋，因此，装袋即是缩分也是取样。具体操作与上述割环法基本相同，只是在割环时割取的每份小样均需在天平上称重并装入试样袋备用，试样的袋数及每袋的重量应满足后续作业（如磨矿、浮选等）的需要，通常将环锥依次割完为止。因试样粒度较细、存放时间较长，装袋后的试样应放在通风、干燥、阴凉处妥善保管以防试样性质发生变化。

2.4.2　试样制备流程举例

试样加工制备如前所述，下面用线流程图的形式举例说明试样加工制备的全过程。

某矿石用浮选法在实验室内进行矿石可选性试验，根据试验设计安排需做100个单元条件试验，为使试样量与磨矿机及浮选机的容积相匹配，每袋试样量确定为1kg，试样总量为100kg，原始试样的最大粒度为100mm。所需最小必需试样量：

$$m = kd^2 = 0.2 \times (100 \times 100) = 2000(\text{kg})$$

试样加工制备流程如图2-7所示。

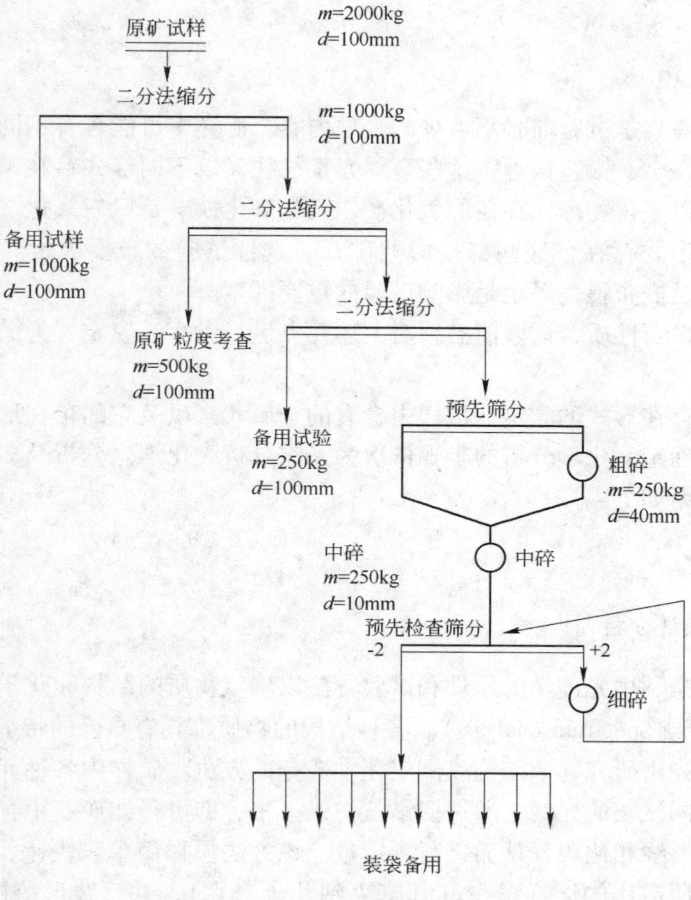

图2-7 试样加工制备流程

3 试验前的准备

3.1 化学分析

矿石性质的考察是试验前必不可少的一项内容。矿样中可能含有不同的金属元素，如铜、铅、锌、镍、金、银、铁等，这些金属元素往往又以不同形式存在，如以硫化物形式存在的硫化矿和以氧化物形式存在的氧化矿，又如氧化铁矿是以三氧化二铁的形式存在还是四氧化三铁的形式存在，这些都是影响矿石可选性试验的重要因素。此外，矿石的结构、构造、粒度及嵌布特性等也是影响试验的重要因素。

为充分了解矿石性质，试验前必须对上述几点进行考察、鉴定，为矿石可选性试验提供依据。

金属元素及存在形式的测定：试样中含有的金属元素以及它的存在形式一般通过化学分析的方法进行确定，化学分析的步骤依次为光谱分析、化学全分析及多元素分析和物相分析，现分别介绍如下。

3.1.1 光谱分析

3.1.1.1 光谱分析简介

光谱分析就是利用光谱学的原理和试验方法以确定物质的结构和化学成分的分析方法（spectral analysis 或 spectrum analysis）。各种结构的物质都具有自己的特征光谱，光谱分析法就是利用特征光谱研究物质结构或测定化学成分的方法。矿样中各种元素经过某种能源的作用能发射不同波长的光线，通过摄谱仪记录下来，即可得知矿石中含有哪些元素，然后与已知含量的谱线相比较，从而进行半定量。该方法操作简单、快速、灵敏度高、精密度和准确度好，所需用的试样量少（几毫克到几十毫克），并且线形范围宽，检出限低。但精确定量时操作比较复杂，一般只进行定性及半定量，即指出元素种类和含量范围，如百分之几、千分之几、万分之几、痕迹等。

光谱分析能迅速而全面地查明矿石中所含元素种类及其大致含量范围，不至于遗漏某些稀有、稀散和微量元素，因而选矿试验常用此法对原矿或产品进行普查，查明了含有哪些元素之后，再去进行定量的化学分析。这对于选冶过程考虑综合回收及正确评价矿石质量是非常重要的。

3.1.1.2 光谱分析的特点

光谱分析有如下优点：

（1）可同时测定多种元素或化合物。对金属元素进行定性普查，省去复杂的分离操作。

（2）分析速度较快。原子发射光谱用于炼钢炉前的分析，可在1~2min内，同时给出20多种元素的分析结果。

（3）操作简便。有些样品不经任何化学处理即可直接进行光谱分析，采用计算机技术，有时只需按一下键盘即可自动进行分析、数据处理和打印出分析结果。在毒剂报警、大气污染检测等方面，采用分子光谱法遥测，不需采集样品，在数秒钟内，便可发出警报或检测出污染程度。

（4）不需纯样品。只需利用已知谱图，即可进行光谱定性分析。这是光谱分析十分突出的优点。

（5）选择性好。可测定化学性质相近的元素和化合物，如测定铌、钽、锆、铪和混合稀土氧化物，它们的谱线可分开而不受干扰，成为分析这些化合物的得力工具。

（6）灵敏度高。可利用光谱法进行痕量分析。目前，相对灵敏度可达到千万分之一至十亿分之一，绝对灵敏度可达10^{-8}~10^{-9}g。

（7）样品损坏少。可用于古物以及刑事侦查等领域。

随着新技术的采用（如应用等离子体光源），定量分析的线性范围变宽，使高低含量不同的元素可同时测定。还可以进行微区分析。

光谱分析的局限性有：光谱定量分析建立在相对比较的基础上，必须有一套标准样品作为基准，而且要求标准样品的组成和结构状态应与被分析的样品基本一致，这通常比较困难。

3.1.1.3 仪器

现代光谱分析仪器有原子发射光谱仪、原子吸收光谱仪（原子吸收分光光度计）、红外光谱仪等。

3.1.2 全分析

光谱分析仪是定性或半定量分析，要想知道试样中各种金属元素的准确含量必须进一步进行全分析。

全分析就是对试样中的每一种组分含量都进行测定。凡经光谱分析查出的元素，除痕迹外，其他所有元素都作为化学全分析的项目，分析之总和应接近100%。化学全分析要花费大量的人力和物力，通常仅在对某一矿床初次接触、对它的性质很不了解的时候，才需要对原矿进行一次化学全分析。全分析的一般步骤及试样的分析过程一般包括试样的采取和制备、称量和试样的分解、干扰组分的掩蔽和分离、定量测定和分析结果的计算和评价等。

3.1.2.1 试样的采取和制备

在分析实践中，常从待测大量物料中称取几克、十分之几克或更少的试样进行分析。为使少量试样的分析结果，能反映整批物料的真实情况，分析试样的组成必须能代表全部物料的平均组成，即试样应具有高度的代表性。否则，分析结果再准确也是毫无意义的。因此，在进行分析之前，必须了解试样来源，明确分析目的，做好试样的采取和制备，即先从大批物料中采取最初试样（原始试样）。

通常遇到的分析对象，从其形态来分，不外乎气体、液体和固体三类，对于不同的形态和不同的物料，应采取不同的取样方法。

下面仅介绍固体试样的采取和制备。

固体试样种类繁多，经常遇到的有矿石、合金和盐类等，它们的采样方法如下：

（1）矿石试样的采取。为了使所采取的试样具有代表性，在取样时要根据堆放情况，从不同的部位和深度选取多个取样点。采取的份数越多越有代表性。但是，取量过大处理反而麻烦。一般而言，应取试样的量与矿石的均匀程度、颗粒大小等因素有关。通常试样的采取可按经验公式（亦称采样公式，见式 2-1）计算。

制备试样分为破碎、筛分、混均和缩分四个步骤。

大块矿样先用压碎机（如颚式碎样机、球磨机等）破碎成小的颗粒，再进行缩分。常用的缩分方法为“四分法”，将试样粉碎之后混合均匀，堆成锥形，然后略微压平，其余相对的两份收集在一起混匀，这样试样便减缩了一半，称为缩分一次。每次缩分后的最低质量也应符合采样公式的要求。如果缩分后试样的质量大于按计算公式算得的质量较多，则可连续进行缩分直至所剩试样稍大于或等于最低质量为止。然后再进行粉碎、缩分，最后制成 100～300g 左右的分析试样，经 0.074mm（200 目）标准筛分后装入瓶中，贴上标签供分析之用。

（2）金属或金属制品的采取。金属经过高温熔炼，组成比较均匀，因此，对于片状或丝状试样，剪取一部分即可进行分析。但对于钢锭或铸铁，表面和内部的凝固时间不同，铁和杂质的凝固温度也不一样，因此表面和内部的组成是很不均匀的。取样时，应先将表面清理干净，然后用钢钻在不同部位、不同深度钻取碎屑混合均匀，作为分析试样。

对于那些极硬的样品如白口铁、硅钢等，无法钻取，可用铜锤砸碎之，再放入钢钵内捣碎，然后再取其一部分作为分析试样。

（3）粉状或松散物料试样的采取。常见的粉状或松散物料如盐类、化肥、农药和精矿等，其组成比较均匀，因此取样点可少一些，每点所取之量不必太多。各点所取试样混匀即可作为分析样品。

（4）湿存水的处理。一般样品往往含有湿存水（亦称吸湿水），即样品表面及孔隙中吸附了空气中的水分。其含量多少随着样品的粉碎程度和放置时间的长短而改变。试样中各组分的相对含量也必然随着湿存水的多少而改变。例如含 SiO_2 60% 的潮湿样品 100g，由于湿度的降低质量减至 95g，则 SiO_2的含量增至 60/95 =63.2%。所以在进行分析之前，必须先将分析试样放在烘箱里，在 100～150℃烘干（温度和时间可根据试样的性质而定，对于受热易分解的物质可采用风干的办法）。用烘干样品进行分析，则测得的结果是恒定的。对于水分的测定，可另取烘干前的试样进行测定。

3.1.2.2　试样的分解

在一般分析工作中，通常先要将试样分解，制成溶液。试样的分解是分析工作的重要步骤之一。在分解试样时必须注意：

（1）试样分解必须完全，处理后的溶液中不得残留原试样的细屑或粉末。

（2）试样分解过程中待测组分不应挥发。

（3）不应引入被测组分和干扰物质。

由于试样的性质不同，分解的方法也有所不同。常用的分解方法有溶解法、熔融法、烧结法、干式灰化法、湿式消化法等。

3.1.2.3 测定方法的选择

A 测定的具体要求

当遇到分析任务时，首先要明确分析目的和要求，确定测定组分、准确度以及要求完成的时间。例如对于原子量的测定、标样分析和成品分析，准确度是主要的；对于高纯物质的有机微量组分的分析，灵敏度是主要的；而对于生产过程控制分析，速度便成了主要的问题。所以应根据分析的目的要求，选择适宜的分析方法。例如测定标准钢样中硫的含量时，一般采用准确度较高的质量法；而炼钢炉前控制硫含量的分析，采用1～2min即可完成的燃烧滴定法。

B 被测组分的性质

一般来说，分析方法都基于被测组分的某种性质。如Mn^{2+}在pH >6时可与EDTA定量络合，可用络合滴定法测定其含量；Mn^{4+}具有氧化性，可用氧化还原法测定；Mn^{4+}呈现紫红色，也可用比色法测定。了解被测组分的性质，有助于我们选择合适的分析方法。

C 被测组分的含量

测定常量组分时，多采用滴定分析法和质量分析法。滴定分析法简单迅速，在质量分析法和滴定分析法均可采用的情况下，一般选用滴定分析法。测定微量组分多采用灵敏度比较高的仪器分析法。例如，测定磺矿粉中磷的含量时采用质量分析法或滴定分析法，测定钢铁中磷的含量时则采用比色法。

3.1.2.4 共存组分的影响

在选择分析方法时，必须考虑其他组分对测定的影响，尽量选择特效性较好的分析方法。如果没有适宜的方法，则应改变测定条件，加入掩蔽剂以消除干扰，或通过分离除去干扰组分之后再进行测定。此外还应根据本单位的设备条件、试剂纯度等，考虑选择切实可靠的分析方法。

综上所述，分析方法很多，各种方法均有其特点和不足之处，一个完整无缺适宜于任何试样、任何组分的方法是不存在的。因此，必须根据试样的组成及其组分的性质和含量、测定要求、存在的干扰组分和本单位实际情况，选用合适的测定方法。

3.1.3 多元素分析

多元素分析就是在全分析的基础上对矿石中所含重要和较重要的元素的定量化学分析，其具体分析方法及过程与全分析基本相同。不仅包括有益和有害元素，还包括造渣元素。如对铁矿石可分析Fe、S、P、Mn、SiO_2、Al_2O_3、CaO、MgO等。

金、银等贵金属需要用类似火法冶金的方法进行分析，所以专门称之为试金分析，实际上也可将其看作是化学分析的一个内容，其结果一般并入原矿的化学全分析或多元素分析表内。

有些元素，如卤素和S、Ra、Ac、Po等，光谱法不能测定，若需测定，就必须做化学分析；还有一些元素，如B、As、Hg、Sb、K、Na等，光谱操作较特殊，有时也不做光谱分析，而直接用化学分析方法测定其含量。

3.1.4　化学物相分析

光谱分析和化学分析只能查明矿石中所含元素的种类和含量，还不能指出各种元素是呈何种化合物存在，只有通过物相分析和岩矿鉴定等工作，才能知道矿石中某元素呈什么矿物存在。

3.1.4.1　物相分析的概念

物相分析是研究物料由什么物相所组成，各物相所占的百分率和分布情况，元素在各种载体矿物中的存在状态（机械夹杂或化学结合）及其含量的方法。

根据元素或化合物的光性、电性等物理性质的不同，研究物相的组成和含量的方法属于物理分析方法。根据元素或化合物的化学性质的不同，研究物相的组成和含量的方法属于化学分析方法，即化学物相分析方法。化学物相分析的内容是分析由同一元素所组成的不同化合物和矿物的含量，以及在不同载体矿物中的存在状态和含量。

3.1.4.2　化学物相分析的作用

长期以来，化学物相分析已成为地质、冶金、化工和环保等部门的不可缺少的一项分析检验项目，用它对矿石和工业产品进行评价和质量监控，对工业技术水平的提高也起到了积极作用。

在地质普查找矿中，应用化学物相分析可以研究有用元素的迁移富集规律，为地质人员提供找矿线索。在勘探阶段中，化学物相分析数据是划分多金属矿床的自然类型及技术品级的依据。某些硫化矿床常常需要根据矿石中有用元素的氧化物及硫化物的相对含量，划分为氧化矿石带、硫化矿石带或混合矿石带。

化学物相分析与岩矿鉴定相配合，可以比较准确地确定有用元素在矿石中的赋存状态，确定各种状态（独立矿物、类质同象、离子吸附等）的含量。

在选矿工艺研究及生产中，化学物相分析提供原矿中有用元素的各种矿物的含量，可以用来制定选矿的工艺方案和查明尾矿中损失的有用元素的状态及其含量，作为评价和改进工艺流程的依据。

通过化学物相分析可以了解冶金、化工等过程中的产品、浸渣、炉渣及烟尘等物料中的元素或化合物的变化情况，对选定工艺条件和考察工艺效果有实际意义。例如，火法炼锑时，应该查明锑白中其他锑化合物的含量，以保证锑白的质量。提取烟尘或煤灰中的锗时，应根据锗的不同存在状态，采用不同的浸取剂等。

3.1.4.3　化学物相分析的方法

化学物相分析通常是借助各种矿物在溶剂中的溶解度和溶解速度不同，使其中的某种矿物有选择地溶解，而与其他矿物分离，然后用适宜的分析方法（质量法、滴定法、光度法、极谱法等）直接测定该矿物的主要元素。此外，也经常采用间接的测定方法，可以归纳为以下四种：

（1）测定矿物分解产生的气体的含量，计算该矿物的含量。如某些硫化物和碳酸盐矿物。

（2）测定矿物中特征价态的元素含量。如选择溶解氧化铁矿物，测定溶出的亚铁含量，计算磁铁矿的含量。

（3）测定矿物中的特征元素的含量。如十字石和红柱石同属硅铝酸盐，它们在许多浸取剂中的溶解行为都很相似，不易分离，但十字石中含铁，只要测定铁的含量，便可计算出两者的含量。

（4）测定矿物与溶剂反应的生成物的含量。如金属铁与过量 Fe^{3+} 反应生成定量的 Fe^{2+}，根据 Fe^{2+} 的含量，计算金属铁的含量。

化学物相分析也采用了一些物理方法，主要用于矿物和化合物的分离和测定。如根据密度不同，采用重液分离方法；根据磁性不同，采用磁选分离方法等。国内外文献中还有应用电化学方法进行矿物的分离和测定的报道，已引起化学物相分析工作者的注意。

在化学物相分析中，矿物和化合物经过处理而改变其性质，从而达到在溶剂中分离的目的。如含有菱锰矿和锰方解石的锰矿石，在适当的温度下焙烧，使菱锰矿转化为氧化物，然后选择溶锰方解石，使二者分离。铁矿石经还原焙烧使铁的氧化物转变为具有磁性的氧化铁或金属铁，借助磁选或选择溶解的方法与硅酸铁分离。

以上所述，概括地介绍了化学物相分析的概念、任务、应用以及所采用的方法。化学物相分析属于化学分析中一门有其特点的专门技术。一般的分析实验室也都可以开展这项工作。

3.1.4.4 常见铁矿矿床的化学物相分析

根据我国铁矿矿床的主要类型，推荐几个系统的化学物相分析流程。结合试样的具体情况，综合考虑选用。

A 沉积变质铁矿床

这类铁矿床是重要的类型，其产量约占世界铁矿产量的60%。主要分布于我国的东北、华东地区。其主要矿物有磁铁矿、赤铁矿、假象或半假象赤铁矿、褐铁矿、菱铁矿、镁铁白云石、白云石、石英、透闪石、铁镁闪石、绿泥石、阳起石、黑云母以及少量黄铁矿和磁黄铁矿。推荐的分析流程如图3-1所示，黄铁矿单独取样测定。

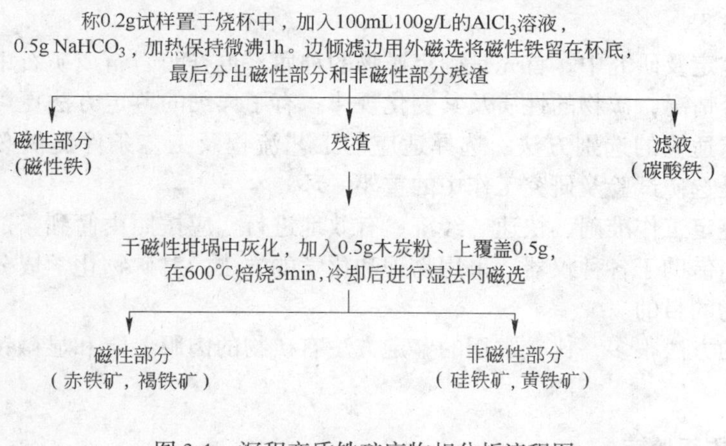

图3-1 沉积变质铁矿床物相分析流程图

在磁性矿物已严重氧化的情况下，此流程的第一步可改为：称 0.2000g 试样，注意控制水量，进行湿法内磁选，于磁性部分测定磁性铁，非磁性铁部分按流程图分析碳酸铁等。

当这类铁矿石中绿泥石较多时，浸取碳酸铁的溶剂可改为 NH_4Cl − 邻菲罗啉。易溶硅酸铁含量较少时，可用 HCl − $SnCl_2$ 室温浸取赤铁矿、褐铁矿，于浸取后的残渣中测定硅酸铁和黄铁矿。若要测定磁黄铁矿，则将磁性部分置于水浴上烘干，用 30mL 溴甲醇（5 + 96）浸取 30min，用磁块吸住倾洗分离，于溶液中测定磁黄铁矿，磁性部分测定磁性铁。

B　沉积铁矿床

世界铁矿石产量 30% 属于此类铁矿床，我国河北宣龙铁矿和湖南宁乡铁矿是这类铁矿床的代表。其组成较简单，赤铁矿和褐铁矿为主要矿物，磁铁矿、菱铁矿较少，脉石矿物有石英、绿泥石、海绿石、绢云石、蛇纹石等，硫化物有黄铁矿和磁黄铁矿，有的矿石含高价锰可达百分之几。其矿石特性是矿物嵌布粒度很细，单矿物的解离度较差。褐铁矿含量高，在拟订分析流程时要注意串相现象。推荐的化合物相分析流程如图 3-2 所示。

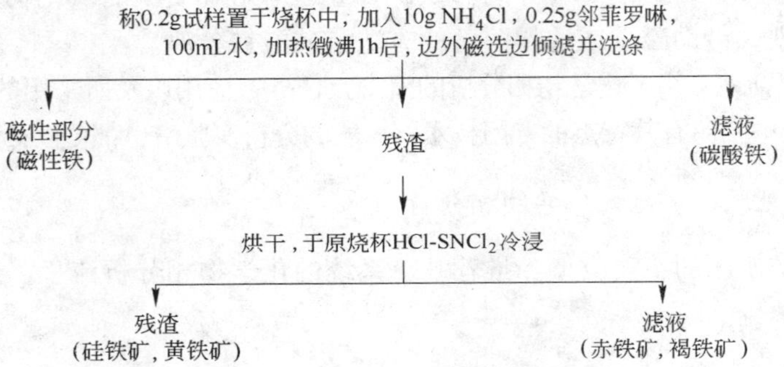

图 3-2　沉积铁矿床物相分析流程图

3.2　岩矿鉴定

岩矿鉴定就是通过肉眼及借助放大镜、显微镜并利用矿物的物理、化学性质等特性进行识别矿物的过程。

在矿物的鉴定及研究中，首先是确定矿物的种属，再查明岩石或矿石中各种矿物的数量、分布及组合情况，矿物的性质及其变化规律。有了详细的鉴定方法更可以为选矿试验或研究工作寻求适应的选别方法、选择适应的工艺流程及工艺条件提供必要的依据。可见，岩矿鉴定是选矿试验及研究工作中的重要一环。

为使岩石鉴定工作准确、快速、经济、有效地进行，应按照由简到繁的顺序进行。在某些情况下适当借助于各种仪器，采用物理和化学的方法，对矿物化学成分进行分析以达到准确鉴定矿物的目的。

岩矿鉴定的方法很多，比较常用的鉴定方法有矿物的肉眼鉴定和显微镜鉴定，现分述如下。

3.2.1　矿物的肉眼鉴定

矿物的肉眼鉴定就是用肉眼或借助放大镜、实体显微镜（双目显微镜）和一些简单工具（小刀、磁铁、条痕板等）观察矿物的外表特征，通过测定矿物的颜色、条痕、光泽、透明度、硬度、密度、磁性、解理、结构和构造等特性来区分或确定矿物。

矿物的肉眼鉴定比较简单，用途广泛，是选矿试验或研究工作中不可或缺的一项工作。详细的岩矿鉴定虽然可由地质人员提供，但选矿工作人员掌握岩矿鉴定的基本操作及鉴定过程，对顺利完成试验或研究工作十分重要，是必需的基本技能。在选矿试验过程中随时进行岩矿鉴定，对矿石可选性试验具有重要意义。

3.2.1.1 肉眼鉴定矿物的仪器及工具

肉眼鉴定矿物的主要仪器及工具如下：

（1）放大镜；

（2）实体显微镜（又称双目显微镜）；

（3）小刀、条痕板、磁铁等。

3.2.1.2 肉眼鉴定矿物步骤及特征描述

（1）观察矿物的形态：如单体形态和集合体形态。

（2）观察矿物的光学性质：如颜色、条痕、光泽、透明度等。

（3）测试矿物的力学性质：如硬度、密度、解理、断口、弹性、挠性、延展性等。

（4）测试矿物的其他性质：磁性、导电性、发光性、可溶性、可塑性、气味等。

（5）借助某些化学试剂测试其他化学特性。

在鉴定矿物时，上述方法和步骤应逐一进行测试和观察。在某一具体标本内，上述特征不一定都能观察到，为使鉴定准确仍需详细考察，不应漏项，下面以方铅矿为例说明肉眼鉴定方法的鉴定过程。

3.2.1.3 肉眼鉴定过程（以方铅矿为例）

（1）首先观察矿物的形态：如方铅矿为立方体外形；

（2）再观察其颜色、条痕和光泽：如它具有典型的铅灰色、强金属光泽和灰黑色条痕。

（3）再次观察其硬度、解理、断口形状、密度：如它有较低的硬度、显著的立方或阶梯状解理，以及手中掂掂感到密度较大。

综合上述各种基本特征，与相关资料中对每种矿物特征的描述相对照，即可较迅速确定该矿物为方铅矿。若矿物颗粒较细，晶体形态不甚发育，仅用肉眼鉴定有困难时，可用实体显微镜放大观察或用简易化学分析方法进一步鉴定。

3.2.2 矿物的显微镜鉴定

矿物的显微镜鉴定就是利用某种显微镜的某些光学特性对矿物进行鉴别，它与肉眼鉴定相比，鉴定过程较为复杂，显微镜比放大镜复杂得多，而且还涉及一些光学基本原理。在进行显微镜鉴定时，应根据矿物的不同特性及鉴定的目的、要求选择适应的显微镜。根据矿物的透光性不同，矿物可分为透明、半透明和不透明三大类，绝大部分非金属矿物为透明矿物，而绝大部分金属矿物属于不透明或半透明矿物。透明矿物可用偏光显微镜研究，而观察和研究金属矿物的显微镜是反光显微镜，又称矿相显微镜。

3.2.2.1　反光显微镜的鉴定

A　反光显微镜的构造

反光显微镜是在偏光显微镜的基础上，加一个专门的垂直照明路构成的。因此，反光显微镜的机械系统与偏光显微镜完全相同。它的光学系统则主要由光源、垂直照明器、物镜和目镜等四部分组成。而物镜和目镜的种类和构造原理与偏光显微镜的也基本相同，仅由于反光显微镜观察的对象是无盖片的矿物磨光面，物镜在设计上与偏光显微镜略有不同。

a　垂直照明

垂直照明器由进光管和反射器两个主要部分组成。

(1) 进光管。它是连接光源和反射器的通道，并附有调节光线的多种装置。光源聚光透镜是位于进光管最前端接近光源部分的地方，其作用是将光源发射出的光线聚焦于视野光圈上。

(2) 反射器。反射器是反光显微镜的一个关键部件，其作用是将进光管中进来的光线垂直向下反射，到达矿物光面上起照明作用，以便对不透明矿物进行观察和研究，因此它的质量直接影响显微镜的观察性能。

b　光源

光源是反光显微镜的一个重要组成部分，它直接影响光面的照明程度和矿物的各种光学性质的观察和测定。旧式的反光显微镜最常用的光源主要是钨丝白炽灯，新近出厂的产品有的用卤钨灯作光源。

(1) 钨丝白炽灯。常用的是低压钨丝灯，配有专用的变压器，输出电压一般为6～12V，电流强度一般为3～5A，灯丝尽量卷成小球，使其密集近似点光源。光源有的直接因定于垂直照明器上，随镜筒升降；有的则成独立部分，不随镜筒升降，需依赖载物台的升降来调节。

(2) 卤钨灯。卤钨灯是在装有钨丝的石英玻璃壳内充有一定量的卤族元素或其化合物。一般用溴或碘化物。灯丝在燃点时，蒸发的钨沉积在石英玻璃壳上，只要温度高于200℃，溴或碘蒸气就和玻璃壳上的钨化合，形成溴（碘）化钨蒸气在灯内扩散。

(3) 滤光片（滤色片）。主要用来矫正光源的光谱能量分布。在反光显微镜下研究不透明矿物时，应用很广。如不同的物镜选用相应的滤光片，用以校正残余色像差，提高物镜的分辨能力。

c　物镜和目镜

反光显微镜的物镜不同于偏光显微镜的物镜，它是根据观察无盖片的光面设计的，不宜用于观察有盖片的薄片，中、低倍物镜勉强可用于观察，高倍物镜用于观察薄片时不仅成像不佳，而且可能无法准焦。现代显微镜多为透光反光两用，并配有透、反光分别使用的物镜，绝不可将两者混用。

B　反光显微镜的操作

在反光显微镜下研究不透明矿物的光学性质时，要想得到准确的观测结果，必须对显微镜的各个部分进行正确的调节，使其发挥应有的作用。

(1) 选用低倍物镜，确定物镜和目镜组合，并将其安装在显微镜上。

(2) 将光片光面抛光或擦拭干净，用胶泥粘着放在玻璃片上（或金属板上），用压平器置于载物台上。安装光源，接上电源。

(3) 打开口径光圈和视域光圈。

(4) 粗调反射器的位置和物镜焦距，转动粗动齿轮，使镜筒下降到一定程度（物镜不可与光面接近），从侧面看载物台上的光面上是否出现亮点。如有亮点，说明反射器的位置大体正确；如无亮点，转动反射器轴，直至光面上出现亮点时为止。而后从侧面看着镜筒下降到接近光面，眼睛靠近目镜，看着视野内，缓慢转动粗动螺旋提升镜筒，直至出现较清晰的物像为止。

(5) 精确地调节反射器的位置和物镜焦距，转动微动螺旋，缓慢升降镜筒，直至视域中出现清晰的物像。而后，尽量缩小视域光圈，在视域内可见一小亮点，转动反射器轴，使亮点中心移至十字丝交点，并使其被十字丝对称平分，表示反射器已调节到正确位置。如果亮点沿十字线移动而不被其平分，说明反射器转轴不水平，一般都须送仪器厂校正。

(6) 调节视野光圈及准直透镜，小亮点边缘如果模糊不清或带色彩，可前后移动准直透镜，使小亮点边缘清楚。然后打开视域光圈，至光圈边缘与视域边缘重合为止。若此时视域光圈边缘仍有横向色散，可能是进光管与光源入射光束不同轴造成的，应调节光源。

(7) 调节光源中心，调整灯的高度、倾斜度，旋转灯体上的校正中心螺旋，调节聚光透镜，至光面上照明均匀而且最亮时为止。与此同时，应在灯泡之前加适当蓝玻璃或磨砂的蓝玻璃，使其成白光。

(8) 调节口径光圈，取下目镜或推入勃氏镜，即可在物镜后透镜上看到孔径光圈的像。一般调节是将光圈开大到光圈边缘与物镜后透镜圆周重合为止，但有时在高倍镜下观察须用严格垂直入射光时，光圈的影像应缩小到只有物镜后透镜直径的$\frac{1}{3}\sim\frac{1}{4}$。

(9) 装上目镜，若分解能力和视域亮度都已达到要求，只是视域中心像蒙了一层白雾，使物像不清晰，此时可适当缩小口径光圈，以减少色像差和镜筒内耀光的影响。

(10) 校正物镜中心，操作方法与偏光显微镜的物镜中心校正相同。

(11) 偏光镜正交位置调节，反光显微镜的二偏光镜如有一个固定，活动的一个就应以固定的一个为标准进行调节。一般下偏光镜的振动方向是东西向，上偏光镜为南北向。

在反光显微镜中，常用石墨、辉钼矿等双反射显著的矿物来检查前偏光镜的振动方向。因它们平行延长方向的反射率远大于垂直延长方向的反射率。将上述任一矿物光面置于载物台上，在单偏光镜下旋转载物台，如果前偏光镜振动方向为东西向，当矿物的延长方向平行于东西向时，视域中应最亮。当其延长方向平行于南北方向时，视域中应最暗。否则，说明前偏光镜振动方向不是东西向，应进行调节，使其达到上述要求，而后，推入上偏光镜，将其转至消光位置即可。

为了检查二偏光镜振动方向是否严格正交，可用辉锑矿、铜蓝等强非均质性矿物试验。上述矿物光面置于载物台上，若二偏光镜严格正交，载物台旋转一周时，会出现“四明四暗”，而且矿物在各个45°方位时最明亮，偏光色也完全一致。否则，将出现明暗变化相间不等的四明四暗，甚至二明二暗。

(12) 应变物镜消光位的调节，物镜透镜玻璃因退火不当或安装时压力过大而常有应变，使玻璃呈现异常非均质现象。因此，须事先检查并调节至消光位。其方法是将物镜自镜筒上卸下，载物台上放一偏光镜，利用载物台下的自然光照明，将上偏光镜推入镜筒中，旋转载物台使其上的偏光镜振动方向与上偏光镜严格正交，再将要检查的物镜装上。然后在物镜螺旋框内缓慢旋转物镜，如果视域黑暗程度不变，表示物镜无应变，如果视域亮度有变化，则物镜有应变。为了提高检验灵敏度，可插入一级红的石膏试板，物镜无应变时，视线一级红不变，有应变时，视域随物镜的旋转干涉色会发生变化。经检查物镜如有应变，应将其在螺旋框中旋转到视域中完全黑暗为止，此时表示应变物镜处于消光位。

C 反光显微镜的应用

a 反射率与双反射

（1）反射率。所谓反射率是表示矿物磨光面反光能力的参数，用 R 表示，即反射光强度 I_r 与入射光强度 I_i 的百分比。

$$R = \frac{I_r}{I_i} \times 100\% \tag{3-1}$$

在显微镜下鉴定不透明矿物，反射率是最重要的定量数据，其重要性可与透明矿物的折射率相似。矿物光片置于反光显微镜载物台上，用垂直入射到光面上的光线（自然光或平面偏光）观察时，给人们的视觉印象是不同矿物有不同的光亮程度，这就是反射率给予人的视觉感受。

反射率与矿物的透明度有关：透明度愈大，则反射率愈小；反之，矿物愈不透明，反射率愈大。矿物的反射率还与光面质量有关，反射率值都是在抛光面质量优良的标准条件下测出的。抛光面质量欠佳（粗糙）或光面有氧化膜或油污不洁，都会引起反射率降低。

均质性矿物在任何方向上的反射率都一样，而非均质性矿物的反射率随切面方向不同而不同，即使是同一切面上（垂直光轴方向切面除外），不同方向的反射率也不同。

反射率的测定方法主要有光强直接测定法、光电光度法、视测光度法和简易比较法等。

1）光强直接测定法是利用光电检测装置直接测定入射光强与反射光强，进而计算被测矿物的反射率。此法适用于标定反射率“标准”，但不能在显微镜下测定，而且不适于直接测细小矿物的反射率。

2）光电光度法是利用光电效应和照射光电元件的光强与所产生的光电流强度成正比的原理，量度“标准”与欲测矿物发射光能（光强度）转变为电能（光电能）的光电流的强度，以计算欲测矿物反射率的方法。一般采用光电倍增管光度计，其具有很高的灵敏度，能测直径小至0.5μm 面积的光强，其误差范围，一般为测定值的±0.3%。

3）视测光度法是利用视觉显微光度计将欲测矿物和“标准”矿物置镜下分别与比较光束凭目力进行对比，调节比较光路中相交偏光镜的转角，以改变比较光束的强度，使矿物反射光束与比较光束的光强相等，从而根据相交偏光镜的转角计算出欲测矿物的反射率。测得反射率的相对误差达4%。

4）简易比较法是利用已知反射率的矿物作为“标准”，将欲测矿物与“标准”矿物进行对比，这样依次与各“标准”矿物对比后即可定出该矿物的反射率范围。被选为“标准”矿物的应是常见的、均质性的、反射率较稳定的矿物。一般常用的“标准”矿物为黄铁矿（白光中反射率为51%，以下同）、方铅矿（42%）、黝铜矿（31%）、闪锌矿

（17%）。

因为上述方法能定量测定矿物的反射率值，但需使用一定的仪器设备，而且往往较麻烦和费时间，所以在日常的一般鉴定工作中，有时不需要精确数字，只需知道反射率的大致范围即可查表定出矿物时，亦可采取简易的定性比较法，此法简单、方便且不需任何专门的仪器设备，置镜下观察对比即可，故仍有一定应用价值。

（2）双反射。在单偏光镜下观察非均质性矿物光片，当旋转载物台时，矿物亮度发生变化的现象称为双反射。非均质矿物最大反射率 R_g 与最小反射率 R_p 之差，称为矿物的绝对双反射率，以 δR 表示。

$$\delta R = R_g - R_p \tag{3-2}$$

而

$$\Delta R = \frac{R_g - R_p}{\frac{1}{2}(R_g + R_p)} \times 100\% = \frac{2\delta R}{R_g + R_p}$$

矿物的双反射现象是否明显，主要决定于 ΔR，虽与 δR 有关系，但关系不大。不是 δR 越大，双反射现象就越明显。

如辉锑矿　$R_g = 40.4\%$，　$R_p = 30\%$，　$\delta R = 10.4\%$，　$\Delta R = 29.5\%$

而方解石　$R_g = 6\%$，　$R_p = 4\%$，　$\delta R = 2\%$，　$\Delta R = 40\%$

由于方解石的 ΔR 大于辉锑矿的 ΔR，故辉锑矿的 δR 虽比方解石的 δR 大很多，但它的双反射现象却没有方解石明显。

在观察矿物双反射现象时，一般单个晶体不易看出双反射现象，只有在视域中出现数个同种矿物晶体紧密连生时，才容易看出。

根据非均质矿物双反射现象在视域上的明显程度，可将双反射进行分级（空气中）：

1）显著。转动载物台一周，亮度变化显著，如辉钼矿、辉锑矿等。

2）清楚。转动载物台一周，单晶上亮度变化可见，粒状集合体上更清楚可见，如赤铁矿等。

3）不显。转动载物台一周，亮度变化看不出来，如钛铁矿等。

b　反射色与反射多色性

（1）反射色。矿物的反射色系指矿物磨光面在白光垂直照射下，其垂直反射光所呈现的颜色。

矿物的颜色可分为体色和表色。白光照射透明矿物后，大部分光透过，仅有少量的光被等量吸收或选择吸收，这种透射光所呈现的颜色，称为体色。白光照射到不透明矿物表面后，由于矿物的强烈吸收性，透射光能量迅速被外层电子所吸收，经跃迁转化为次生的表面反射光，这种矿物表面反射光所呈现的颜色，就是矿物的表色。若做等量反射，则呈现无色类的银白色、亮白色、白色、灰白色等等；若做选择反射则呈现各种显著、鲜艳的颜色，如铜黄色、铜红色等。

矿物的体色和表色是大致互补的，如长波段的一些色光被吸收和反射后，就会有较多的短波段的色光透过；反之，亦然。

有些非均质性矿物，在单偏光镜下旋转载物台时，不仅有亮度变化，而且反射色也有变化，这种颜色（或浓淡色调）的变化，称为双反射色。

矿物在反光显微镜下的反射色，实质上就是矿物的表色，是在垂直入射和垂直反射时的特征，尤其是具有鲜艳反射色的矿物。为了很好地利用这一特征，在对反射色描述时要仔细区别其颜色的深浅及所带的色调。由于不同人对颜色的描述是不同的，只有多结合实物观察才能有所体会。

在观察反射色时，应注意下列事项：

1）要求光源为纯白色。一般光源都带黄色，需加适当深浅的蓝色滤光片使之滤成白光，但实际上很难达到，则一般以方铅矿的反射色作为标准的纯白色，其他欲测矿物与之对比。

2）光片不仅要求平和光滑，而且表面不能被氧化，因此在观察前应抛光除去氧化薄膜。

3）周围矿物颜色有很大影响，使观察者产生视感色变效应。如磁铁矿通常为灰白带浅红棕色，若与带蓝灰色的赤铁矿连生时红棕色更显著，而与玫瑰色的斑铜矿连生时呈现纯白色。实际上矿物的颜色并没有变，只是我们观察者主观上对颜色印象发生改变而已。

4）介质的影响。矿物的反射色随浸没介质不同而变化。

（2）反射多色性。非均质矿物的反射色随切面的方向而异，在同一切面上，不同方向其反射色也不同。在单偏光镜下，旋转物台可以观察到非均质矿物这种反射色随方向而变化的性质，称为矿物的反射多色性。例如铜蓝的反射色在转动物台时会由天蓝色变为浅蓝白色。

矿物的反射多色性产生原因与矿物双反射产生原因是相同的，则两者是同时存在的。但在观察过程中常常是一种现象掩盖了另一种现象。若反射色鲜艳的矿物，其反射多色性现象较易观察，则常掩盖其双反射现象；若矿物的反射色为无色的，其反射多色性现象不易观察，而双反射现象较易观察。因此在观察时要特别注意。

对矿物反射多色性的描述一般是指颜色的变化，如天蓝色—浅蓝色。

观察方法与观察双反射相同，应在多颗粒连生体中观察。

c 内反射

所谓内反射，系指光线入射到透明、半透明矿物表面后，经折射透入矿物内部，当遇到矿物内部充气和充液的解理、裂理、裂隙、孔洞以及色体和不同矿物的粒间界面时，将发生反射、全反射和折射。内反射使一部分光线中所带的颜色，称为内反射色，内反射色实际上就是矿物的体色。

矿物有无内反射，决定其透明度，愈透明者内反射愈强。由于矿物的反射率与透明度有关，因此矿物的内反射与反射率也有关系。凡反射率大于40%的矿物，因不透明而无内反射；反射率在40%～30%之间者，有少数有内反射；反射率在30%～20%之间者，大多数有内反射；反射率在20%以下者，基本都是透明或半透明矿物，因此，都有显著的内反射。

在反光显微镜下观察内反射的特征为：一般具为鲜明颜色或呈纯净的灰白色，内反射色是不均匀的，有的比较鲜明，有的比较暗淡，转动载物台没有规律性变化，在观察时有透明的立体感。

内反射的观察方法主要有以下几种：

（1）斜照法。此法是简便而常用的方法，观察时，将光源改从侧面斜射于矿物光面，表面反射光向另一侧面反射掉，因反射角度较大而不能射入显微镜内，因此在镜内看不到矿物光面的反射光。若该矿物是不透明矿物，则无光线进入矿物内部，视域中为黑暗的。若该矿物为透明或半透明矿物，则有部分光线进入矿物内部，这部分光在矿物内部遇到各种界面时，将产生折射和反射，必有部分光线透出光片，并且还会有一些角度适合的光线进入显微镜，使我们能够从目镜中观察到矿物的内反射。使用此法时，光源的角度要适中，一般入射角为30°~45°左右，只能在低倍和中倍物镜下使用。

（2）粉末法。对一些透明度不好的矿物，有时内反射现象不易观察到，为提高观察效果，常将欲测矿物用钢针或金刚刀（笔）刻划成粉末，因刻划成粉末后粒度变细，更易于透明，且界面增多，易于内反射和全反射，从而可以得到更多的内反射光，观察起来更加明显。观察同样可用斜照法。

d 偏光性

等轴晶系矿物的任意方向切面和非均质性矿物垂直光轴的切面，在正交偏光镜下旋转载物台360°时，光面的黑暗程度或微弱的明亮程度不变，此种性质称为均质性。

非均质性矿物的任意方向切面（不包括垂直光轴的切面）在正交偏光镜下，旋转载物台360°时，发生四明四暗有规律的交替变化现象，并且明暗之间相间45°。在明亮时，可能呈现的各种颜色，称为偏光色。矿物的这种明暗程度和颜色变化的性质，称为非均质性。

矿物的均质性和非均质性，统称偏光性质。观察矿物的偏光性时，首先必须将显微镜各个部件进行检查和调节，尤其是偏光镜正交位置调节和物镜应变的检查及其消光位的调节显得特别重要，如果不调节好，势必干扰偏光性质的观察。

观察方法如下：

（1）两个偏光镜严格正交，转动载物台一周，非均质矿物将每隔90°消光一次，共出现四次消光位和四次明亮，在两相邻消光位中间45°位置时，达最大亮度。均质矿物则为全消光或呈现一定亮度，转动载物台时，亮度无任何变化。

（2）两偏光镜不完全正交，对一些非均质性不太显著的矿物，在两个偏光镜严格正交下，不易观察，这时需将两偏光镜之一，从严格正交位置偏转1°~3°，这样可有一部分光线透过上偏光镜，转动载物台时，明暗变化则较显著，载物台转动一周，出现四次消光，四次明暗，但不完全在90°或45°位置发生。该法对观察弱非均质矿物较为有效。

（3）在浸油中观察，由于浸油的作用，可使非均质矿物通过上偏光镜的光亮差变大，因而提高观察矿物偏光性的效果。

偏光性可分为三级：

（1）强非均质。在一般光源下消光和明亮均清晰可见的，伴有明显的偏光色产生。

（2）弱非均质。在一般光源下消光和明亮不太清楚，必须在强光源下或不完全正交下才清楚的，有时可显微弱的偏光色。

（3）均质。没有明暗变化，具有同等程度亮度或全消光。

3.2.2.2 显微镜的保养及使用注意事项

显微镜是精密的光学仪器，又是教学和科研工作的重要工具。使用显微镜时要特别细心，注意保护并自觉遵守以下规则：

（1）从箱内取出或搬动显微镜时，必须用一只手握住镜臂轻拿轻放，防止震动。

（2）使用前应进行检查，但不能随便拆卸显微镜零件。

（3）使用显微镜各个部件时，动作要轻缓，装卸镜头时一定要拿稳，以防坠落损坏。显微镜的各种附件，一律放在盒子里，不准放在桌上或书上，以免不慎跌落造成损失。

（4）镜头必须保持清洁。有灰尘时必须用专门的擦镜头的软纸擦，以免损坏镜头。

（5）下降镜筒时，应从侧面看镜头，切勿使镜头与薄片相接，而损坏镜头。特别是使用高倍物镜时，因其工作距离特别小，尤其要注意。

（6）尚未学习使用和不知如何使用的部分和部件，切勿随便乱动。如需使用，应报告教师。

（7）不得让显微镜晒到太阳，以防偏光镜或试板脱胶。显微镜还须防潮，不用时放入箱内并放上干燥剂。

（8）显微镜用完后应将上偏光镜、勃氏镜推入镜筒内，以免灰尘落入。在镜筒上盖上镜盖。若无镜盖时则目镜不要取下，以免灰尘直接落入镜筒内。

（9）使用完后必须登记，罩上罩子。若无罩子则放入箱内。

3.2.2.3 矿物物理性质的镜下鉴定

A 矿物硬度的鉴定

在显微镜下观察和测定矿物硬度的方法很多，一般常用的有下述几种。

a 矿物光面特征比较法

不同硬度的矿物在同一光片中的磨光程度往往不同，因此可以根据矿物光面特征比较出矿物相对硬度的大小。常用的比较特征有以下几种：

（1）相对突起比较法（即亮线法）。光片在磨制过程中，软矿物因易磨而凹下，硬矿物不易磨而突出，所以在软硬矿物接触处形成一个斜面。这个斜面使垂直的入射光斜着反射上去，这些斜反射的光和整个光片垂直反射的光重合在一起，构成一条亮带，同时靠硬矿物一边，由于没有反射光而形成一条暗带，这条暗带的衬托使亮带更加明显，这种亮带随镜筒缓慢提升而向软矿物方向移动，下降镜筒则相反。

观测时用中倍物镜，缩小光圈，可使亮带清楚。但是，当相邻两矿物的硬度相差悬殊，因接触的斜面太陡，而使光线水平反射出去，形成较宽暗带时，不宜作硬度的相对比较。

（2）磨光程度观察法。在磨制光片过程中，硬度较大的矿物表面不易磨平，常留下微小的凹坑，显得粗糙不平而出现麻点，如黄铁矿光面上常有这种现象。硬度较小或解理、裂隙很发育的矿物在磨片时又容易剥落，也不容易全部磨光，如铜蓝就很难磨出大块的光面。硬度中等的矿物，如黄铜矿、闪锌矿等，就比较容易磨成光面。

（3）擦痕观察法。在磨制不好的光片上常可保留磨片时形成的擦痕。如果同一条擦痕穿过不同的矿物，则可以根据擦痕的深浅、宽窄和边缘是否整齐来判断矿物硬度的相对大小。硬度小的矿物擦痕宽而深，边缘不整齐；硬度大的矿物擦痕窄而浅，边缘整齐；硬度很大的矿物没有擦痕。

b 金属针刻划法

用铜针或钢针在显微镜下刻划矿物的光面，并观察其刻痕的方法来确定矿物的硬度，这是最简便的方法，按此法可将矿物硬度分为三级：

（1）低硬度矿物。硬度小于铜针（钢针能刻动），即低于莫氏硬度3，如方铅矿、铜蓝、辉钼矿。

（2）中等硬度矿物。硬度大于铜针小于钢针，相当于莫氏硬度3~5.5，如褐铁矿。

（3）高硬度矿物。硬度大于钢针，即大于莫氏硬度5.5，如黄铁矿、石英。

测定时，先在镜下找好适当大小的矿物颗粒，手持铜针，将针尖接触物镜下亮点范围内，针保持30°左右倾斜向后拉（不要向前推），若铜针刻不动，可改换钢针，即可确定是哪一级。在刻划前必须注意保持光片清洁，否则光片上的尘土污垢等会被针刻划后留下线条，误认为是矿物的条痕，会影响测定结果。

此法的优点是简单方便，缺点是仅适用于大颗粒，而且会破坏中、低硬度的矿物光片。

c 压痕法

这是一种可以精确测定矿物绝对硬度的方法。具体方法是利用金刚石制成的正方形锥体，在其上加一定压力（砝码），使之压入矿物光片内形成一个压痕，根据压痕大小、形状及压入的深度测量矿物抗压硬度的绝对数值。所使用的仪器为显微硬度计，该仪器的主要组成部分是一架反光显微镜和金刚石角锥体。目前在国内外矿相学研究中主要是用方锥体，称为维克（Vicker）压锥，还有目镜测微尺。金刚石角锥的各种锥面角为136°，其负荷为0.1~500g，能测定直径小于1μm的矿物颗粒。

B 矿物粒度的鉴定

粒度分析工作就是根据矿石中矿物浸染粒度的大小把它划分为几个粒级，测量大量矿物颗粒的粒度，确定各粒级矿物的相对含量，绘制矿物粒度特性曲线图。

进行粒度分析时，要用测微目镜观察，目镜测微尺事先要予以标定。

在显微镜下测定矿物的粒度时，可把被测矿物颗粒移动到视域中心，旋转载物台，使欲测方向平行于目镜测微尺，测出矿物颗粒在测微尺上的截距数，乘以测微尺单位格值，即可计算出矿物的粒度。

对接近圆形或等轴状的矿物颗粒，只测量一个方向的长度就可以表示它的粒度，但对在一个方向上延长的矿物颗粒，则需分别测量它的长径（a）和宽径（b），才能反映它的粒度特点。对这种矿物，可以用平均粒径来表示它的粒度。

图3-3中矿物的截距数 $a=21$，$b=12$，测微尺单位格值为0.01mm，该矿物的平均粒径为：$\frac{21+12}{2}\times 0.01=0.165\text{mm}$。

在测量大量矿物颗粒群的粒度时，一般只用矿物颗粒的长径来表示矿物的粒度，用最大粒度、最小粒度和各颗粒的平均粒度来表示矿物颗粒群的粒度特征。

图3-3表示了16个矿物颗粒，最大粒度（颗粒1）为0.09mm。最小粒度（颗粒13）为0.01mm。所测各矿物颗粒的截距数如表3-1所示。其平均粒度为：

$\frac{0.69}{16}=0.043\text{mm}$（目镜测微尺的单位格值为0.01mm）

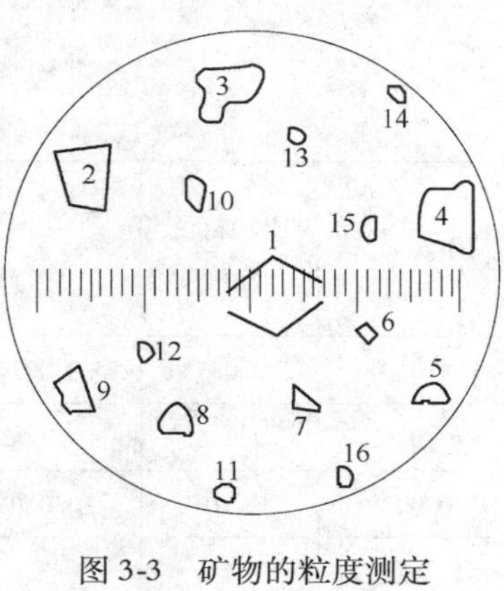

图3-3 矿物的粒度测定

表 3-1　矿物的截距计算

颗　粒	长径截距	颗　粒	长径截距	颗　粒	长径截距	颗粒数	截距数
1	9	5	5	11	1		
2	8	6	3	12	1		
3	8	7	4	13	1		
4	8	8	5	14	2		
		9	6	15	2		
		10	4	16	2		
小　计	33	小　计	27	小　计	9	16	69

在用直线法进行矿石定量和粒度分析时，行列间距一般不大于矿物的平均粒度，在分析前可选测包括被测矿物的最大和最小颗粒在内的数十个矿物颗粒的粒度，计算它的平均粒度。

对于大量矿物颗粒群，可以根据它的粒度范围把它划分为几个粒级，最好分得和标准筛级的划分一致，以便和筛析结果比较。如表 3-2 中矿物可以划分为三个粒级：0.1～0.07（截距 10～7）；0.07～0.02（截距 7～2）；−0.02（截距小于 2）。这样就只需统计各粒级矿物颗粒的颗粒数，即可反映它的粒度特征。

各个粒级矿物颗粒的相对含量可以用各粒级矿物颗粒的截距数计算，也可以用各粒级矿物颗粒的平均粒径计算。平均粒径（d）乘以矿物颗粒数（n）与矿物颗粒的截距数相当。还有一种意见认为，如果矿物的粒度范围较宽时，粗粒级和细粒级的粒度相差悬殊，计算各粒级的含量时，应用平均面积来代替平均粒径进行计算。显然：

$$d = \frac{a+b}{2}, d^2 = \frac{(a+b)^2}{4} \tag{3-3}$$

式中　d——某粒级的平均粒径；
d^2——某粒级的平均面积；
a——某粒级的最大粒径（筛级上限）；
b——某粒级的最小粒径（筛级下限）。

根据表 3-1 的数据，按上述三种方法计算各粒级矿物的含量（质量分数），如表 3-2 所示。

表 3-2　矿物的含量计算

粒级/mm	平均粒径（d）	平均面积（d^2）	颗粒数（n）	截距（L）	含量/%		
					$\frac{L}{\sum L}\times100\%$	$\frac{dn}{\sum dn}\times100\%$	$\frac{d^2n}{\sum d^2n}\times100\%$
0.10～0.07	0.085	0.0072	4	33	48.6	50.7	69.5
0.07～0.02	0.015	0.002	6	27	38.6	40.3	29
−0.02	0.010	0.0001	6	9	12.8	9	1.5
合计（Σ）			16	69	100	100	100

从表3-2可见，用截距数计算和用平均粒径计算的结果比较接近；用平均面积计算的结果，更显著地反映了不同粒级矿物含量的差别，当矿物的粒度差别较大时，用这种计算方法比较合理。应该指出，在粒度定量方法上，究竟采取哪一种计算方法比较理想，目前还在研究之中。

C 晶体的观测

根据矿物颗粒结晶的完整程度，矿物可分为：（1）自形晶——晶粒的晶形完整；（2）半自形晶——晶粒的部分晶面残缺；（3）他形晶——晶粒的晶形全不完整。矿物颗粒结晶完整或较好，将有利于破碎、磨矿和选别。反之，矿物没有什么完整晶形或晶面，对选矿不利。

矿物晶粒与晶粒的接触关系称为嵌镶。如果晶粒与晶粒接触的边缘平坦光滑，则有利于选矿；反之，如为不规则的锯齿状，不利于选矿。

（1）自形晶粒状结构，矿物结晶颗粒具有完好的结晶外形。一般是结晶较早的和结晶生长力较强的矿物晶粒，如铬铁矿、磁铁矿、黄铁矿、毒砂等。

（2）半自形晶粒状结构，由两种或两种以上的矿物晶粒组成，其中一种晶粒是各种不同自形程度的结晶颗粒，较后形成的颗粒则往往是他形晶粒，并溶蚀先前形成的矿物颗粒。如较先形成的各种不同程度自形结晶的黄铁矿颗粒与后形成的他形结晶的方铅矿、方解石所构成的半自形晶粒状结构。

（3）他形晶粒状结构，是由一种或数种呈他形结晶颗粒的矿物集合体组成的。晶粒不具晶面，常位于自形晶粒的空隙间，其外形决定于空隙形状。

D 连生体嵌布关系的观测

根据有用矿物与连生矿物间的粒度相对大小、空间关系和接触面形态特征，一般将连生矿物的嵌镶关系分为以下四种类型：

（1）毗连嵌镶型。它指几种不同矿物颗粒连生在一起，互相毗连嵌镶。根据连生矿物的相对粒度大小又可分为等粒毗连嵌镶和不等粒毗连嵌镶。就接触面形态可分为规则毗连嵌镶与不规则毗连嵌镶。规则者，接触面平直；不规则者，其接触面呈港湾状或锯齿状参差不齐。

（2）脉状嵌镶型。它是指一种矿物呈脉状或网脉穿插于另一种矿物中。

（3）包裹嵌镶型。它是指一种矿物作为机械包裹物或固溶体分解物嵌镶在另一矿物内部。如自然金被包裹在黄铁矿中，黄铜矿呈乳浊状被包裹在闪锌矿中。

（4）皮膜嵌镶型。它是指一种矿物被另一种皮膜状矿物所包裹。例如，锡石被一薄层皮膜状黝锡矿所包裹。

下面仅对最常用的显微镜测定粒度的方法作详细介绍。显微镜下的粒度测量又分为过尺面测法、过尺线测法、顺尺线测法及点测法四种。

（1）过尺面测法。过尺面测法是借助目镜测微尺、显微镜载物台移动尺和分类计数器配合进行的。将目镜测微尺左右横放视域中，借助移动尺把光片顺次向前移动（视域影像则向后移动），移动方向与测微尺相垂直。同一纵行的各类颗粒先后通过视域中的目镜测微尺，当每一颗粒通过测微尺时，则根据该颗粒的定向最大截距刻度数属于哪一测量粒度区间，就认为其是哪一粒级的颗粒。按动分类计数器的相应按钮，以便累加上该粒级的一个颗粒数，这样把全部通过测微尺的各粒级的颗粒数都分别累加起来。对于那些在指定范围边界上的颗粒则可以人为地规定只测左边的颗粒，右边的颗粒概不予以测算，这样即可免除多测了大颗粒造成人为的误差。一个纵行测计完毕后横向移动一定间距，再测第二纵行、第三纵行……。每一纵行实际上就是一个长条形的独立测面，这些测面均匀地分布在整个光磨面上。至于一块感光面上要测多少纵行侧面，则要根据矿物的粒度均匀性、测量精度的要求和光片的数量来决定。

现以某矿石的黄铜矿为例，说明采用过尺面测法（见图3-4）的具体测量方法与程序如下：

1）先对原矿石进行肉眼考察，初选出供磨制光片的样品。

2）取磨制好的矿石光片置显微镜下进行初步普查，以便了解矿石中黄铜矿的粒度范围和各粒级的分布情况，按数量比例复选出供测量用的光片10块，每块均匀分布在5条测线上。

3）根据黄铜矿颗粒的粒度选用合适的物镜与目镜组合：目镜5×，物镜4×，目镜测微尺的刻度位为0.0357。

4）选定目镜测微尺刻度数，以2为公比。过尺面测法示意图的等比级数数列（2、4、8、16、32、64…）作为划定测量粒级的界线。

5）选定测微尺刻度数40～100为测量纵行的范围。

6）在显微镜下进行各粒级颗粒数的实测工作。

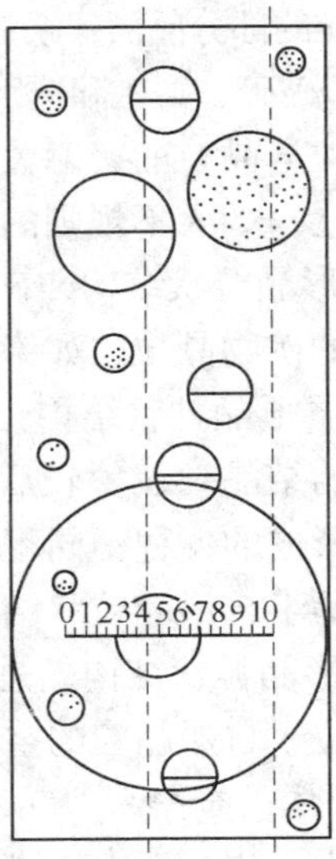

图3-4　过尺面测法示意图

7）根据各粒级的面测颗粒数比，换算各粒级的含量比，即用该粒级的面测颗粒数乘以该粒级的比粒径的平方，求出各粒级中矿物的含量比。

某矿石中黄铜矿的粒度测量计算记录列于表3-3内。

表3-3　某矿石中黄铜矿的粒度测量计算记录（采用过尺面测法）

粒级序	刻度数(刻度值 0.0357mm)	粒级范围 /mm	比粒径		面测颗粒数	含量比	含量分布	累计含量
			d	d^2	n'	$n'd^2$	$n'd^2/\%$	$\sum n'd^2/\%$
Ⅰ	−64 +32	−1.792 +0.896	16	256	30	7680	46.1	46.1
Ⅱ	−32 +16	−0.896 +0.448	8	64	70	4480	26.9	73.0
Ⅲ	−16 +8	−0.448 +0.224	4	16	165	2640	15.9	88.9
Ⅳ	−8 +4	−0.224 +0.112	2	4	358	1432	8.6	97.5
Ⅴ	−4 +2	−0.112 +0.056	1	1	417	417	2.5	100.0

8）绘制粒度特性曲线，根据各粒级中的矿物含量绘制黄铜矿的粒度特性曲线图（见图3-5）。通常取等间距纵坐标表示各粒级的累计含量，以对数横坐标表示粒径。

过尺面测法仅适用于粒状矿物，尤其适用于含量较稀疏的矿物。对于非粒状矿物则须采用顺尺线测法，因过尺面测法无法判断非粒状矿物的粒径大小。

（2）过尺线测法。过尺线测法（见图3-6）的实测工作与过尺面测法相近似，所不同的是当矿物颗粒经过目镜测微尺时，仅测计经过测微尺中点上的矿物颗粒，而不是整个纵行的

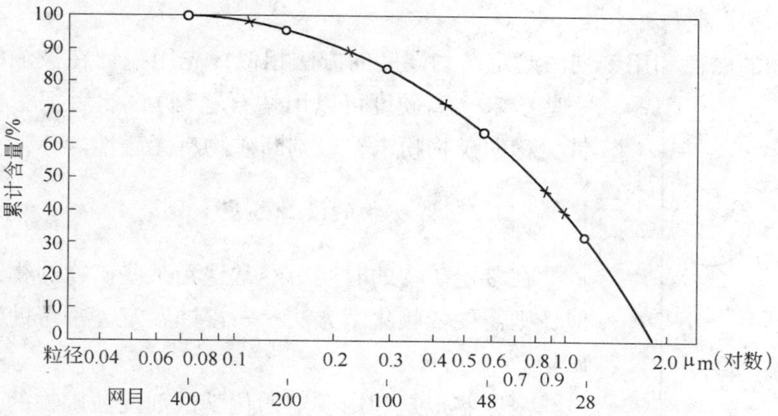

图 3-5 某矿石中黄铜矿的粒度累计曲线

全部各粒级颗粒。计算各粒级中矿物含量比时采用该粒级测颗粒数乘以该粒级比粒径。

本法系测线测量，必然易漏掉粒径较小的颗粒，因而与过尺面测法相比，本法测量结果相对粗粒级偏高，细粒级偏低，适用于稠密嵌布的矿物。

（3）顺尺线测法。顺尺线测法的测量程序基本与过尺线测法一致，不同之处在于只测计视域中南北向竖放的目镜测微尺测线上出现的颗粒。光片随机械台按一定间距的测线南北向移动，按测微尺上所遇到矿物颗粒的随机截距作为该颗粒的粒径，归入相应粒级，进行统计测量。

顺尺线测法适用于非粒状的不规则颗粒的粒度分布测量。

（4）点测法。点测法的实测工作是借助显微镜点法求积台与目镜测微尺配合进行的，首先指定分类累加器上的各按钮代表的粒级，用以分别累计不同粒级的颗粒数。测量时观测者注视落在视域中测点上是什么矿物，假如是待测矿物则借测微尺判断该颗粒应属哪一粒级，再拨动相应粒级的按钮，使矿石光片往前移动一定的间距，便累加了该粒级的一个颗粒数。接着又根据第二个测点上的矿物颗粒，按动相应的按钮；若是他种伴生的矿物时，则按动空白按钮移动测点的位置（见图3-7）。这样逐点测下去，累计通过测点上的大小粒级的颗粒数。当测完一条测线后，移动到另一条测线，继续以同样方法进行测计，直至将全部需要测量的光片全部测计完毕，则各粒级的点子数与总测点数的百分比，即为各粒级含量百分比。

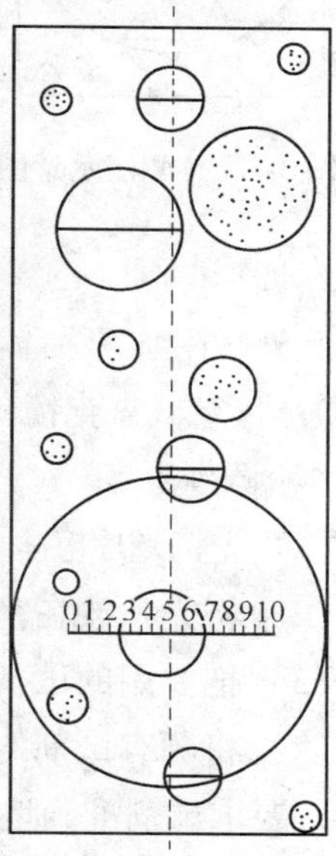

图 3-6 过尺线测法示意图

点测法主要用于粒状矿物的粒度测量。此法的优点是测算简便迅速。若受设备条件的限制，如果没有显微镜点法求积台则难以应用此法。若把普通显微镜移动尺换上一个齿轮和一片弹簧定位销子便可用手转动移动尺的旋钮，借齿轮与定位销子作跳跃式移动，这样若与分类计数器相配合，便可进行点测法的粒度测算。

E　矿物的磁性观测

观测矿物的磁性和用刻划法测定矿物硬度的方法相似，先用钢针在被测的矿物上刻下一些粉末（高硬度可以用钻石笔刻），然后把一根磁化钢针的针尖移向矿物粉末，以判断矿物有无磁性。

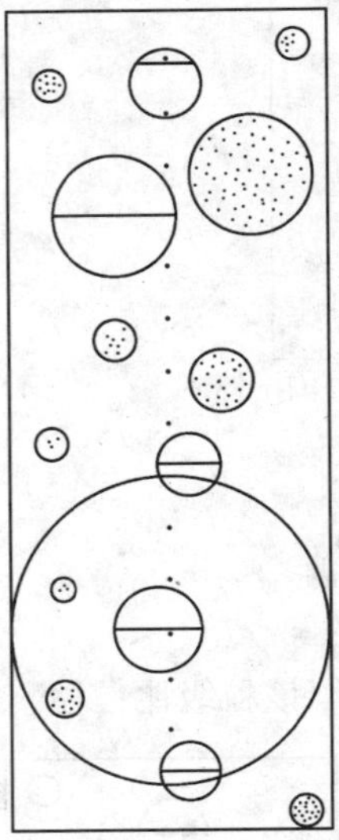

图 3-7　点测法示意图

3.2.2.4　矿物的浸蚀鉴定

在鉴定矿物的时候，经常遇到某些矿物的物理性质十分相似，则需要依赖化学方法——浸蚀鉴定，来帮助判断属于哪种矿物。

浸蚀鉴定是利用一定的化学试剂浸蚀矿物的光面，经一定时间后（约 1min），在显微镜下观察有无溶解、发泡、沉淀、变色等现象发生及其程度如何。由于矿物对试剂的浸蚀反应不相同，此法可用于鉴别矿物。

A　试剂和工具

常用试剂有以下六种：硝酸（1∶1HNO_3）、盐酸（1∶1HCl）、氰化钾（KCN 的 20% 水溶液）、氯化铁（$FeCl_3$的 20% 水溶液）、氢氧化钾（KOH 的 40% 水溶液）、氯化汞（$HgCl_2$的 5% 水溶液）。

此外，附加两种辅助的常备试剂过氧化氢（H_2O_2的 20% 水溶液）和王水（3HCl + 1HNO_3），专试氧化锰矿物和一些与上述六种试剂都不起反应的矿物。

B　操作步骤

（1）先将光片擦净，以去掉其表面的氧化膜、灰尘、油污，使光片有一光滑的新鲜面。

（2）将光片放在镜下，找好足够大小的预测矿物。

（3）把要用的试剂用小滴瓶中的滴棒滴在清洗过的铂金丝上。

（4）将蘸有试剂的铂丝环放在光片与物镜间（切勿与物镜接触），在视域中见到铂丝环后，要求试剂准确地滴在欲试矿物颗粒上，立即开始观察其有无变化。

（5）浸蚀作用的时间以 1min 为限，但有的矿物变化迅速，有的则缓慢。

（6）用吸水纸将试液吸干，观察其矿物表面有无变化，然后用吸管吸一滴清水冲洗浸蚀处并再用吸水纸吸干，观察其有无变化。此时，有变化者为正反应，无变化者为负反应。

（7）再用吸管吸水冲洗浸蚀面，在擦板上擦净，然后做第二种试剂的试验。依次做完六种试剂的浸蚀，记录结果。

C　浸蚀反应

（1）发泡（起泡）。将试剂加在矿物光面上，有试剂与矿物起反应产生的气泡自试剂液滴中逸出，此现象称为发泡（起泡），如辉铜矿加 1∶1HNO_3后的反应。有些矿物发泡很剧烈，发泡如同开水沸腾一样，如辉铜矿、砷钴矿加 HNO_3后的反应。起泡缓慢者称缓慢起泡，如针镍矿加 HNO_3后的反应。

（2）变色。矿物光片在研磨过程中产生了一层非晶质薄膜，厚千分之几毫米，当滴上试剂后，首先与试剂起作用的就是这层薄膜，当浸蚀作用只将非晶质薄膜溶解时，矿物表面变得无光泽，这就是正反应。

当试剂与矿物表面的浸蚀作用比较强烈时，除非晶质薄膜溶解外，矿物本身也被浸蚀，结果矿物表面变得粗糙不平，在镜下看是矿物变暗了，一般变为褐色、黑色及蓝色。变黑：如方铅矿加 HNO_3变黑；变褐：如红砷镍矿加 $FeCl_3$变褐；变蓝：如辉铜矿加 HNO_3变蓝。

（3）沉淀。当浸蚀作用特别强烈时，大多产生沉淀物而形成较厚的皮膜。这种沉淀物比“变色”沉淀皮膜厚而显著，以致不能向上垂直反光，只能在显微镜系统外从侧面观察其沉淀的颜色。加入试剂后产生沉淀，对某些矿物来讲也是一种很好的鉴定特征。如赤铜矿加 HCl——白色沉淀；辉镝矿加 KOH——黄色沉淀；斑铜矿加 $FeCl_3$——棕色沉淀。

（4）显结构。由于各种浸蚀试剂的作用，非晶质薄膜溶解消失，进而显现矿物的颗粒界限及内部结构，例如辉铜矿经 1∶1HNO_3浸蚀后，显现颗粒界限及解理；毒砂加 1∶1HNO_3后显现双晶和晶粒内部环带结构。

（5）加入试剂后产生的沉淀物为一层细小的无色透明晶体，当光波进入晶体内部再度反射时，因干涉作用而形成红、黄、蓝、棕等干涉色的晕圈或斑点，称之为晕色。这证明试剂与矿物有反应产生沉淀，如磁铁矿加 KOH 或砷铅矿加 $HgCl_2$都可产生晕色。

3.2.2.5 矿物综合性鉴定与鉴定表

所谓的矿物综合性鉴定就是把已经用各种方法精密确定了的矿物的各种性质和测定数据编成鉴定表，以此将所观测的矿物的各种性质和特征与其对比，从而确定名称的方法。自然界中矿物有几千种，金属矿物有近千种，对于最常见的矿物，往往根据矿物的个别突出特征就可以识别，但对于不常见的矿物或许多性质相似的矿物，并无突出特征，所以在鉴定时要对矿物的各种性质进行全面的综合性的系统鉴定，并利用鉴定表来查对圈定才能识别。因此矿物鉴定表是鉴定工作中必不可少的工具。

A 鉴定步骤

在反光显微镜下观测矿物的各种性质时，一般按以下步骤进行：

（1）调节好显微镜，把要鉴定的矿物移到视域中心。

（2）在自然光和单偏光镜下观测矿物的反射率、反射色及矿物的形态特征等。

（3）在单偏光下观测矿物的双反射和反射多色性、内反射和内反射色，然后观测矿物的硬度。

（4）在正交偏光镜下观测矿物的偏光性质、内反射和内反射色。

（5）必要时测定矿物的磁性，做矿物的浸蚀鉴定。

B 矿物镜下系统鉴定表

在对各种矿物的性质作全面的系统观测和综合研究之后，通过与鉴定表中矿物性质的对比，就可以确定所鉴定的矿物的名称。这里采用的四个“标准”矿物为黄铁矿（白光中反射率为51%，以下同）、方铅矿（42%）、黝铜矿（31%）、闪锌矿（17%），根据相对比较可将欲测矿物分为五级，如表3-4 所示。

表 3-4　矿物与“标准”矿物比较表

R	$R>R_{\text{黄铁矿}}$	$R_{\text{黄铁矿}}>R>R_{\text{方铅矿}}$	$R_{\text{方铅矿}}>R>R_{\text{黝铜矿}}$	$R_{\text{黝铜矿}}>R>R_{\text{闪锌矿}}$	$R<R_{\text{闪锌矿}}$
矿　物	自然银 银金矿 自然铜 自然金 自然铋 自然铂 方钴矿 黄铁矿 毒砂	辉铋矿 黄铜矿 方铅矿 镍黄铁矿 白铁矿 红砷镍矿 辉钴矿	车轮矿 软锰矿 辉锑矿 辉铜矿 磁黄铁矿 方铜矿 黝铜矿	辉银矿 辰砂 辉钼矿 雌黄 雄黄 砷黝铜矿 黄锡矿 赤铜矿 黑铜矿 磁赤铁矿 斑铜矿 闪锌矿 赤铁矿 硬锰矿 金红石 磁铁矿 钛铁矿 褐锰矿	黑钨矿 针铁矿 褐铁矿 石墨 铌－钽铁矿 铬铁矿 锡石 白钨矿 孔雀石 铜蓝 蓝铜矿 菱铁矿 菱锰矿 铅钒 菱锌矿 重晶石 方解石 辉石 角闪石 云母绿泥石 长石 石英

上述不同矿物的详细鉴定结果见表 3-5～表 3-9，鉴定矿物的特征与表 3-4 中各矿物特征比较后，可进行矿物的系统鉴定。

矿物系统鉴定表使用方法如下：

（1）首先根据矿物反射率大小，以四个标准矿物将矿物反射率从高到低分为五级：$R>R_{\text{黄铁矿}}$；$R_{\text{黄铁矿}}>R>R_{\text{方铅矿}}$；$R_{\text{方铅矿}}>R>R_{\text{黝铜矿}}$；$R_{\text{黝铜矿}}>R>R_{\text{闪锌矿}}$；$R<R_{\text{闪锌矿}}$。

（2）在物理性质中将反射率放在首位，硬度放在第二位。硬度以铜针和钢针为标准，将矿物的刻划硬度分为低、中、高三组。同一组中的矿物是按反射率的大小排列，有双反射的矿物以平均反射率为准。有些矿物的硬度变化大，如褐铁矿表中只列入中等硬度。

（3）对反射色的描述，首先描述反射色调，而后描述反射色的视觉色变效应。矿物与其他矿物共生时的视觉色变效应表示法为：“灰白色微蓝（黄铁矿）”，说明方铅矿与黄铁矿连生时，呈灰白色微带蓝色调。

（4）对双反射反射多色性的描述，按视测分两级：显和不显，显在括号内注明反射多色性的颜色变化。

（5）对偏光性质的描述，则划分为均质性、强非均质性、弱非均质性三级，在非均质性括号内注明偏光色的具体颜色。

（6）对内反射的描述，分为“有”、“无”两级。有内反射指在空气中以斜射法或正交偏光镜法能观察到较明显的内反射现象，在括号内注明矿物的内反射色。

（7）浸蚀反应常用的六种试剂（HNO_3、HCl、KCN、$FeCl_3$、$HgCl_2$、KOH）正（+）反应和现象在表中记录，负（-）反应省略。个别情况下，根据不同的矿物增加试剂。

表 3-5 $R>R_{黄铁矿}$的矿物

矿物名称（化学组成）	反射率（白光）/%	硬度	反射色	双反射反射多色性	偏光性（偏光色）	内反射（内反射色）	浸蚀反应	辅助鉴定特征
自然银	85	低	白色、微带黄色	不显	均质性	无	HNO_3：“+”，发泡，染黑	易磨光，常具磨痕
银金矿	83	低	乳黄、淡黄	不显	均质性	无	HNO_3：“+”，有微泡	无解理，易磨光，常具磨痕
自然铜	72	低	铜红色、空气中已变成淡棕色、粉红色	不显	均质性	无	HNO_3：“+”，发泡，有时染棕色	易磨光、见擦痕，为可塑性矿物
自然金	72	低	亮金黄、亮黄	不显	均质性	无	KNO_3：“+”，染黑	易磨光，常具擦痕，为极塑性矿物
自然铋	68.5	低	乳白色，易变成粉红、乳红	不显	弱非均质性（暗蓝灰～暗黄褐）	无	HNO_3：“+”，慢泡，染棕；HCl：“+”染显结构	磨光性好，常见聚片双晶
自然铂	70	中	白色、微带蓝色或黄色	不显	均质性	无	王水：“+”染显结构	无解理，可见双晶
方钴矿	54	高	乳白色微带蓝灰或淡黄	不显	均质性	无	HNO_3：“±”，慢变褐	磨光性好，常呈自形晶
毒砂	52	高	亮白微带奶油色或淡红	显（蓝白～淡红黄）	强非均质性（紫红～绿）	无	HNO_3：“+”，慢泡、晕色	常呈菱柱状自形晶，切面为菱形
黄铁矿	51	高	淡黄、黄白；较黄（白铁矿）、淡黄（方铅矿）	不显	均质性，有时有异常均质性	无	HNO_3：“+”，慢泡、有时污染	磨光性差，常具麻点

表 3-6　$R_{黄铁矿} > R > R_{方铅矿}$的矿物

矿物名称（化学组成）	反射率（白光）/%	硬度	反射色	双反射反射多色性	偏光性（偏光色）	内反射（内反射色）	浸蚀反应	辅助鉴定特征
辉铋矿	49	低	白色；灰色带微蓝（黄铜矿）	显（黄白～灰白）	强非均质（灰～黄～棕）	无	HNO_3："+"，慢泡，染黑，显结构	柱状或针状晶体为特征
黄铜矿	45	中～低	铜黄色	不显	弱非均质	无	HNO_3："±"，熏污	在闪锌矿、磁黄铁矿中常呈固溶体分离物
方铅矿	42	低	纯白色；白色（闪锌矿）、灰白微蓝（黄铁矿）	不显	均质性	无	HNO_3："+"，染黑；HCl：染棕晕色	以三角形陷穴为特征
镍黄铁矿	49	中	浅黄白微带棕；较亮微粉红（磁黄铁矿）	不显	均质性	无	HNO_3："±"，染棕色	常有解理
白铁矿	52～40	高	浅黄白微带粉红或淡绿	显（黄白～绿黄）	强非均质（蓝绿～紫灰）	无	HNO_3："+"，缓慢发泡，染褐色至晕色	磨光性差、呈板状晶体具胶状结构
红砷镍矿	50.5～45	高	亮粉红色或亮玫瑰色	不显	非均质性特强到显著（淡绿、黄绿、嫩绿）	无		
辉钴矿	50	中	白色微带乳色	不显	均质性	无	HNO_3："±"，晕色	常呈八面体自形晶粒和他形晶粒集合体

表 3-7 $R_{方铅矿} > R > R_{黝铜矿}$ 的矿物

矿物名称（化学组成）	反射率（白光）/%	硬度	反射色	双反射反射多色性	偏光性（偏光色）	内反射（内反射色）	浸蚀反应	辅助鉴定特征
车轮矿	36	低	灰白色、微带蓝绿	微弱仅在颗粒边缘及双晶片处可见	弱非均质（蓝灰～深棕色）	无	HNO_3：“+”，染棕；王水：“+”，迅速变黑	常呈聚片双晶和格状双晶
软锰矿	35	低～中	白色、微带乳黄	显（黄白～蓝灰）	强非均质性（橙黄～蓝绿）隐晶质显均质性	无	H_2O_2：发泡	不易磨光、常呈纤维状、粒状、粉末状集合体
辉锑矿	47～30	低	白色～浅灰色	显（白～灰白）	强非均质性（灰白～蓝褐）	无	HNO_3：“+”，晕色染黑迅速；KOH：“+”，有棕黄橙黄色沉淀	常呈板状、柱状晶体，聚片双晶普遍
辉铜矿	31.5	低	浅灰微带蓝；浅蓝（方铅矿）、灰带蓝（黄铁矿）、白色（铜蓝）	不显	弱非均质性（翠绿～淡红）	无	HNO_3：“+”，发泡染蓝显结构	磨光性好，叶片状双晶普遍
磁黄铁矿	39	中	乳黄微带玫瑰棕；红褐色（镍黄铁矿）、淡粉红（方黄铜矿）	显（红褐～黄棕）	强非均质性（黄灰～蓝灰）	无	HNO_3：“+”，慢，染棕	有磁性
方铜矿	39	中（变化大）	乳黄色微带玫瑰色	不显（显～微弱）	强非均质性（玫瑰棕～蓝灰）	无	HNO_3：“+”，变褐	常作叶片状固溶体分离物分布于黄铜矿中

续表 3-7

矿物名称（化学组成）	反射率（白光）/%	硬度	反射色	双反射反射多色性	偏光性（偏光色）	内反射（内反射色）	浸蚀反应	辅助鉴定特征
黝铜矿	31	中	灰白微带浅棕；褐灰、微绿（方铅矿）、蓝灰（黄铜矿）、较亮（闪锌矿）	不显	均质性	无	HNO_3："+"，晕色 KCN："+"，染淡棕	

表 3-8 $R_{黝铜矿}>R>R_{闪锌矿}$的矿物

矿物名称（化学组成）	反射率（白光）/%	硬度	反射色	双反射反射多色性	偏光性（偏光色）	内反射（内反射色）	浸蚀反应	辅助鉴定特征
辉银矿	29	低	灰白带绿色；绿灰（方铅矿）、绿色（自然银）	不显	均质性或弱非均质性	无	HNO_3："±"，熏污； FCl_3："+"，染灰黑； HCl：棕色圈，洗不掉	不易磨光，有时见板状双晶，为极塑性矿物
辰砂	28	低	蓝灰色	不显	强非均质性（颜色被内反射掩盖）	有（朱红色）	王水发泡，晕色（不均匀）	磨光性良好，常与雌黄、闪锌矿、方铅矿、辉锑矿共生
辉钼矿	42～19	低	灰白	显（灰白～蓝灰）	强非均质性（玫瑰紫～暗蓝）	无		以片状晶体极完全解理为特征
雌黄	2.5～20.3	低	灰白～浅灰	显（灰白～暗灰）	非均质性（强～弱）颜色被内反射掩盖	有（稻草黄）	KCN："+"，显结构； $HgCl_2$："+"，黄色沉淀	常呈针状、板状集合体，与雄黄共生

续表 3-8

矿物名称（化学组成）	反射率（白光）/%	硬度	反射色	双反射反射多色性	偏光性（偏光色）	内反射（内反射色）	浸蚀反应	辅助鉴定特征
雄 黄	21	低	灰微带紫；稍暗（雌黄）、较亮（闪锌矿）	不显	非均质性（强～弱）	有（黄红或橙色）	HNO_3：“+”，发泡；KNO_3：“+”，变黑；王水：“+”，发泡变褐	常呈板状或柱状晶体，与辉锑矿、辰砂共生
砷黝铜矿	29	中	灰白色，色纹带橄榄绿色或淡蓝绿色	不显	均质性	无	HNO_3：“+”，熏污；KCN：“±”，染淡棕	易磨光，呈他形粒状集合体或乳浊状分泌体产出
黄锡矿	28	中	浅灰微带褐、橄榄绿色	不显	弱非均质性（淡暗绿～淡玫瑰）	无	HNO_3：“+”，染彩至黑，显结构、双晶；H_2SO_4 + H_2O 沉淀	磨光性差，解理偶见，常具三角形陷穴
赤铜矿	27	中	灰带微蓝	不显	均质性，异常者均质性（深蓝灰～灰绿）	有（深红）	HNO_3：“+”，有铜膜；HCl：“+”，白色沉淀	易磨光，常呈八面体自形晶和细针状集合体
黑铜矿	29.5～22	中	灰白微带黄；浅褐（赤铜矿）	显（灰～灰白）	强非均质性（蓝～淡黄灰）	无	HNO_3：“±”，染棕；HCl：“±”，染棕，显结构	可成针状、板状晶体
磁赤铁矿	24	中	蓝灰色；灰色（针铁矿）、灰蓝较暗（赤铁矿）、明显淡蓝（磁铁矿）	不显	均质性	有（褐红色，少见）	热 HCl 轻微浸蚀	有强磁性，与赤铁矿、磁铁矿紧密共生

续表 3-8

矿物名称（化学组成）	反射率（白光）/%	硬度	反射色	双反射反射多色性	偏光性（偏光色）	内反射（内反射色）	浸蚀反应	辅助鉴定特征
斑铜矿	23	中	淡玫瑰红	不显	均质性	无	HNO_3：“+”，发泡变黄褐显假结构；KCN：“+”，变褐	反射色特殊，与铜矿物经常共生
闪锌矿	17	中	灰色、微带淡棕；深灰（方铅矿）	不显	均质性	有（红棕～黄棕）	HNO_3：“±”，染淡棕显结构；王水：发泡、染褐	常包含黄铜矿乳浊状分离物
赤铁矿	29	高	浅蓝灰；白色（磁铁矿）、较亮白色（针铁矿）、灰带蓝（黄铁矿）	不显（显微弱）	强非均质性（蓝灰～灰黄）	有（粉末呈红色）	浓 HF：“+”，显结构；王水：“－”	板状、片状、块状集合体；沉积赤铁矿有豆状、鲕状
硬锰矿	27	高～中	浅灰白或灰白带蓝	显（灰白～灰）；隐晶胶体者，不显	强非均质性（白～灰白）；隐晶胶体者，均质性	有（很微弱）粉末棕色，似显内反射现象	HNO_3：“±”，染淡棕至灰色；H_2O_2：发泡	常呈胶体构造
金红石	23.5	高	灰微带蓝（磁铁矿）、蓝带粉红（赤铁矿）	显（微弱）	强非均质性	有（黄色、棕黄色）	“－”	常呈针状、柱状自形晶，聚片双晶常见，磨光性好
磁铁矿	21	高	灰色微棕	不显	均质性	无	HCl：“±”熏污染褐	常呈八面体晶形，有强磁性
钛铁矿	19.5	高	灰色带浅棕色；较暗（磁铁矿）	不显	弱非均质性（淡黄～绿～蓝～紫）	无	王水：“－”	粒状、板状集合体，聚片双晶发育，易磨光
褐锰矿	19.5	高	灰色微带浅棕色	不显	弱均质性（棕灰～蓝）	有（暗棕）	H_2O_2：发慢泡	常呈致密的或微细的粒状块体

表 3-9 $R<R_{闪锌矿}$ 的矿物

矿物名称（化学组成）	反射率（白光）/%	硬度	反射色	双反射反射多色性	偏光性（偏光色）	内反射（内反射色）	浸蚀反应	辅助鉴定特征
黑钨矿	钨铁矿为18；钨锰矿为16	中~高	灰色；略暗（磁铁矿）、褐灰色（黄铜矿）、较亮（锡石）	显~不显 钨铁矿：不显；钨锰矿：显	弱非均质性（黄~灰）	有或无（褐红）	均“-”；王水：“-”	常呈板状晶体，钨铁矿有时可见放射状和同心圆状集合体
针铁矿	18~15	中~高	灰色微带蓝、明显淡蓝（闪锌矿）	不显	均质性	有（褐色或土红色）	“-”	针状、纤维状晶体，常呈放射状、葡萄状、钟乳状
褐铁矿	17	中（变化大，土状变软）	灰色微带蓝色	不显	均质性	有（褐色或土红色）		
石墨	17~6	低	浅棕灰色	显（棕灰~蓝灰）	强非均质性（橙黄~紫灰）	无	HNO_3：“+”，熏污；KCN：“+”，染褐，显结构	常呈鳞片状集合体
铌-钽铁矿	16.5	高	灰色微带棕色	不显	弱非均质性	有（褐红~黄棕）	“-”；王水：“-”	常呈自形柱状、板状晶体
铬铁矿	12.5	高	灰色微带棕	不显	均质性	无或有（棕色）	热 $KClO_3+H_2SO_4$ 显结构	常呈八面体自形晶或半自形晶，或呈他形粒状或浑圆粒状，碎裂结构普遍
锡石	13	高	灰色带棕色	不显	弱非均质性	有（淡黄~白色）	加 HCl 和锌粉出现金属锡薄膜	硬度特高，不易磨光
白钨矿	11	高~中	灰色、稍亮（石英）	不显	弱非均质性	有（白色~淡黄色）	HNO_3：“+”，染色；HCl：“±”	磨光性好，短波照射发荧光（蓝白光）

续表 3-9

矿物名称（化学组成）	反射率（白光）/%	硬度	反射色	双反射反射多色性	偏光性（偏光色）	内反射（内反射色）	浸蚀反应	辅助鉴定特征
孔雀石	9～10	中	灰色微带玫瑰色、暗灰（辉铜矿）	显	强非均质性（为强烈内反射掩盖）	有（翠绿色～暗绿色）	HNO_3："+"，发泡显结构；$FeCl_3$："+"，发泡黄色沉淀	针状、放射状集合体，具胶状结构
铜　蓝	23～8	低	深蓝微带紫	显（较亮～较暗）	强非均质性（火橙色）	无	HNO_3：熏污；KCN：变蓝	常呈板状晶体
蓝铜矿	9～7	中	灰色～深灰色微带玫瑰色	微弱～不显	强非均质性（为强烈内反射掩盖）	有（天然～深蓝）	HNO_3："+"，发泡	常呈胶状结构
菱铁矿	9.5	中	灰色、深灰；较亮（方解石）、相似（菱锰矿）、暗的多（赤铁矿）	显（较亮～较暗）	强非均质性（浅灰～暗灰）	有（红褐、浅褐、淡黄～米白）	HNO_3："+"，溶解变粗糙、显结构	可见菱面体解理
菱锰矿	9～5	低	深灰色	显（亮～暗）	强非均质性（浅灰～暗灰）	有（粉红～黄褐）		
铅　矾	9	低	深灰色	不显	显均质效应	有（乳白）	HNO_3："+"，显结构	
菱锌矿	9～5	中	深灰色	显	强非均质性	有（粉红～黄褐）	HNO_3：慢泡、显结构	
重晶石	7	中	深灰色	不显	弱非均质性均质效应	有（乳白～淡色）	"－"	易磨光，密度大
方解石	6～4	中	深灰色	显	强非均质性	有（乳白～暗色）	HNO_3："+"，发泡；HCl："+"，发泡（稀醋酸只对方解石不起作用）	

续表 3-9

矿物名称（化学组成）	反射率（白光）/%	硬度	反射色	双反射反射多色性	偏光性（偏光色）	内反射（内反射色）	浸蚀反应	辅助鉴定特征
辉石角闪石	6.5	高	深灰色	不显	显均质效应	有（无色或浅棕色）		
云母绿泥石	5.5	低	深灰色	不显	显均质效应	有(乳白～浅绿)		呈片状集合体,解理明显平行延长,不易磨光
长石	4.5	高	深灰色	不显	显均质效应	有(无色或浅黄色)	"－"	板状,易磨光,解理常见
石英	4.5	高	深灰色	不显	显均质效应	有(无色～乳白色)	HF:可浸蚀;均"－"	磨光性良好,未见解理

3.3 试验方案的拟订

矿石性质因矿床成因及产地不同差异很大，全面了解矿石性质是一项非常重要的工作。矿石可选性试验前在化验部门、地质部门协助下，对试样中金属元素的种类及含量、金属元素的存在状态以及矿物的结构、构造、结晶程度、粒度分布特性等均有较为详尽的了解，可以为试验方案的拟订提供重要依据，在综合考虑试样特性的基础上再对选别方法、选别流程、工艺条件等安排具体试验方案。

就选别方法而言，主要有浮选法、化选法、磁选法、电选法、重选法等可供选择，选择选矿方法时可选用一种选别方法，也可选择两种或两种以上的联合选矿方法，具体方案视矿石性质而定。

选别流程主要包括原则流程及流程的内部结构，如浮选法采用优先浮选流程、混合浮选流程还是部分混合优先浮选流程，流程的内部结构就是精选分支的精选次数、扫选分支的扫选次数、中矿的返回以及中矿再磨再选等流程结构中的相关细节。

所谓工艺条件就是在选别过程中对选别效果有重要影响的诸多因素，如磨矿细度，浮选法中的浮选药剂的种类及用量，磁选法中的磁场强度，电选法中的电压、电流，重选法中跳汰的冲程、冲次、水量等等。

总之，根据试样性质不同，经周密考虑拟订适宜的试验方案，以保证矿石可选性试验顺利进行，达到事半功倍的效果。下节将就如何根据矿石特性的不同拟订矿石可选性试验方案进行简要介绍。

3.3.1 某有色金属硫化矿试验方案的拟订

大多数有色金属硫化矿的嵌布粒度较细，且可浮性较好，因此浮选法已是有色金属硫化矿的主要选别方法，下面以铅锌矿石为例，说明如何拟订试验方案。

A 铅锌矿石化学多元素分析

对该矿石的金属多元素分析可为我们提供可供回收的金属元素的种类及数量，金属多元素分析结果如表 3-10 所示。

表 3-10 某铅锌萤石矿化学多元素分析结果

项 目	Pb	Zn	PbO	ZnO	Cu	Fe	CaF_2	$CaCO_3$	$BaSO_4$	SiO_2	R_2O_3
含量/%	1.18	1.57	0.22	0.26	0.09	2.14	10.73	0.95	0.33	67.84	9.92

从金属元素分析结果可知，铅的含量为 1.40%，锌的含量为 1.83%，这两种金属均有回收价值，而铜、铁等金属含量较低，无回收价值。

B 铅、锌矿物的物相分析

金属铅、锌在矿石中存在的状态是影响选择选别方法及选别效果的重要因素，物相分析可为选择选别方法提供可靠的依据。铅、锌矿物的物相分析结果如表 3-11 所示。

表 3-11 某铅锌萤石矿物相分析结果

相 名	铅含量/%	相 名	锌含量/%
铅矾（$PbSO_4$）	0.0032	闪锌矿（ZnS）	1.530
白铅矿［$PbCO_3$（PbO）］	0.0420	铁闪锌矿（Zn，Fe）S	0.000
方铅矿（PbS）	1.0700	水溶性硫酸锌矿（$ZnSO_4$）	0.000
铬酸铅（$PbCrO_4$）	痕迹（0.00085）	红锌矿（ZnO）	0.000
铅铁矾及其他［$PbO_4Fe_2(SO_4)_34Fe(OH)_3$］	0.0170	菱锌矿（$ZnCO_3$）	0.000
		异极矿（$H_2Zn_2SiO_6$）	0.000

从铅、锌矿物的物相分析可见，矿石中的铅是以硫化物形式存在的方铅矿，其含铅为 1.07%，以硫化物形式存在的闪锌矿的锌含量为 1.53%，铅、锌的氧化率均在 10% 以下，就矿物的存在形式来看硫化矿的可浮性较好，该矿石较适合采用浮选法进行选别。

C 岩矿鉴定

从岩矿鉴定得知该矿石中的矿物为粗细不均嵌布，铅矿物的颗粒较大，一般为 1～5mm，最大可选 20mm，锌矿物的颗粒一般为 0.2～1mm，最大可选 2mm。由于粒度较粗，密度较大，用重选法回收粗粒重矿物，用浮选法回收硫化矿均是可行的方案。

综上所述，该矿石属粗、细不均易选硫化铅、锌矿，可根据该矿石的特性选择具体试验方案。

D 可供选择的选别方案

（1）单一浮选方案。因硫化矿的可浮性较好，浮选法又能有效回收细粒，可考虑采用单一浮选方案。该方案有两种方法：其一是直接优先浮选流程，如图 3-8 所示；其二也可采用铅、锌混合浮选后再进行铅、锌分离浮选流程，先混合后再分离的浮选流程如图 3-9

所示。采用单一浮选时应特别注意粗粒矿物过粉碎现象对浮选效果的影响。

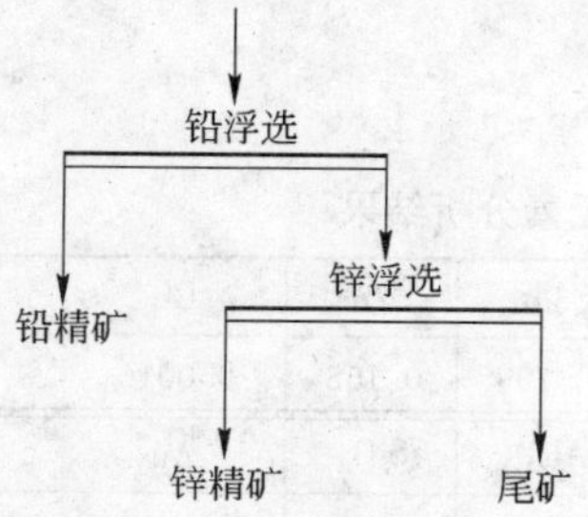

图 3-8 优先浮选流程

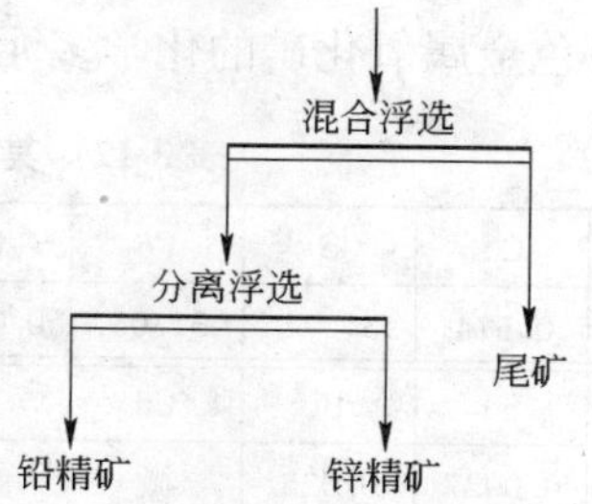

图 3-9　混合浮选后再分离浮选流程

（2）重选—浮选联合流程方案。由于方铅矿、闪锌矿的结晶粒度均较粗，方铅矿又较脆，易于过粉碎，采用重选法首先回收粗粒重矿物，对防止泥化、改善选别指标均较为有利，经重选法选出粗粒重矿物后再用浮选法回收细粒矿物。

此外，考虑采矿时围岩的混入使矿石贫化，为提高原矿品位，首先用重介质选矿法除掉采矿时混入的大块废岩，恢复地质品位，然后再用跳汰选矿选出粗粒方铅矿，尾矿经细磨后再用浮选法回收细粒方铅矿和闪锌矿，细粒铅、锌硫化矿的浮选方案有二：其一是依次浮选铅、锌的优选浮选方案，如图 3-10 所示；其二是铅、锌混合浮选后再进行铅、锌分离，如图 3-11 所示。

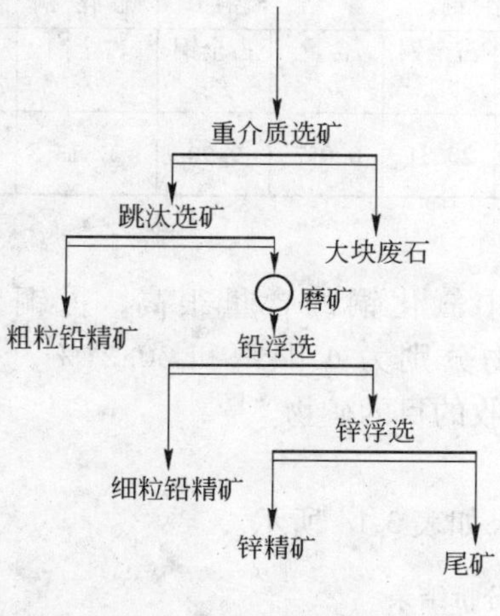

图 3-10　重选—浮选联合流程
（铅、锌优先浮选）

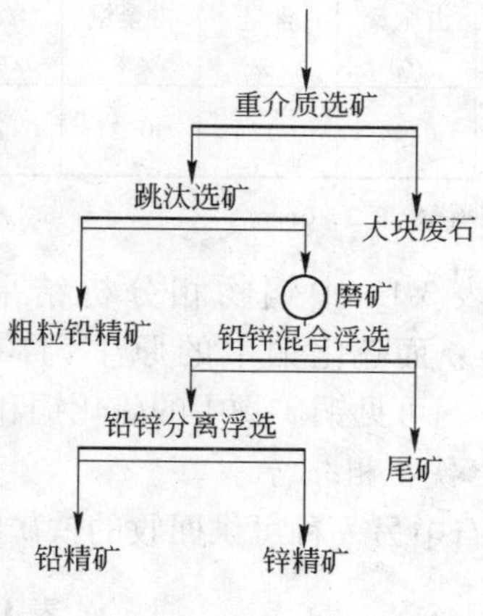

图 3-11　重选—浮选联合流程
（铅、锌混合浮选后再分离）

经过对上述两方案的比较以及综合考虑，认为第二方案比较好，最终确定在用重介质选矿法除掉大量废石的基础上再用跳汰选矿回收粗粒重矿物，然后用浮选法回收细粒硫化铅、锌矿。细粒铅、锌矿的浮选阶段采用混合浮选后再分离浮选流程。

3.3.2　有色金属氧化矿试验方案的拟订

我国有色金属矿除部分是硫化矿外，尚有一些以氧化物形式存在的氧化矿，或硫化矿和氧化矿共存的混合矿，为使有色金属得到充分的综合利用，对难选有色金属氧化矿的综合回收也是一项重要工作。

A　金属元素化学多元素分析

某有色金属氧化矿的化学多元素分析如表3-12所示。

表3-12　某有色金属氧化矿化学多元素分析结果

项目	Cu	S	Fe	Co	Ni	Mn	Pb	Zn	Ge	Ga
含量/%	0.574	31.22	31.05	0.0024	0.00105	0.087	0.109	0.168	0.0016	0.0019
项目	Se	Bi	Cd	Ti	CaO	MgO	Al_2O_3	SiO_2	Au	Ag
含量/%	0.0027	0.025	微	0.119	5.59	3.91	2.55	10.41	7.5×10^{-5}	2.98×10^{-3}

从化学多元素分析结果可知，铜的含量为0.574%，虽然品位较低，但就我国铜矿资源情况而言仍有回收价值；铁的含量高达31.05%，应得到充分的回收利用。因此，该矿石中可供回收的金属元素有铜和铁，而它们的存在形式又是影响选择选别方案的重要因素。

B　铜矿物相分析

该矿石的铜物相分析如表3-13所示。

表3-13　铜物相分析结果

硫化铜				氧化铜						总计	
原生		次生		水溶铜		酸溶铜		结合铜		硫化铜	氧化铜
含量/%	占全铜/%	含量/%	占全铜/%	含量/%	占全铜/%	含量/%	占全铜/%	含量/%	占全铜/%	占全铜/%	占全铜/%
0.04	6.94	0.174	30.21	0.186	32.64	0.117	20.31	0.057	9.90	37.15	62.85

注：试样粒度2～0mm。

从表3-13中铜物相分析结果得知：铜矿物中氧化铜的含量很高，占铜含量的62.85%；而硫化铜中的原生铜矿物及次生铜矿物分别为6.94%和30.21%，合计为37.15%，可见铜矿物中的硫化铜和氧化铜均是可回收的目的矿物。

C　铁物相分析

矿石中另一种可供回收的铁矿物的物相分析结果如表3-14所示。

表3-14　铁矿物的物相分析结果

Fe_3O_4之Fe		Fe_2O_3之Fe		FeS_2之Fe		Fe_nS_{n+1}之Fe		总铁	
含量/%	占总铁/%	含量/%	占总铁/%	含量/%	占总铁/%	含量/%	占总铁/%	含量/%	占总铁/%
微	—	3.12	10.24	27.36	89.76	微	—	30.48	100.00

从铁矿物的物相分析结果可知：铁矿物是以硫化物形式存在的黄铁矿，占全铁含量的89.26%以上。

从上述分析结果不难看出，有回收价值的铜矿物主要以氧化矿形式存在，而铁矿物又以硫化形式存在，它为拟订选别方案带来较大的困难，选别流程必然比较复杂。

D 岩矿鉴定

通过岩矿鉴定结果可以知道：铜矿物以氧化铜为主，其氧化率高达60%以上，此外，还含有微量次生辉铜矿、黝铜矿及铜蓝等，嵌布粒度较细，除少数在0.1mm左右外，其嵌布粒度均在0.005～0.01mm之间，而且该铜矿物易溶于水或稀酸中，简单的浮选比较困难。

铁矿物是以硫化矿形式存在的黄铁矿，粒度较粗，约为0.01～0.2mm之间，单体解离度比铜矿物好些，但因氧化作用而易于泥化，可浮性较差。

E 可供选择的流程方案

根据铜矿物及铁矿物的特性，可供选择的选别方案有两种：一种是单一浮选法；另一种是浸出—化选处理方案。

（1）单一浮选方案。采用单一浮选方案时，应首先对氧化铜矿进行硫化，然后再进行浮选。但铜矿的氧化率较高，又易溶于水，因此，采用单一浮选法难度较大。

（2）浸出—化选处理方案。若采用浸出—化选方案更有利于回收目的矿物，这就是将原矿磨细后，首先对原矿浆进行浸出，然后再进一步回收铜及黄铁矿，可供选择的方案有二：

1）原矿经磨细并用水或稀酸浸出后，再从矿浆中回收目的金属；

2）原矿经磨细并用水或稀酸浸出后，将浸出液与浸渣分离，再从浸出液中回收金属。

上述两种方案可选其中之一，也可对此二方案进行对比试验后再确定最终方案。

3.3.3 铁矿石试验方案的拟订

钢铁工业是发展国民经济的支柱产业之一，充分利用铁矿资源对发展国民经济有着举足轻重的作用，我国铁矿资源虽然比较丰富，但原矿品位普遍较低，而且有的矿石性质比较复杂，难以处理。因此，根据铁矿石的不同工业类型选择适宜处理方法显得十分重要。某铁矿石的试验方案拟订过程如下。

A 光谱及化学多元素分析

某铁矿石的光谱及化学多元素分析结果如表3-15和表3-16所示。

表3-15 某地表赤铁矿光谱分析结果

元素	Fe	Al	Si	Ca	Mg	Ti	Cu	Cr
大致含量/%	>1	>1	>1	>1	0.5	0.1	0.005	—
元素	Mn	Zn	Pb	Co	V	Ag	Ni	Sn
大致含量/%	0.02	<0.002	<0.001	<0.001	0.01～0.03	0.00005	0.005～0.001	—

表3-16 化学多元素分析结果

项目	TFe	SFe	FeO	SiO_2	Al_2O_3	CaO	MgO	S	P	As	酌减
含量/%	27.40	26.27	3.26	48.67	6.39	0.58	0.76	0.25	0.15	—	3.10

从光谱分析及化学多元素分析可以看出，矿石中主要可回收的金属为铁，而伴生的其他元素较少，均未达到综合回收的标准，主要脉石矿物为石英。且含量较高，其次是绿泥

石、绢云母、白云母等，有害元素是硫和磷，是影响钢材质量的重要因素。

B　铁矿物的物相分析

经物相分析后得知，各种铁矿物所占比例如表 3-17 所示。

表 3-17　各种铁矿物的相对含量表

铁矿物	赤铁矿	磁铁矿	褐铁矿
含量/%	69	14	17

从表 3-17 中可见赤铁矿占 69%，褐铁矿占 17%，合计占 86%，而磁铁矿仅占 14%，即该铁矿是以弱磁性铁矿为主的混合矿。

C　岩矿鉴定

从岩矿鉴定结果可知，磁铁矿粒度较粗且较均匀，大多在 200～20μm 之间，而赤铁矿、褐铁矿粒度较细，均在 20～2μm 之间，赤铁矿、褐铁矿、磁铁矿的嵌布粒度不一，并有紧密的结晶结构，铁矿物在各粒级中的分布如表 3-18 所示。

表 3-18　铁矿物的嵌布粒度特性表

粒级/μm	−2000 +200	−200 +20	−20 +2	按 12μm 计	
				+12	−12
含量/%	4	69	27	80	20

D　选别流程方案的选择

从上述某铁矿的矿石特性可知，该矿石属粗、细不均嵌布氧化铁矿石，铁矿石以弱磁性铁矿物为主，矿物组成比较简单，但构造比较复杂，大部分磁铁矿与赤铁矿呈连晶体，约占铁矿物的 50%，由风化作用形成的褐铁矿又与赤铁矿呈连晶体，弱磁性的赤铁矿、褐铁矿与强磁性的磁铁矿紧密共生，这一特性又有利于铁矿物的磁化。但石英含量较高，且含有硫、磷等有害杂质也对选别方案的选择造成一定的难度。

就铁矿石的选别方法而言，有浮选法、磁选法、重选法等可供选择。根据矿石的上述特性可采用弱磁场磁选机选出强磁性铁矿，然后再用强磁场磁选机选出弱磁性铁矿，尾矿再磨后用重选法回收细粒铁矿物，磁选—重选联合流程如图 3-12 所示。

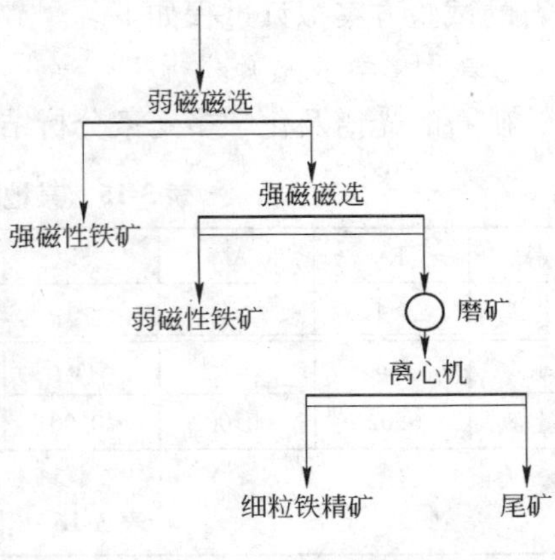

图 3-12　某单一铁矿石磁选—重选联合流程

通过上述几种不同类型矿石的可选性试验方案的拟订依据及过程，可以看出其中的共性问题即流程方案拟订的方法如下：

（1）根据光谱分析及化学多元素分析所提供的金属元素的种类及含量多少，确定拟回收的金属矿物；

（2）根据物相分析所提供的金属元素存在的形式选择适当的选别方法，如有色金属硫化矿多选用浮选，而氧化铁矿多选用磁选法或重选法；

（3）根据岩矿鉴定所提供的矿石相关特性确定选别流程的细节等诸多问题；

（4）根据上述资料、同类性质矿石的试验资料及生产现场的实际情况，结合经验最终确定矿石可选性试验的最终方案。

在拟订矿石可选性试验方案时可选择一种选别方法，也可选择两种或两种以上的联合选别方法；可选择一种选别方案，也可选择两种选别方案进行比较，经综合考虑后再选其最佳方案。

4 碎矿筛分试验

碎矿及筛分是矿石可选性试验前的最初环节，除少数砂矿及尾矿呈细砂状外，绝大多数原矿石粒度均较大，在试验前均需对原矿试样进行粒度加工，加工的方法通常是利用碎矿机械分三段或四段将矿石破碎至1～3mm。为保证碎矿作业效率，在碎矿过程中常用筛分机械相配合进行预先筛分或检验筛分，此外，为保证碎矿最终产品的粒度及均匀性，常用振动筛与细碎机构成闭路作业。

4.1 矿石性质的测定

在矿石可选性试验前，对矿石性质有比较全面的了解是保证试验顺利进行的重要基础，充分了解并掌握矿石性质显得尤为重要。这里所指的矿石性质主要包括矿石的粒度、矿石的相对密度、矿石的堆密度及孔隙度、矿石的堆积角及摩擦角、矿石的含水量及矿石的硬度等。

4.1.1 矿石粒度的测定

矿石的粒度就是矿粒或矿块的几何尺寸，常用它的直径表示，对于粒度较大的矿粒或矿块，常用 mm 表示；而对于微细矿粒，则用 μm 表示。

矿石可选性试验及生产实践中的矿石均由不同形状的矿粒群组成，若对浑圆形、多角形、长方形、扁平形等各种形状矿粒的粒度进行精确测定比较困难，有时所测定的结果也只能与实际尺寸相接近，为表示矿石的粒度，常用的测定方法如下：

（1）直接实测法。直接实测法就是对矿石的长、宽、高三个方向用尺直接测量其尺寸，然后取这三个方向的平均值。此测定法仅适用于粒度较粗的块状矿石，每次测得的结果可能不同，而且差别较大，为较确切反映矿石的粒度，常需测定几次再取其平均结果。

（2）用筛孔尺寸表示法。此法就是将矿石用筛分的方法进行筛分，使其通过筛孔，则筛孔的尺寸就是筛下产物的最大粒度。例如，振动筛的筛孔为2mm，那么筛下产物的最大粒度就是2mm。用筛孔尺寸大小表示矿石粒度的方法，现已成为比较常见的方法之一。

（3）体积等量直径法。体积等量直径法就是将形状不规则矿粒的体积换算成同体积球体直径的办法。用常规方法测定矿石长、宽、高尺寸难度较大，准确度较差，而采用体积等量直径测定法得到的矿粒的粒度更接近矿粒的实际尺寸。

体积等量直径法的测定方法比较简单，其测定过程是：首先将矿块在空气中称重，然后再将待测矿块放入水中测定矿块的体积，最后再用体积反推矿块的直径，其计算公式如下：

$$d = \sqrt[3]{\frac{6V}{\pi}} \tag{4-1}$$

式中　d——矿粒的直径，mm；

V——测得的矿粒的体积，mm^3；

π——圆周率（取3.14）。

4.1.2 矿石密度的测定

测定矿石的密度时，通常测定其相对密度。矿石的相对密度就是矿石的质量与同体积水的质量之比。矿石的密度是影响分选效果的重要因素之一。特别是在重力选矿中密度的影响更为突出。

4.1.2.1 普通天平法

普通天平法就是利用精度为0.01～0.02g的普通工业天平测定矿石质量和体积的办法来测定矿石的相对密度。测定装置如图4-1所示。

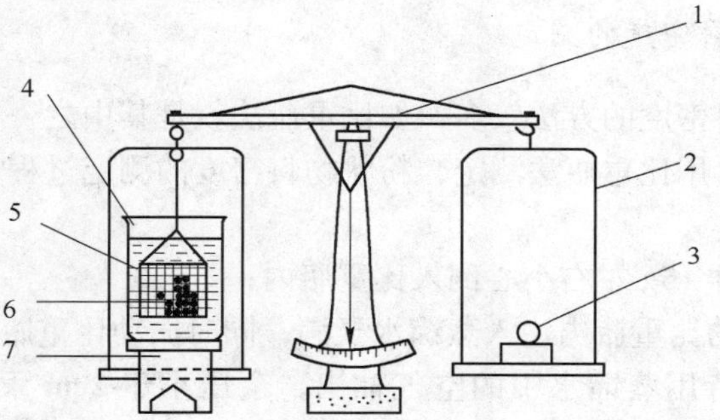

图4-1 普通天平测相对密度装置

1—普通工业天平；2—天平盘；3—砝码；4—水杯；5—金属笼子；6—矿石；7—桥形承物台架

普通天平法的测定过程如下：

(1) 为便于在水中称矿石的质量，首先制作一个盛矿石的容器——金属丝小笼子；

(2) 然后在空气中称笼子质量（m_1）；

(3) 称笼子和干矿石在空气中的质量（m_3）；

(4) 称笼子在水中的质量（m_2）；

(5) 称笼子和矿石在水中的质量（m_4）；

(6) 最后计算矿石的相对密度，普通天平法测定矿石相对密度的计算公式如下：

$$d = \frac{m_3 - m_1}{(m_3 - m_1) - (m_4 - m_2)}\Delta \tag{4-2}$$

式中 d——矿石的相对密度；

m_3——矿石和笼子在空气中的质量，g；

m_1——笼子在空气中的质量，g；

m_4——矿石和笼子在水中的质量，g；

m_2——笼子在水中的质量，g；

Δ——介质水的相对密度。

测定矿石相对密度也可在其他介质中进行，但在其他介质中测定矿石相对密度的方法少用。

上述在水中测定质量时应注意如下几点：

（1）桥形承物台架不得影响天平盘升、降；

（2）笼子不得与盛水杯接触；

（3）笼子应为细金属丝等制成的非吸水性物质；

（4）需测 3 次以上，每次相差不得大于 0.02g。

4.1.2.2　密度天平法

密度天平法就是利用专用于测定密度的天平进行测定矿石密度的一种方法，它的原理与上述普通天平相同，测定过程比较简捷，对测定结果无须进行计算而直接从密度天平读出矿石密度的数值。此法除适用于测定块状物料密度外，也适用于细粒矿石密度的测定。

4.1.2.3　粉状物料密度的测定

测定松散粉状物料密度的方法较多，如比重瓶法就是其中之一，该法首先将松散物料装在比重瓶中，然后再用比重瓶法测定，粉状物料密度的测定过程如下：

（1）取试样一份；

（2）将烘干的试样 15g 左右小心倒入比重瓶内；

（3）向装有试样的比重瓶内注入蒸馏水至满，同时振动比重瓶使试样充分松散；

（4）将比重瓶及待用蒸馏水中的空气抽出，余压小于 2cm 汞柱，抽气时间为 1h 以上，具体抽气时间视余压而定；

（5）将已抽出空气的待用蒸馏水补加至比重瓶中至满，比重瓶口用塞子塞紧以防进入空气；

（6）称比重瓶 + 蒸馏水 + 试样合重；

（7）将比重瓶倒空洗净；

（8）再注入蒸馏水至满，塞紧塞子；

（9）称比重瓶 + 蒸馏水合重；

（10）最后用式 4-3 计算试样的相对密度。

$$d = \frac{m\Delta}{m_1 + m - m_2} \tag{4-3}$$

式中　d——试样相对密度；

m——试样干重，kg；

m_1——瓶、水合重，kg；

m_2——瓶、水、样合重，kg；

Δ——介质的相对密度。

比重瓶法根据排出空气方法不同可分为煮沸法、抽真空法、煮沸和抽真空联合法三种，这三种密度测定法除排出气体方法不同外其余均相同。

测定松散粉状物料的密度除上述比重瓶法外，还有量筒法、湿微比重法、扭力天平法、重液变温法以及利用磁流体技术的微比重仪法，但用处不广故此处略。

4.1.2.4 堆密度的测定

A 堆密度

堆密度就是松散物料在自然堆积状态下，物料的质量与包括空隙体积在内的总体积之比。堆密度并非是矿石的真密度，因此，又称假密度，单位可为 t/m^3 或 kg/cm^3，具体采用哪种单位视物料的多少适当选用，如一大堆物料宜用 t/m^3 而不宜用 kg/cm^3 表示。

B 堆密度的测定方法

堆密度的测定方法比较简单。测定过程如下：

(1) 首先选取或制作一个容积为 V 的标准容器；

(2) 称其质量；

(3) 然后在容器内装满待测试样并刮平；

(4) 再称合重；

(5) 最后根据上述称重结果计算矿堆的堆密度。

C 堆密度的计算

矿石堆密度的计算公式如下：

$$\rho_D = \frac{m_1 - m_0}{V} \tag{4-4}$$

式中 ρ_D——试样的堆密度，kg/m^3；

m_1——容器和试样合重，kg；

m_0——容器净重，kg；

V——容器的容积，m^3。

当试样量较少时，可采用厘米、克、秒制。

4.1.2.5 孔隙度的计算

从上述物料的堆密度可知，在容器内除含有一定体积的物料外，还有一定的空隙。孔隙度就是物料的空隙占总体积的比值，常用小数表示，孔隙度的计算公式如下：

$$e = \frac{\rho_s - \rho_D}{\rho_s} \tag{4-5}$$

式中 e——孔隙度；

ρ_s——物料的密度；

ρ_D——物料的堆密度。

上述堆密度及孔隙度是从不同角度表示物料的质量与体积间的关系。多在矿仓设计或已知矿仓容积计算矿石储量时采用。

4.1.3 堆积角的测定

堆积角就是物料在自然堆积条件下，物料的斜面与水平面间的夹角，堆积角的测定装置如图 4-2 所示。

堆积角的测定方法比较简单，测定过程如下：

(1) 操作时将待测物料从顶部中心处均匀给下；

（2）并使之沿四周方向均匀下滑，直至物料斜面与水平面的夹角稳定为止；

（3）再用量角仪测量物料斜面与水平面间的夹角即可。若无测量仪器可用料堆高度及料堆半径进行计算，再查其角度。

4.1.4　摩擦角的测定

摩擦角就是物料与接触面间保持静止不动时的最大角度，测定摩擦角的装置如图 4-3 所示。

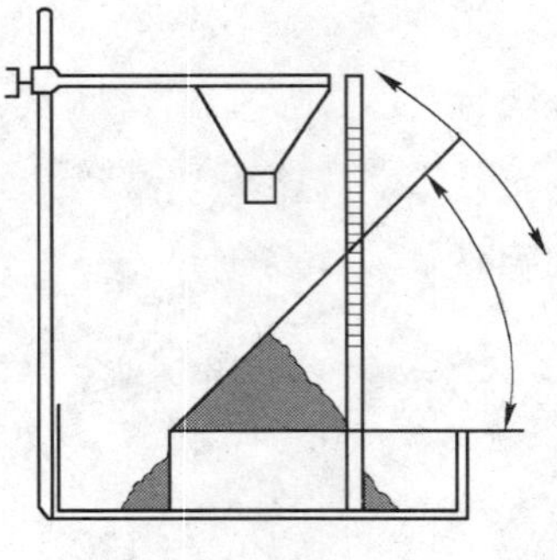

图 4-2　堆积角的测定

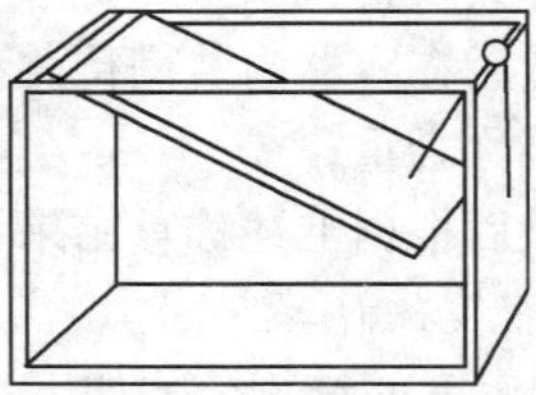

图 4-3 摩擦角的测定

摩擦角的测定过程如下：如图 4-3 所示，将铰链连接的平板（平板的材质可为木质、也可为塑料、橡胶等）提平，将待测物料置于板面上，然后将平板以铰链处为轴缓缓放下，测量物料即将开始滑动时板面与水平面的夹角。

上述堆积角及物料的摩擦角的用处与前述堆密度和孔隙度的用处基本相同，主要用于矿仓设计及计算。

4.1.5　矿石含水量的测定

矿石含水量就是矿石中水分的质量与物料总质量之比的百分数，矿石含水量又常称为矿石的水分。

矿石含水量的测定方法有直接烘干法和浓度换算法，现分别介绍如下：

（1）直接烘干法。直接烘干法的测定过程如下：

1）对盛矿容器称重；

2）对待测物料连同容器称合重；

3）在烘干器上加热使水分全部蒸发，加热时谨防过热，注意加热温度控制在 105～110℃；

4）烘干后的容器连同物料称其合重；

5）计算含水量。

矿石含水量的计算公式如下：

$$c = \frac{m_1 - m_0}{m_1} \times 100\% \tag{4-6}$$

式中　c——物料含水量，%；

m_1——湿样重，g；

m_0——干样重，g。

（2）浓度换算法。该法就是用100%减去矿浆的浓度（质量分数），它可用于稀矿浆中含水量计算，如矿浆浓度为5%，则100% −5% =95%，即水分为95%。

该法仅适于物料的粒度细、浓度较小、含水量较大时采用，矿浆浓度测定将在磨矿一章中另有介绍。

4.1.6 矿石硬度的测定

4.1.6.1 *矿石的硬度*

矿石的硬度就是矿石软硬的程度，矿石的软硬程度与它的提压强度有关，它是影响碎矿及磨矿效果的重要因素。矿石硬度有两种表示方法：其一，是相对硬度；其二，是绝对硬度。相对硬度就是将有代表性的不同硬度的矿石按软硬程度不同，由软至硬分成十个等级，最前面的最软，最后面的最硬，前面的比后面的软，后面的比前面的硬。这十个等级的代表矿石分别为：滑石、石膏、方解石、萤石、磷灰石、长石、石英、黄玉、刚玉、金刚石。想确定某矿石的硬度时可凭目视、手感、划痕等办法与上述矿石相比对，即可确定该矿石的相对硬度，在不需对矿石的硬度做精确评定时，也可把矿石的硬度粗略地分为软、较软、中硬、较硬、硬五种，有时又把矿石的硬度简单分为硬矿石、中硬矿石、软矿石三种不同硬度矿石的粒度特性，如图4-4所示。

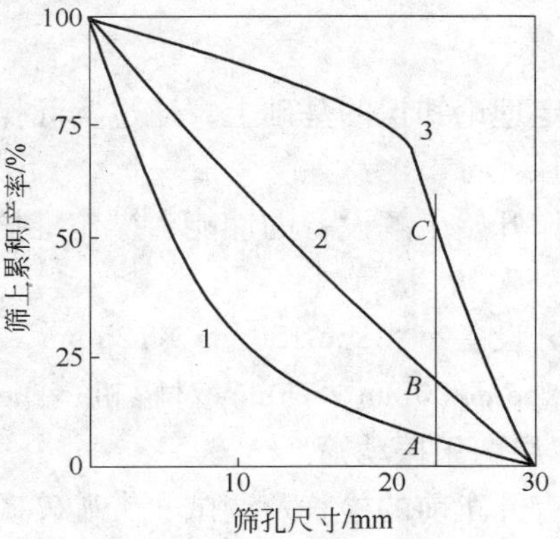

图4-4 矿石粒度特性曲线

1—软矿石；2—中硬矿石；3—硬矿石

从图4-4中不难看出，当粒度为d时，过d作垂线分别与曲线1、曲线2、曲线3交于A、B、C三点，筛上累计含量百分数的规律是$A < B < C$，即表示曲线1细粒度含量最高，而曲线3细粒度含量最少，曲线1凹型表示软矿石，曲线3凸型表示硬矿石，而曲线2近于直线表示中硬矿石。

4.1.6.2 *矿石绝对硬度的测定*

矿石的绝对硬度常用硬度系数表示。

矿石绝对硬度的测定方法及过程如下：

（1）首先将待测矿石切成 5cm ×5cm ×5cm 的立方体标准试件；
（2）在磨光机上磨光；
（3）然后将试件置于压力试验机的工作平台上；
（4）开动电动机启动压力试验机，以每秒 5 ~10kg/cm^2的压力强度对试件施压；
（5）直至试件破坏为止，记录试件破坏时的负载。

4.1.6.3　矿石硬度系数计算

矿石硬度系数公式如下：

$$f = \frac{R}{100} = \frac{P}{100ab} \tag{4-7}$$

式中　f——矿石的硬度系数，kg/cm^2；
R——试件的抗压强度，kg/cm^2；
P——试件的破坏荷载，kg；
a——试件的受压面长度，cm；
b——试件的受压宽度，cm。

因矿石的结构具有不均匀性，不同方向的抗压强度不同，试验时应在 x 轴、y 轴、z 轴三个方向进行测试，取其平均值；此外，测试结果常带有偶然性，为使测试结果准确，至少应进行三次以上，再取其平均值作为结果。

4.2　碎矿试验操作

碎矿操作是在掌握了一定理论知识的基础上，通过实际操作锻炼动手能力，它是培养理论与实际相结合的重要途径。

碎矿操作首先从单机操作开始了解设备的性能、操作维护及调整，为全流程试验打下坚实的基础。

实验室常用的碎矿、筛分设备有：xpc-150mm ×125mm，xpc-100mm ×60mm 颚式碎矿机；xpc-ϕ200mm ×125mm、xpe-ϕ200mm ×75mm 对辊机、xpe-ϕ175mm 圆盘粉碎机及 xsz-73 型 300mm ×600mm 单、双层两用振动筛。

碎矿试验操作主要内容有开车前的检查及调试、带矿碎矿操作、停车及相关考察。

4.2.1　开车前的检查及调试

开车前对所有设备进行检查消除隐患是保证碎矿试验顺利进行的重要条件；利用停车的时机对该测定的内容进行测定，获得相关数据为后续工作提供依据。

4.2.1.1　开车前的检查

为保证开车顺利，开车前必须对各类试验设备进行周密、细致的检查，下面就各类设备开车前应检查的主要内容说明如下：
（1）按试验计划备齐各种碎矿及筛分设备；
（2）检查电气线路及设备是否安全可靠；
（3）各机械设备是否完好；

（4）各部零件是否牢固，有无松动；

（5）人工转动设备看机械运转是否灵活；

（6）各润滑部位润滑是否良好；

（7）工作场地是否安全可靠。

4.2.1.2　开车前的测试及调整

为掌握设备的相关数据利用停车机会进行测定，对实测结果不能满足试验需要时必须进行调整，通过测试及调整既满足了试验的需要，又培养了动手能力。

A　颚式碎矿机排矿口的测试及调整

颚式碎矿机的测试及调整的内容比较单纯，主要是排矿口的测定及调整。

a　颚式碎矿机排矿口的测定

排矿口大小的测定方法可有两种。一种方法是用内卡钳测定，内卡钳如图 4-5 所示。测定的方法是：首先将内卡钳张到一定角度，在停车状态下将一侧靠在固定颚板下端排矿口处，另一侧靠在可动颚板下端排矿口处，取出内卡钳用钢板尺测量内卡钳张开的距离。

另一种方法是用软木楔测定，软木楔如图 4-6 所示。

测定方法是：在开车状态下颚式碎矿机达到正常转速时手持木楔徐徐下降，经 3～5 次受压后取出，用钢板尺度量被压痕迹处的尺寸即为排矿口的大小。

图 4-5　内卡钳

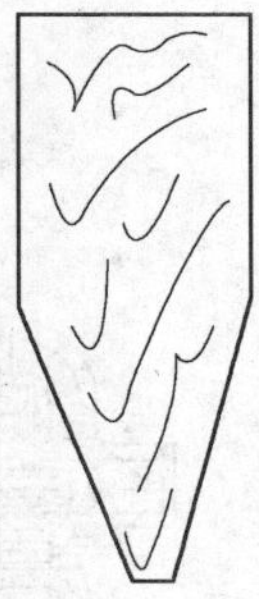

图 4-6　软木楔

b　颚式碎矿机排矿口的调整

颚式碎矿机排矿口的大小会直接影响碎矿机的排矿粒度，试验或生产中常需对排矿口进行调整，以满足实际需要。排矿口的调整是操作者必须掌握的一项工作，颚式碎矿机排矿口调整装置如图 4-7 所示。

排矿口的调整过程是：通过转动手轮使螺杆升、降，当螺杆向上时带动调整楔块向颚板方向前进，再通过肘板推动可动颚板下端绕可动颚板上部悬挂轴向固定颚板靠近，两颚板间的距离缩小，则排矿口减小；当螺杆下降时正好与上述相反，排矿口增大。

上述调整过程可使排矿口调至最大或最小，碎矿试验时应根据所需排矿粒度将排矿口调至所需大小。

B　对辊机排矿口的测定及调整

a　对辊机排矿口的测定

对辊机排矿口的测定也可采用两种方法：一是在停车时用内卡钳及钢板尺测定，测定操作与颚式碎矿机排矿口的测定过程相同；二是在开车条件下用铅块测定排矿口的大小，测定过程是：将稍大于对辊机排矿口尺寸的铅块小心给入对辊机中，经压缩后排出，铅块取出后用外卡钳及钢板尺测量被压缩后铅块的尺寸，此外，也可用钢板尺直接测量被压缩铅块的尺寸。外卡钳如图 4-8 所示。

对辊机的构造如图 4-9 所示。

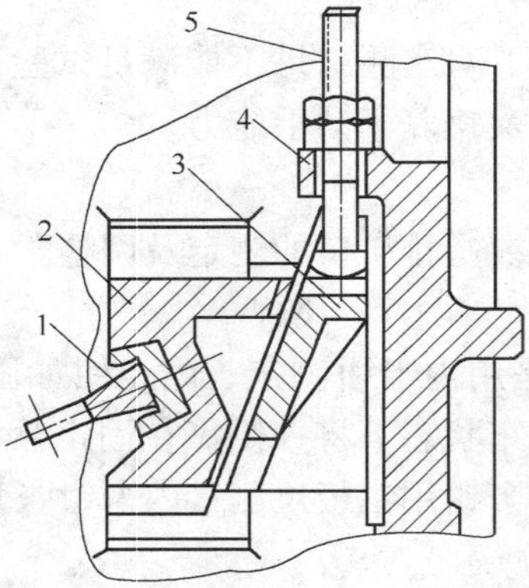

图 4-7　楔块调整装置

1—推力板（肘板）；2—楔块；3—调整楔块；4—机架；5—螺杆

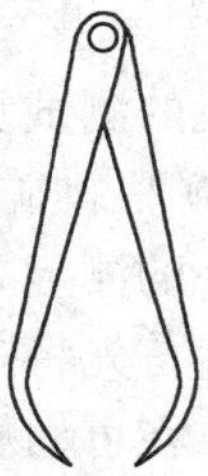

图 4-8　外卡钳

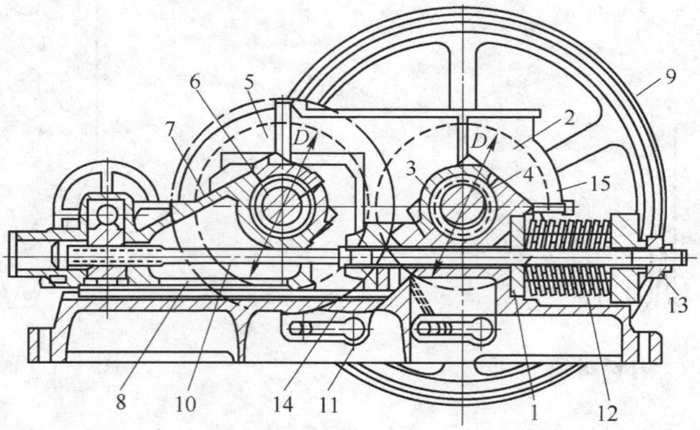

图 4-9　对辊机

1—机架；2，5—辊子；3，6—轴；4—固定轴承；7—可动轴承；8—导槽；9—皮带轮；10—拉杆；11—垫片；12—弹簧；13，14—螺帽；15—机罩

b　对辊机排矿口的调整

光滑辊面对辊机如图 4-9 所示。现在通过对辊机来说明对辊机排矿口的调整，调整的办法是：旋转螺帽，并使拉杆带动可动轴承座沿滑槽前后移动。当可动轴承座向前移动时，可动辊向固定辊靠近，使两辊间的距离减小，则排矿口变小；反之，当可动轴承座向后移动时，两辊间距离增大，排矿口变大。调整时需注意两侧应逐渐交替进行调整，最终必须使两辊保持平行。

对上述颚式碎矿机和对辊机在机械运行状态测定或调整排矿口的大小时必须十分小

心，特别注意人身安全。

C 振动筛的测试及调整

影响振动筛工作效果的主要因素有筛孔尺寸的大小、振动筛的倾斜角度、振动筛的振幅及频率等。

a 筛孔尺寸的测定

振动筛的筛孔尺寸大小不仅影响最终产物粒度及处理能力，而且还将影响磨矿机的工作效率，筛孔尺寸的大小应根据需要选定。

振动筛的筛孔尺寸大小可用卡钳及钢板尺测定，但必要性不大，因此可用钢板尺或直尺直接测定。

振动筛的筛孔尺寸均已固定，一般不进行调整，如根据实际需要必须调整筛孔尺寸时，可另行更替筛面以达到对筛孔尺的要求。

b 振动筛倾斜角度的测定及调整

振动筛的倾斜角度既影响振动筛的处理能力又影响筛分效率，可根据试验的需要随时测定和调整。

振动筛倾斜角度测定及调整的方法：将倾角仪放在停车的振动筛的筛筐上，使倾角仪的指针自然下垂，倾斜的筛筐与下垂指针间夹角的余角就是振动筛的倾斜角度；当需调整振动筛倾斜角度时放松固紧装置后将振动筛的一端轻轻按下或抬起使之沿中心传动轴上、下摆动即可改变振动筛的倾斜角度。

c 振动筛振动频率及振幅的测定及调整

振动筛的振动频率就是单位时间内振动的次数，因此，可用转数表直接测定振动筛传动轴的转数；也可通过传动速比计算振动筛传动轴的转数即振动频率；一般情况下转数可不进行调整，如果必须调整时可通过调整传动轮的速比进行调整。

振动筛的振幅就是振动筛上、下振动的幅度，可用划线法测定振动筛的振幅，但因振动筛的振动频率较高、振幅很小，实测比较困难；调整振动筛振幅大小的方法可用调整偏重物距中心轴的位置即回转半径达到调整振幅的目的（偏心振动筛除外）。

4.2.2 碎矿开车操作

4.2.2.1 开车顺序

在开车前的检查、测试及调整工作完成后即可进行开车。为使开车有序进行应按作业顺序依次进行。就单机而言，首先开动碎矿机的排矿运输机，然后在润滑良好的条件下启动碎矿机，在碎矿机达到正常运转状态后再开给矿机，若顺序相反，会造成碎矿机的碎矿腔堵塞或矿石运输机被压住不能运转，而对于全流程而言，均应按由后向前依次进行。下面以三段一闭路的碎矿筛分流程为例，通过设备联系图作简要说明。

碎矿设备联系图如图 4-10 所示，启动设备顺序总的原则是：开车时依次由后向前进行，停车时则相反。

在有多人操作时应加强协调，开车时应警示他人。

4.2.2.2 碎矿操作

按顺序完成开车后，碎矿机达到正常运转即可给矿。在矿石中有过大矿块超过碎矿机

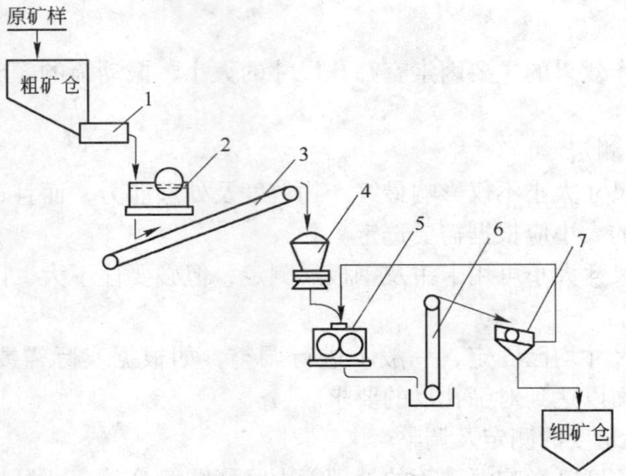

图 4-10 三段一闭路碎矿设备联系图
1—给矿机；2—粗碎机；3—皮带运输机；4—中碎圆锥碎矿机；5—对辊机；
6—翻斗提升机；7—振动筛

给矿粒度时需用人工砸矿，并同原矿一起给入碎矿机。碎矿操作时应注意如下几项：

（1）根据碎矿机的处理效率掌握给矿速度，给矿量过大应暂停给矿机；

（2）保证给矿均匀，尽量减少设备空转；

（3）注意机械有无异常声响；

（4）保持机械润滑良好；

（5）操作者不得正面近距离接近碎矿机械，给矿或观察时应处于侧斜位置，以防矿石飞溅造成人员伤害。

（6）开车碎矿期间必须完成待考察试样的采取工作。

4.2.3 停车及矿样收集

4.2.3.1 停车

当碎矿任务完成，各设备中矿石已全部处理完毕后，即可停车。

停车顺序与开车顺序正好相反，从前一作业逐渐向后进行，停车后认真清扫场地，及时关闭电源。

4.2.3.2 矿样收集

停车后用锹、铲等工具将全部矿样集中收集并妥善保存。

4.2.4 碎矿机排矿粒度特性的考察

碎矿机的排矿粒度特性可表明它的排矿产品中各粒级的组成及含量，排矿的粒度特性将对下一步的加工处理有一定的影响，因此，它是碎矿试验中的一项重要内容。各类碎矿机的排矿粒度特性虽然不尽相同，但基本相似，考察方法相同。现以颚式碎矿机为例进行介绍。

4.2.4.1 设备及用具

（1）颚式碎矿机一台；

（2）不同筛孔尺寸的筛子一套，如给矿最大粒度为30mm，排矿口为10mm，可备用筛孔尺寸分别为10mm、8mm、5mm、3mm、2mm筛子各一个；

（3）振筛机一台；

（4）锹、铲、笤帚、毛刷等；

（5）普通天平一台；

（6）秒表一块；

（7）盛矿盆、盘若干。

4.2.4.2 考察过程及操作

在碎矿机碎矿过程中应随时取出颚式碎矿机排矿产物并收集在一起，如矿石量较多可用对角线二分法缩分后再用手工或在振筛机上从粗粒向细粒逐级筛至终点，判断终点的标准是1min的筛下物不大于筛上物的1%，如果用套筛在振筛机上筛分时因矿样量较多可分三或四次进行，各次同一级别的产物相互合并。各粒级分别称重并做记录，结果填入碎矿产品粒度组成特性表4-1中。

表4-1 碎矿产品粒度组成特性表

粒级/mm	质量/g		产率/%		备 注
	个别	正累计	个别	正累计	
+10	140		10	10	
−10 +8	40	140	4	14	
−8 +5	130	270	13	27	
−5 +3	170	440	17	44	
−3 +2	150	590	15	59	
−2 +0	410	1000	41	100	
合 计	1000		100		

4.2.4.3 排矿产品粒度特性曲线的绘制

根据表4-1所列数据绘制粒度特性曲线，排矿粒度特性曲线采用普通坐标系，以粒度d为横坐标，以产率r为纵坐标绘制产品粒度特性曲线，如图4-11所示。

A 交点的确定

首先，从各粒度处向上作垂线。然后从各粒级的正累计产率处作平行于横坐标的水平线，各水平线分别与相对应的垂线相交于各点（1、2、3、4、5），再将各点连成圆滑曲

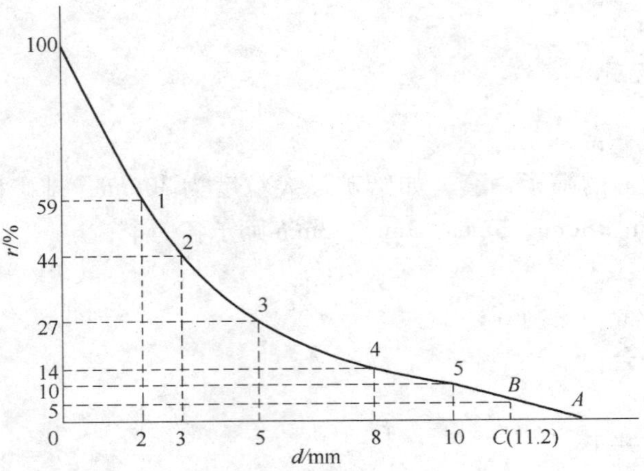

图 4-11　产品粒度特性曲线

线。最后将曲线向两侧延长，向上在累计产率 100% 处与纵坐标相交；向下延长与横坐标相交，此交点为 A。

B　绘制曲线时的注意事项

（1）上述交点连线应为一条圆滑曲线，不能连成折线。

（2）只有两点不能连线，试验至少应有 4 个试点。

（3）曲线不一定均经过各交点。

（4）散点应位于曲线的两侧，即曲线应由各散点内侧经过，如图 4-12 所示。

（5）如果曲线有明显拐点，如图 4-13 所示，表明此点可能有误，遇此情况应就该点补做，补做后可能有两种结果：

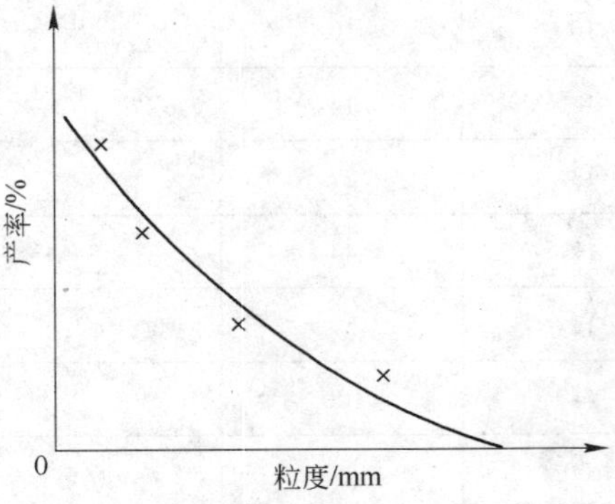

图 4-12　散点位于曲线两侧

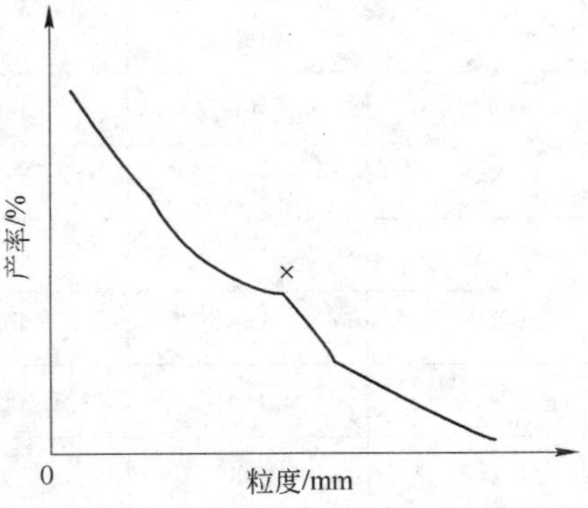

图 4-13　曲线出现明显拐点

其一是原有点确实有误，应以补做结果为准；

其二是补做结果与原结果基本相同，证明原有结果无误，仍以原有结果为准。出现这种情况时应从各方面考察原因，做出合理说明。

从粒度与产率的数值关系图可见，细粒级含量相对较多，从曲线形状可见曲线为凹型，依此判定该矿为较软矿石，有利于碎矿或磨矿。

各种类型碎矿机排矿粒度特性曲线各不相同，但相似，考察方法均相同。

4.2.5 最大排矿粒度的确定

从表 4-1 及排矿粒度特性曲线图 4-11 可知，最粗粒级别为 +10mm，最大粒度到底是多少，还是未知数，为此可通过粒度特性曲线加以确定。具体做法是将特性曲线延长，与表示粒度的横坐标相交于 A 点，但考虑过大粒子的偶然性，常以 95% 时粒度为最大粒度，其确定方法是取正累计 5% 负累计 95% 处作平行于横坐标的直线，该直线与特性曲线交于 B 点，过 B 点作垂线与横坐标交于 C 点，则 C 点即为排矿产品的最大粒度即 11.2mm（见图 4-11）。

4.2.6 过大粒子系数的确定

过大粒子系数就是矿石最大粒度与排矿口尺寸之比。过大粒子系数除与碎矿机械类型有关外，还随碎矿机的工作转数及啮角大小不同而有所变化，当工作转数较快时，过大粒子系数相应就小即粒度就小；啮角的大小又与排矿口的大小有关，啮角越大排矿口越小，排矿粒度就小，啮角过大不仅会使碎矿机的工作效率降低，甚至造成大块矿石崩出机外。因此，过大粒子系数可表明碎矿机工作转数及啮角是否恰当。

4.2.7 各段碎矿比的确定及调整

碎矿比就是该段给矿最大粒度与排矿最大粒度之比，若已知原矿最大粒度是 100mm，最终产物粒度为 3mm，则总排矿比为 33，同时又可根据各段粒度算出各段的碎矿比，结合各种碎矿设备特性再合理分配各段的碎矿比，更好地发挥各段碎矿机的工作效率，通过调整碎矿机排矿口的大小来调整碎矿比，排矿口的调整方法如前所述。

4.2.8 振动筛筛分效率的考察

4.2.8.1 筛分效率

振动筛的筛分效率就是已筛下来的筛下产物的质量与入筛分物料中含小于筛孔物料的质量之比的百分数。

筛分效率标志着筛分机械工作效率的好坏，它是衡量筛分作业重要的技术指标。筛分效率的高低不仅影响闭路碎矿作业循环负荷的大小，同时也将影响碎矿机的处理能力。此外，循环负荷过大还将造成脆性矿石的过粉碎。

4.2.8.2 筛分效率考察操作

首先准备筛孔尺寸与振动筛的筛孔尺寸相同的套筛或普通筛子一个，然后在振动筛工作正常条件下，分别在给矿和筛上排矿处截取适量有代表性矿样，分别称重后再分别将振动筛的给矿及筛上产物用人工或在振筛机上筛至终点，（何时达到终点应随时用人工手筛方法进行检查）。如果矿样量较大，可以分两三次筛分，各次的筛上产物及筛下产物分别合并为一个筛上物和筛下物，称重后再分别计算给矿及筛上产物中含小于筛孔粒级的含量百分数，最后计算筛分效率。

4.2.8.3　筛分效率的计算

筛分效率的计算公式如下：

$$E = \frac{100(a - b)}{a(100 - b)} \times 100\% \tag{4-8}$$

式中　E——筛分效率，%；

a——给矿中含小于筛孔粒级的含量百分数；

b——筛上排矿中含小于筛孔粒级的含量百分数；

100——筛下产品中含小于筛孔粒级的含量百分数。

例如：振动筛给矿中含小于筛孔粒级的含量为60%，筛上排矿中含小于筛孔的粒级含量为30%，则筛分效率为：

$$E = \frac{100(60 - 30)}{60(100 - 30)} \times 100\% = 71.43\%$$

4.2.8.4　影响振动筛工作效率的因素

影响振动筛工作效率的主要因素有入筛物料的粒度组成特性、给矿量的多少、振动筛的倾斜角度、振幅及频率等，上述各因素除影响振动筛的处理能力外，更主要是影响振动筛的筛分效率。

(1) 给矿粒度组成特性的影响。给矿中粒度较大或较小者均易成为筛上产物或筛下产物，处理能力及筛分效率均较高；而接近筛孔尺寸的难筛颗粒越多筛分效率越低，处理能力也有所下降。

(2) 给矿量的影响。若给矿量过大，振动筛不能充分发挥筛分作用而影响筛分效率；若给矿量过小，筛分效率虽高，但处理能力下降。

(3) 给矿的均匀性。给矿应沿筛面宽度方向均匀给入，以提高筛面的有效利用率，否则筛面利用率较低，对处理能力及筛分效率均有不良影响。

(4) 振动筛的倾斜角度。振动筛的倾斜角度不仅影响矿石在筛面上向下的运动速度，还会影响筛孔的垂直大小，倾斜角度大，矿石的运动速度加快，筛孔垂直尺寸变小，筛分效率降低。

(5) 振动筛的振幅及频率。振动筛的振幅及频率应保持矿石被抛起下落后与筛面有充足的接触时间即通过筛孔的机会。

4.2.9　振动筛最终产品粒度特性的考察

前面介绍的碎矿机排矿粒度特性的考察是针对碎矿机械，而最终产品粒度特性的考察是针对碎矿最终产品，它可为下一段磨矿提供参考，也是影响磨矿效果的重要因素。因此，碎矿最终产品粒度特性考察尤为重要。

碎矿最终产品即筛下产品粒度组成特性的考察与碎矿机排矿粒度特性的考察基本相同，现就考察过程简单介绍如下：

(1) 取有代表性的筛下产品适量；

(2) 选一套标准套筛，筛孔由大至小、由上而下依次排列，下部应有筛底；

(3) 将待考察试样从套筛的最上层给入，盖好筛盖；
(4) 在振筛机上筛分数分钟；
(5) 取下套筛，由粗至细人工手筛至终点；
(6) 各粒级分别称重；
(7) 称重结果填入筛分结果表中（同表4-1）；
(8) 绘制最终产品粒度的特性曲线（方法同图4-11）；
(9) 如产品粒度太细，为便于筛分，可先在水中湿筛，筛除最细粒级后再干筛。

4.3 闭路碎矿筛分流程

实验室的碎矿试验除进行上述碎矿机排矿粒度特性、振动筛的筛分效率及最终产品粒度特性考察外，更主要是为磨矿试验准备适宜粒度的矿石，碎矿过程通常分三段依次将矿石破碎至1～3mm左右，前两段是否采用预先或检查筛分应视具体情况而定。为保证碎矿产品的最终粒度，最后一段均采用筛分机械与碎矿机械形成闭路，各碎矿作业可以人工方法将矿石从前一作业给入后一作业，也可通过矿石运输设备将各作业间联系起来，即三段一闭路的碎矿、筛分流程，三段一闭路的碎矿筛分流程如图4-14所示。

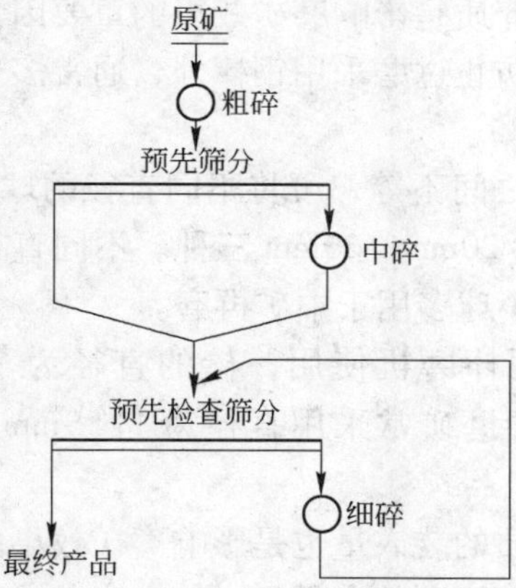

图4-14 三段一闭路的碎矿筛分流程

5 磨矿分级试验

磨矿分级试验是在碎矿筛分试验基础上进行的第二个试验环节，也是浮选试验前的一次重要矿浆准备工作，通过磨矿使有用矿物基本达到单体解离，为浮选试验创造有利条件。磨矿效果的好坏对浮选结果有直接影响，而影响磨矿效果的因素较多，主要有磨矿设备、矿石性质、操作因素等。

磨矿机：实验室用的磨矿机主要有 ϕ160mm ×180mm 和 ϕ200mm ×200mm 圆筒型磨矿机，XMQ-型 ϕ240mm ×90mm 圆锥型球磨机，此外，还有用于中矿或精矿再磨的比较小型的 ϕ160mm ×160mm 圆筒型球磨机及滚筒磨矿机，为避免铁对产品质量的影响，在特殊情况下，可采用瓷磨机。

磨矿介质：磨矿机的磨矿介质是影响磨矿效果的重要因素之一，常用的磨矿介质有钢球和钢棒，除需要产品均匀及防止过磨采用钢棒外，通常多采用钢球为磨矿介质，而瓷球更为少用。

球的直径在 12.5 ~32mm 之间不等，可将不同直径的球按不同比例加入，如 ϕ160mm ×180mm 球磨机可采用 15mm、20mm、25mm 三种。不同直径的球，按等比或略有差异配比装入，而直径为 12.5mm 的小球多用于中矿再磨。

磨矿介质钢棒仅供圆筒型棒磨机使用，棒的直径为 10 ~25mm 不等，如 XMB-68 型 ϕ160mm ×200mm 圆筒型棒磨矿常采用直径为 17.5mm 和 20mm 两种钢棒为磨矿介质。

磨矿机中的球荷即磨矿介质的装入量也是影响磨矿效果的因素之一，若球荷过多则中间级别的产率较高，而粗、细两级别的含量相对较少；若球荷过少则磨矿作用不能充分发挥，不仅处理能力小而且产品粒度较粗，一般球的充填率在 40% ~50% 之间，平均为 45%，棒的充填率略低于球的充填率，一般在 40% 左右。

磨矿介质的充填率可以通过磨矿机的容积和磨矿介质的加入量进行计算，也可用直观目测方法确定充填率，即球的表面略低于球磨机的中心线。

上述磨矿机的型号及规格、磨矿介质直径及比例、磨矿介质的充填率以及磨矿机的工作转数均对磨矿效果有一定的影响，就一般的可选性试验而言很少进行试验和对比，可根据需要及可能进行选定。

分级：分级作业是磨矿时不可缺少的一环，但实验室小型开路试验时仅采用开路磨矿，只有进行闭路试验时才采用分级与磨矿形成闭路作业，在闭路作业中返砂比及分级效率是影响磨矿及浮选的重要因素。

磨矿操作：影响磨矿机工作效果的主要操作因素有磨矿浓度、磨矿细度等，并对浮选效果有明显影响，因此，必须通过磨矿试验确定适宜的操作条件，现就磨矿浓度、磨矿细度及产品粒度特性等分别介绍如下。

5.1 磨矿浓度试验

磨矿浓度就是磨矿机中矿石质量与矿浆质量之比，矿浆浓度的表示方法有两种：其一是液-固比，除在矿浆流程计算外很少采用；其二是质量分数（实践中常称为重量百分浓度），这种表示方法最为常用。

磨矿浓度试验就是将几份试样在其他条件均相同的情况下分别在不同的浓度下进行磨矿试验，然后将各种不同磨矿浓度的磨矿产物分别用0.074mm（200目）标准筛进行筛分，并计算 -0.074mm 含量百分数，确定磨矿细度与磨矿浓度的关系，经比较后选定 -0.074mm含量恰当的磨矿浓度，在以后的各项试验中均选用此浓度进行磨矿。

5.1.1 磨矿浓度试验所用设备及用品

磨矿浓度试验时常用的主要设备及用品如下：

（1）磨矿机1台；
（2）1000mL量筒1个；
（3）秒表1块；
（4）接矿盆、盘数个；
（5）洗瓶1个；
（6）天平1台；
（7）输水软管1m；
（8）电热板或烘干箱1台；
（9）0.074mm标准筛1个；
（10）铁铲、毛刷等；
（11）振筛机1台；
（12）试样若干袋；
（13）常用磨矿分级设备如表5-1所示。

表5-1 常用磨矿分级设备

序号	设备名称		型号	备注
1	磨矿设备	筒棒磨机(棒球两用)	XMB-70 型三辊四筒	一次磨5～300g
2		棒磨机(棒球两用)	XMB-68 型 ϕ160mm ×200mm	一次磨250～800g
3		棒磨机(棒球两用)	XMB-67 型 ϕ200mm ×240mm	一次磨600～1200g
4		棒磨机(棒球两用)	XMB-68 型 ϕ240mm ×300mm	一次磨1000～5000g
5		筒型球磨机	XMB-68 型 ϕ460mm ×600mm	一次磨25～45kg
6		连续排矿格子型球磨机	XMQL-68 型 ϕ420mm ×450mm	带给矿机、螺旋分级机
7		连续排矿溢流型球磨机	XMQL-74 型 ϕ400mm ×600mm	带给矿机、螺旋分级机
8		锥形球磨机	XMQ-67 型 ϕ240mm ×90mm	一次磨600～1500kg
1	分级设备	四级水力分级机	XCF-515 ×1040	
2		旋流水析器		

5.1.2　磨矿机的基本操作

熟练掌握磨矿机的操作是顺利完成磨矿试验的重要一环，为使磨矿试验有序进行，磨矿的基本操作应按下列程序依次进行：

（1）开机 5～10min 除锈，连续试验时除锈时间可稍短些；

（2）打开两端端盖；

（3）将磨矿机倾斜约 45°，用清水冲洗干净；

（4）磨矿机复位，关排矿端盖，拧紧严防矿浆泄漏；

（5）再将磨矿机倾斜约 45°，加预定水量的大部（约 2/3）；

（6）加试样 1 袋，加药后用其余 1/3 水将给矿口冲净；

（7）关给矿端盖、拧紧；

（8）磨矿机复位，开机磨矿至预定磨矿时间；

（9）停机，及时打开两侧端盖；

（10）将磨矿机倾斜约 45°，开机排矿，用少量清水冲洗干净；

（11）磨矿机复位，关紧排矿端盖，备用。

5.1.3　磨矿浓度试验操作过程

磨矿浓度试验的操作步骤应按下列程序进行：

（1）取 500～1000g 试样 5 袋（按 5 个试点进行）；

（2）按上述磨矿基本操作过程将 5 个试样分别以不同的磨矿浓度（如 50%、60%、70%、80%、90%）磨至相同时间；

（3）将已磨好的 5 个试样分别用 0.074mm 标准筛进行筛分，为提高筛分效果可先在水盆中进行湿筛；

（4）各筛上产物烘干后再分别干筛至终点；

（5）湿筛的筛下物烘干后与干筛的筛下物合并为总的筛下物；

（6）将 5 个试样的筛上物及筛下物分别称重；

（7）每个试样的筛上物质量与筛下物的质量之和为原矿质量；

（8）计算每个试样 −0.074mm 含量百分数。

5.1.4　试验结果处理

试验结果处理步骤如下：

（1）将试验结果填入试验结果表。为便于总结及观察试验结果，将试验结果填入表 5-2 中。

表 5-2　磨矿浓度试验结果表

浓度/%	质量/g			−0.074mm 含量/%
	筛　上	筛　下	合　计	

某次试验结果如表5-3所示。

表5-3 磨矿浓度试验结果表实例

浓度/%	质量/g			-0.074mm含量/%
	筛上	筛下	合计	
50	700	300	1000	30
60	400	600	1000	60
70	300	700	1000	70
80	200	800	1000	80
90	220	780	1000	78

（2）绘制磨矿浓度试验结果曲线。根据表5-3数据绘制曲线。该曲线采用最常用的普通坐标系，以磨矿浓度为横坐标，以磨矿细度即-0.074mm含量百分数为纵坐标，绘制磨矿浓度试验结果曲线，曲线绘制过程为：首先，过磨矿浓度各点分别向上作垂线，再过各磨矿细度作平行于横坐标轴的水平线，分别对应地交于1、2、3、4、5点，最后再将交点1、2、3、4、5连成圆滑的曲线。如图5-1所示。

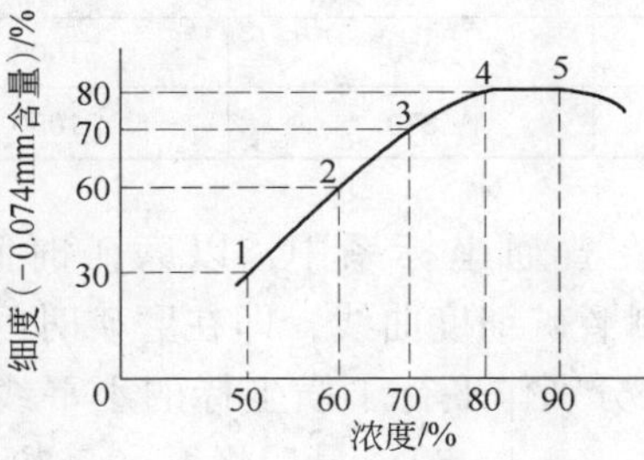

图5-1 磨矿浓度试验曲线

（3）磨矿浓度试验结果曲线分析。磨矿浓度试验曲线直观地展示了磨矿细度随浓度的变化规律，从图5-1中可以看出：

1）不同磨矿浓度时-0.074mm含量各不相同，表明磨矿浓度对磨矿细度有一定的影响；

2）磨矿浓度试验曲线并非是一条直线，而是一条逐渐变化的曲线，但变化率不同，磨矿细度随磨矿浓度的增加而增加，随之有些变缓，过高的磨矿浓度使矿浆的流动性变差，直至后来不升反降；

3）从图5-1中可知磨矿浓度为80%时磨矿细度最好，因此，本矿石最佳的磨矿浓度确定为80%，在以后的各项试验中磨矿浓度均采用80%；

4）利用图5-1可查出任一浓度下可能达到的磨矿细度，或拟达到某一磨矿细度所需的磨矿浓度。

5.2　磨矿细度试验

5.2.1　试验操作

磨矿细度试验与前述磨矿浓度试验略有差别，主要区别仅在于前述是磨矿浓度不同，而后者是在已确定磨矿浓度的基础上磨矿时间不同，如将5个试样在磨矿浓度为80%的情况下分别磨10min、15min、20min、25min、30min，其磨矿基本操作及筛分、烘干、称重、计算 −0.074mm 含量等均按前述操作过程进行。

5.2.2　试验结果处理

试验结果处理步骤如下：

（1）列试验结果表。将上述试验结果列入表5-4中。

表 5-4　磨矿细度试验结果

磨矿时间/min	质量/g			−0.074mm 含量/%
	筛　上	筛　下	合　计	
10	550	450	1000	45
15	400	600	1000	60
20	250	750	1000	75
25	150	850	1000	85
30	130	870	1000	87

（2）绘制磨矿细度曲线。在普通坐标系中，以磨矿时间为横坐标，以磨矿细度（−0.074mm含量）为纵坐标绘制磨矿细度曲线，即在磨矿时间各点向上作垂线，再从各磨矿细度（−0.074mm 含量）处分别作平行于横坐标的水平线，水平线与上述各垂线分别对应交于各点（图5-2之1、2、3、4、5），最后将1、2、3、4、5连成圆滑曲线。磨矿细度曲线如图5-2所示。

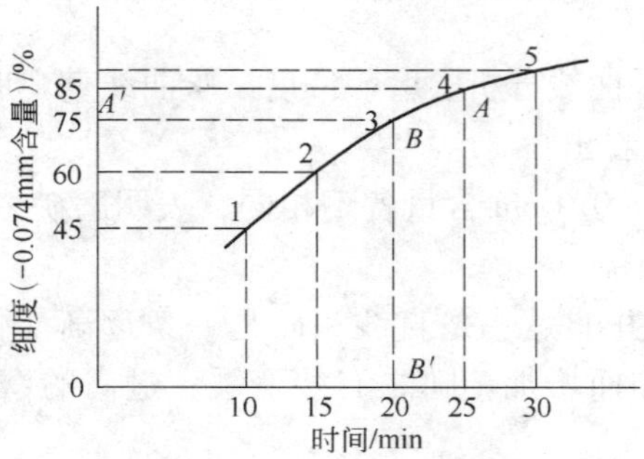

图 5-2 磨矿细度曲线

（3）磨矿细度曲线分析。

从图5-2磨矿细度随磨矿时间的变化曲线可知：

1）磨矿细度随磨矿时间的增加而增加；

2）曲线变化的速率在前段变化较快，而后段变化较慢；

3）过长的延长磨矿时间对磨矿细度的改善并无明显效果，即过度延长磨矿时间是不必要的；

4）磨矿时间为25min（A），即磨矿细度为 -0.074mm 占85%（A'）时较适宜。

（4）磨矿细度曲线的应用。从磨矿细度曲线（图5-2）上除了可以看出，磨矿细度随磨矿时间增长而变细的变化趋势外，还可在曲线图上查出任一磨矿时间可能达到的磨矿细度，以及为达到某一磨矿细度所需的磨矿时间。例如：要想知道磨矿时间为25min时的磨矿细度可在磨矿时间为25min处向上作垂线与曲线交于A点，过A点作横坐标轴平行线交纵坐标于A'，则A'处的磨矿细度就是磨矿时间为25min能达到的磨矿细度，同理过纵坐标的75%处作水平线于曲线交于B点，过B点作垂线与横坐标交于B'点，则B'所对应的时间就是磨矿细度为75%时所需要的磨矿时间，有了磨矿细度曲线就可以很方便地查到所需的磨矿时间或磨矿细度。

5.3 相对可磨性的测定

5.3.1 相对可磨性

上述磨矿细度试验只能考察磨矿细度随磨矿时间变化的一般规律，若磨矿时间较长而细度变化较小，表明该矿石较硬，比较难磨，即可磨性较差，但仅凭一种矿石的可磨性不足以评价该矿石可磨性的好坏，为此，引入另一标准矿石，分别在相同条件下进行磨矿，然后将二者的磨矿试验结果进行比较。标准矿石的可磨性如同标尺一样用以判断该试验矿石的可磨性，有了标准矿石才能比较该试验矿石可磨性的好坏。用这种方法测定的矿石可磨性就是相对可磨性。

5.3.2 选择标准矿石的注意事项

为确切评价试验矿石的可磨性，选择标准矿石时应注意如下几点：

（1）选择的标准矿石应有代表性；

（2）选择的标准矿石应被大多数单位或人员所认同，成为统一标准；

（3）选择的标准矿石的原产地应有一定的知名度；

（4）选择的标准矿石的性质尽量与本试验矿石性质相近；

（5）选择标准矿石时可用该标准矿石的试验资料，也可对标准矿石及试验矿石进行磨矿细度对比试验。

5.3.3 试验操作过程

相对可磨性试验就是将试验矿样及标准矿样在相同的条件下分别进行磨矿。操作过程与磨矿细度试验过程基本相同，唯一不同之处仅在于试样不同。通过对两个试样的磨矿细度进行比较，可确定相对可磨性。

5.3.4 相对可磨度的判定

首先将试验试样及标准试样按磨矿细度试验操作分别进行磨矿，然后用0.074mm 标准筛分别进行筛分并计算 -0.074mm 含量百分数，最后将磨矿细度曲线绘制在同一坐标图上。

利用相对可磨度曲线（见图 5-3）分析判断相对可磨性的过程如下：

过磨矿时间 T_0 向上作垂线，该垂线与曲线 1、曲线 2 分别交于 A 点、B 点，过 A、B 两点作平行于横坐标的水平线，该两水平线与纵坐标分别交于 A' 点及 B' 点，A' 点 -0.074mm 含量大于 B' 点 -0.074mm 含量，即在磨矿时间相同（T_0）时，标准试样（曲线 1）磨矿细度大于试验试样（曲线 2）的磨矿细度；此外，过 B 点的水平线与曲线 1 交于 C 点，过 C 点作垂线与横坐标交于 T'，此时的磨矿细度相同，但所用磨矿时间不同。标准试样所需磨矿时间为 T'，试验试样所需的磨矿时间为 T_0，$T_0 > T'$。这表明试验试样所需的磨矿时间较长，由此可判断试验试样比标准试样的可磨性差。

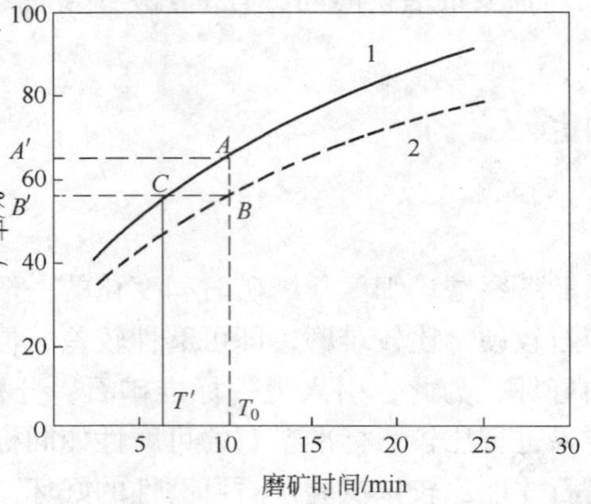

图 5-3　相对可磨度曲线

1—标准试样；2—本试验试样

为具体表示矿石的相对可磨度可用下式进行计算：

$$k = \frac{q}{q_0} = \frac{T_0}{T} \tag{5-1}$$

式中　k——相对可磨度；

q——本试验试样的处理能力；

q_0——标准试样的处理能力；

T_0——标准试样所需的磨矿时间；

T——本试验试样所需的磨矿时间。

式 5-1 中磨矿机处理能力的表示方法可采用单位时间内单位磨矿机容积的处理能力（球磨机利用系数），也可用新生成 -0.074mm 含量的百分数以及引入单位能耗的方法，即处理 1t 矿石所消耗的电能（kW/h）的多少。

测定矿石相对可磨度时，可用开路磨矿方式进行对比试验，也可用闭路方式进行对比试验。开路试验简单易行，常在简单试验时采用。

5.4　磨矿产品粒度特性的考察

磨矿细度是影响浮选效果的重要因素之一，但仅依据磨矿细度还不足以确切表达对浮选效果影响的程度，比如磨矿细度相同，而粗、细级别含量不同，也是影响浮选效果的重要因素。对磨矿产品粒度特性的考察不仅可考察磨矿效果，更主要是通过磨矿产品粒度特性来考察对浮选效果的影响。

由于磨矿产品较细，仅用筛析的方法分级比较困难，常对 -0.074mm 部分采用水析法进行水力分级，如沉降淘析法、连续上升水流法、串联水力旋流器法以及风力分级法等。

5.4.1 沉降淘析法

沉降淘析法简称淘析法。其原理是根据不同直径的矿粒在静止水介质中沉降速度不同而分成不同的粒度级别。粗粒的沉降速度较快，细粒沉降速度较慢，淘析法就是利用这一原理在淘析器中将各种粒度的矿粒群由细至粗依次淘析成不同的粒度级别。

5.4.1.1 淘析装置

沉降淘析法所用的装置如图 5-4 所示。

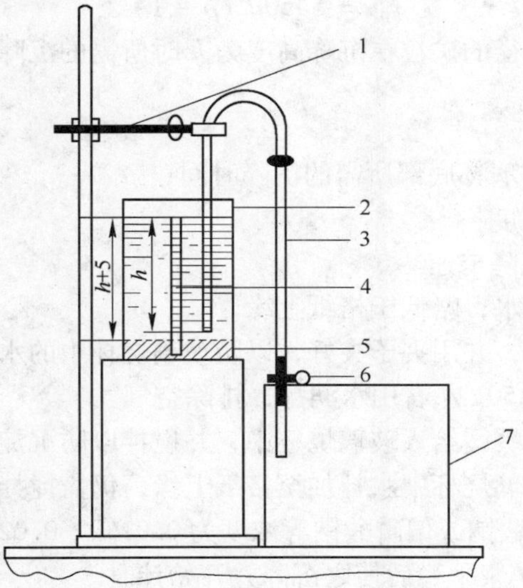

图 5-4 淘析分级装置

1—滴定架；2—玻璃杯；3—虹吸管；4—带格纸条；
5—固体沉淀物；6—夹子；7—溢流收集器

淘析分级装置即淘析器多在试验时临时组装，它主要由容积为 5L 左右的大玻璃烧杯、滴定架、虹吸管等组成。大玻璃烧杯置于滴定架上，在玻璃烧杯上贴一带格纸条，其长度约为 15 ~ 20cm，当矿粒较粗、密度较大时沉降速度较快，纸条可短些，反之粒度较细、密度较小时沉降速度较慢纸条可长些；纸条下缘距物料沉积层表面约为 5 ~ 10mm；虹吸管的玻璃管用夹子固定在滴定架上，一端插入玻璃烧杯中，另一端用卡子夹好放在玻璃烧杯之外并放入溢流产品收集容器中。

5.4.1.2 沉降淘析法的操作

沉降淘析法的操作过程如下：

（1）首先将淘析装置按图 5-4 所示组装好。

（2）在玻璃烧杯上贴上带格纸条。

（3）用细粒沉降末速公式分别计算各粒级（如 0.075mm、0.037mm、0.019mm、0.01mm）的自由沉降末速。

适用于细粒沉降的斯托克斯自由沉降末速公式如下：

$$v_{0s} = 54.5d^2\left(\frac{\rho - \rho_w}{\mu}\right) \tag{5-2}$$

式中　v_{0s}——斯托克斯自由沉降末速；

d——矿粒的直径，cm；

ρ——矿粒的密度（原矿取石英的密度 $2.65g/cm^3$）；

ρ_w——介质水的密度（$1g/cm^3$）；

μ——水的动力黏度，常温时为 0.01。

若原矿密度按石英计算，在常温水中的自由沉降末速公式可简化为：

$$v_{0s} = 5450d^2(\rho - 1) \tag{5-3}$$

（4）分别计算各种直径的矿粒在沉降高度为 h 时所需的沉降时间 t，计算公式如下：

$$t = \frac{h}{v_{0s}} \tag{5-4}$$

式中　t——矿粒沉降至玻璃杯底部所需的沉降时间；

h——矿粒的沉降高度；

v_{0s}——矿粒的自由沉降末速。

（5）向玻璃烧杯内注水，略低于格纸上缘。

（6）将虹吸管充满水，并用夹子夹好，以防玻璃烧杯中的水流出。

（7）将待分级的试样 50g 左右用水润湿，排除空气。

（8）将已润湿的试样缓缓给入玻璃烧杯中，并搅拌以防沉淀。

（9）试样加完后将玻璃烧杯中水补加至格纸上缘，仍需搅拌。为防止微细粒团聚，可向水中加入水玻璃、焦磷酸钠或偏磷酸钠等浓度为 0.01%～0.02% 的分散剂。

（10）停止搅拌，待矿浆平稳后使之沉降并开始计时。

（11）到预定的沉降时间打开虹吸管的夹子，将细粒呈悬浮矿浆（最细级别）放出，此时应注意流速不宜过快，以免将已沉积的粗粒被吸出，当虹吸管的下端即将有空气吸入时立刻关紧夹子，此一循环结束。

（12）按（9）～（11）操作过程重复进行几次，直至虹吸管放出的基本为清水为止，本粒级结束，每次放出溢流集中为一个产物。

（13）再按上述（9）～（12）操作过程进行下一较粗级别的淘析，直至各粒级淘析分级结束，倒出玻璃烧杯中粗级别，并用水冲洗干净。

（14）各粒级产物分别放好标签，分别脱水、烘干、称重并做好记录，如有必要也可进行化验分析。

（15）计算各粒级产率。

5.4.1.3　试验结果处理

（1）将试验结果整理后列入沉降淘析结果表 5-5 中。

表 5-5 沉降淘析结果表

粒级/mm	质量/g		产率/%	
	个 别	累 计	个 别	累 计
+0.075				
-0.075 +0.037				
-0.037 +0.019				
-0.019 +0.01				
-0.01				
合 计				

（2）绘制沉降淘析粒度特性曲线。在普通坐标系中，以粒度为横坐标，以产率为纵坐标绘制粒度特性曲线，绘制方法同前。粒度特性曲线如图 5-5 所示。

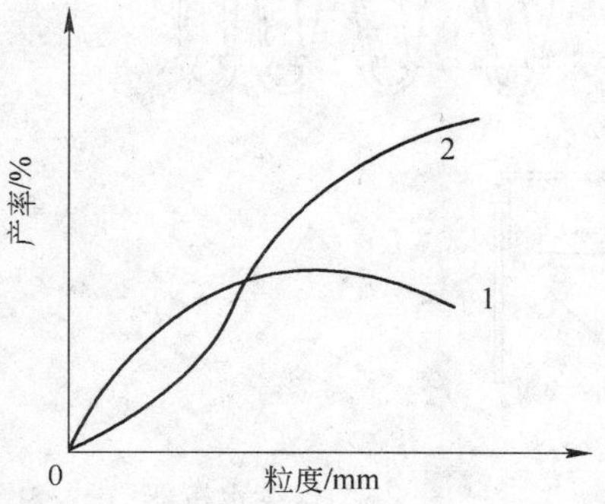

图 5-5 沉降淘析粒度特性曲线

1—个别产率；2—累计产率

5.4.1.4 淘析结果分析及特性曲线的应用

（1）淘析粒度特性曲线除表示了各粒级的分布率即产率不同外，也展示了变化趋势及规律，如图 5-5 中曲线 1 所示，以中间级别所占比例较高，而粗、细级别所占比例较低。

（2）当要求某级别产率为某值时，可通过此特性曲线查到粒度，再通过磨矿细度曲线（图 5-2），可以确定所需的磨矿时间。

（3）通过累计粒度特性曲线（曲线 2）可查到大于某级别以上或小于某级别以下的产率。

沉降淘析法所需时间较长，而且要反复进行多次淘析操作，过程烦琐，费时费力，但实验装置易于制作，因此，此法在实验条件较差情况下不失为一种行之有效的细粒的分级方法，目前仍在普遍应用，用此法测定的粒度应注明水析粒度。

5.4.2 连续上升水流法

连续上升水流法是在连续上升的水流中对细粒物料进行分级的一种方法，此分级法也称连续水析器法，简称水析法，水析法的装置是水析器，水析器如图 5-6 所示。

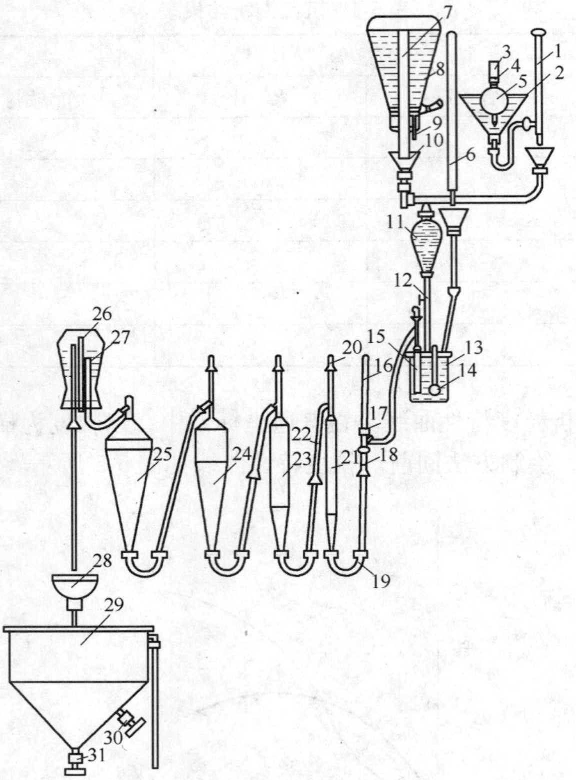

图 5-6　连续水析器

1—给水滴管；2—给水漏斗；3—进水管；4—给水调节阀；5—浮标；6—滴管；7—中心管；8—水玻璃溶液瓶；9—水玻璃添加管；10—漏斗；11—给矿瓶；12—胶管夹子；13—烧杯；14—搅拌器；15，21—74μm 分级管；16—玻璃管；17—套管；18，19，20，22—软胶管；23—37μm 分级管；24—19μm 分级管；25—10μm 分级管；26—空气管；27—溢流瓶；28—明矾漏斗；29—锥斗；30—排水管；31—排料管

5.4.2.1　水析装置

连续水析器主要由四个不同断面的有机玻璃管即分级室组成，每个分级室断面由给矿处沿水流方向依次增大；前一室的上端与下一室的下端用软胶管相连组成一组，安装在同一支架上，此外，在给矿及给水处设置一个恒压水槽。

5.4.2.2　操作过程

连续水析器的操作过程如下：

（1）首先将各分级室用输血软管依次相连接，不得有滴漏。

（2）计算矿粒的沉降末速，计算公式如下：

$$v_{0s} = 5450d^2(\rho - 1)$$

（3）计算水流的流量，计算公式如下：

$$Q = v_{0s} \times S \tag{5-5}$$

式中　Q——水流（溢流）的流量；

v_{0s}——矿粒的沉降速度；

S——分级室的断面积。

（4）将连续水析器充满水，并将水流的流量调至略小于计算的水流流量。

（5）取筛除 +0.075 ㎜干试样 50g 左右，用水润湿排除空气。

（6）润湿后的试样由给矿斗均匀缓慢给入，并搅拌以防沉淀；给矿时间约为 1.5h，末室溢流收集在一个大容器中。

（7）给矿结束后调整水流的流量至计算流量。

（8）每隔 15～30min 测定一次水流的流量，如有变化及时调整，避免堵塞。

（9）待溢流为清水时为止，分级结束，时间大约为 6h。

（10）停止给水。

（11）分别将各分级室从底部卸开，将沉积物分别收集于容器内。

（12）各室产物及溢流分别脱水（微细粒勿流失）、烘干、称重、做好记录，必要时可化验分析。

5.4.2.3　试验结果处理

（1）将试验结果填入水析分级结果表 5-6 中。

表 5-6　水析分级结果表

结　果	级　别					合　计
	第一室	第二室	第三室	第四室	溢　流	
质量/g						
产率/%						
累计/%						

（2）绘制水析结果粒度特性曲线，水析结果粒度特性曲线绘制方法与前述相同，故此从略。

5.4.2.4　连续水析法的分级原理

连续水析法是根据不同直径的矿粒在水中沉降速度不同的原理将宽级别的物料分成若干宽级别，流经各分级室水流的流量相同，但各分级室的断面不同，而使其各室的上升水速不同，各分级室的断面由给矿向溢流方向依次增大，因此，各室的上升水速则依次减小，矿粒的自由沉降速度小于上升水速时矿粒随水流流入下一室，前一室的上升水速大，沉降的粒度就粗，后一室的上升水速小，沉降的粒度就细，最细的矿粒从末室排出——溢流。

连续水析法与沉降淘析法的主要区别在于，前者是在连续上升的水流中进行分级，后者是在静止水介质中进行分级，即二者原理相同，但操作方法及分级过程不同。

云南锡业公司中心实验室设计的四室连续水析器的组成及性能如表 5-7 所示。

表 5-7　四室连续水析性能表

性　能	级　别				
	第一室	第二室	第三室	第四室	溢　流
直径/cm	2.44	4.56	8.96	18.44	
上升水速/cm · s^{-1}	0.357	0.102	0.0269	0.0116	
分级粒度/μm	+75	−75 +37	−37 +19	−19 +10	−10

连续水析法是选矿试验中较为常用的对细粒物料分级的一种方法，虽然操作简单，但分级时间仍需数小时，操作人员应坚守岗位并按时测定溢流的流量。

5.4.3　串联旋流分级法

上述两种分级方法各有不足，为节省时间、提高工作效率，在有条件的情况下可采用串联旋流分级器对细粒物料进行分级。

5.4.3.1　串联旋流分级器的构造

串联旋流分级器（见图 5-7）就是将 5 个旋流器依次倒置排列，并互相连成一组，这样每个旋流器的溢流口都在下方，并作为下一个旋流器的进料口。顺着液流方向的一流出口的直径和进口面积逐渐减小，则相应的旋流器分离粒度下限也就逐渐减小。因此，物料分级完成后，最粗的颗粒收集在 1 号旋流器中，最细的颗粒收集在 5 号旋流器中，旋流器最终溢流收集在大桶中。

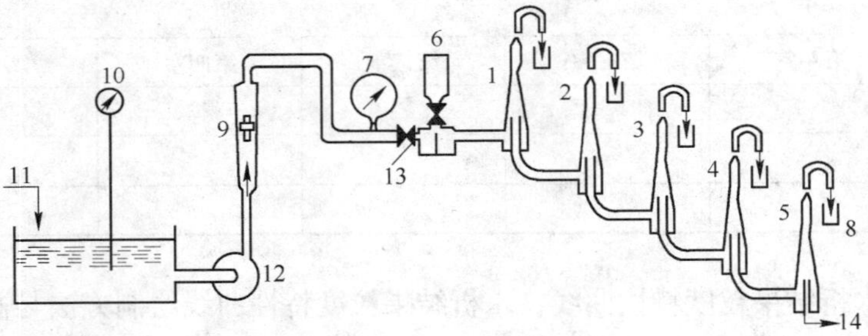

图 5-7　串联旋流分级器

1～5—旋流器；6—试样容器；7—压力表；8—烧杯；9—转子流量计；10—温度计；11—主水管；12—泵；13—流量控制阀；14—最终溢流

5.4.3.2　串联旋流分级器的工作过程

串联旋流分级器的工作过程如下：

（1）首先通过水泵向旋流器中注水；

（2）各旋流器中排除空气后关闭沉砂矿阀门；

（3）调整至适宜水压及流量；

（4）给入试样进行分级，试样中最粗级别向上运动成为沉砂而沉积，小于本级别的细粒经下部溢流口进入第二个旋流器，以此直至最后一个旋流器，流出的溢流产品的粒度最细；

（5）分级结束后停泵，分别打开各旋流器沉砂阀门放出沉砂；

（6）各旋流器沉砂及最终溢流，分别脱水、烘干、称重、做好记录；

（7）计算产率。

5.4.3.3 串联旋流分级器的工作原理

串联旋流分级器的工作原理是利用旋转的矿浆产生较大的离心力，各分级室的直径不同产生的离心力不同，而使宽级别的物料分成若干窄级别。

串联旋流分级器分级时间短、速度快（约 25 ~ 30min），分级效率高，是比较先进的分级设备之一，但实验装置较复杂。

影响串联旋流分级器工作效果的主要因素是压力，采用串联旋流分级器分级时应特别注意压力的选择及变化。

5.4.4 其他分级法

细粒物料的分级方法较多，除上述方法外还有在离心力场中的风力离心分级法、沉积法等，分级装置分别如图 5-8 及图 5-9 所示，因不多用，故此从略。

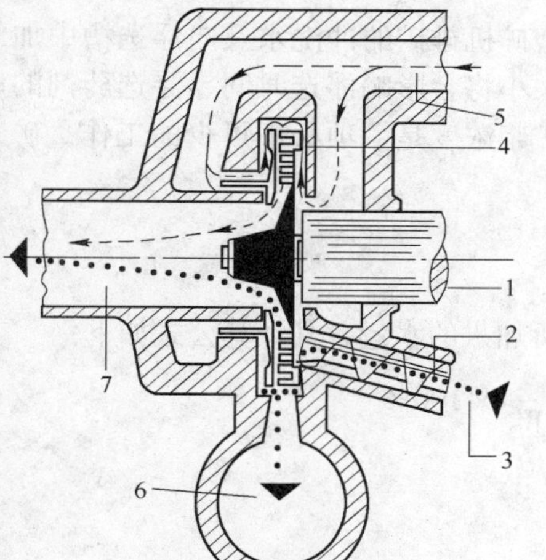

图 5-8 回力离心分级器

1—传动轴；2—给料螺旋；3—试样；4—分级轮；5—分级风；6—粗粒；7—细粒

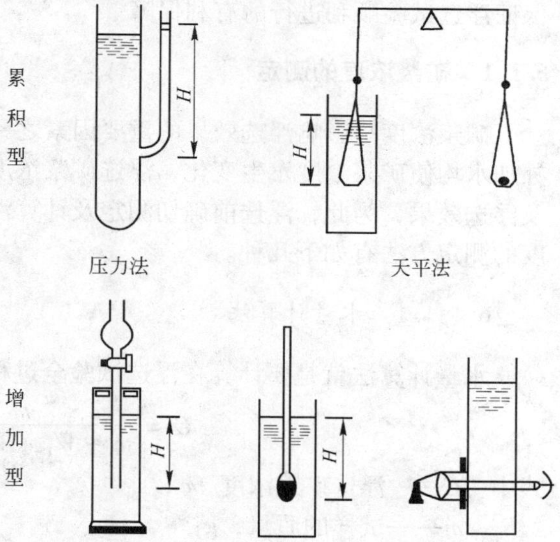

图 5-9 各种沉积法测定装置

6 浮选试验

实验室浮选试验是继磨矿之后对矿石进行可选性试验的第一个环节，也是关键一环。实验室可选性试验包括开路条件试验、闭路试验及连续浮选试验，它是后续的半工业性试验及工业性试验的基础，试验结果的准确性具有重要意义，不准确的试验结果将误导下一步试验的顺利进行。影响浮选的因素较多，如磨矿细度、矿浆浓度、矿浆温度、矿浆的酸碱度即 pH 值、矿浆的充气量、矿物的可浮性、浮选药剂种类及用量、浮选流程结构等。本章将就上述内容及开路试验、闭路试验、连续浮选试验分别进行阐述。

6.1 矿浆性质的影响及测定

浮选矿浆的性质是影响浮选效果的重要因素之一，试验前充分了解及测定矿浆性质是保证浮选试验顺利进行的有利保障。

6.1.1 矿浆浓度的测定

矿浆浓度是影响浮选效果的重要因素之一，磨矿机排矿的冲洗水及向浮选槽中加入的补加水均使矿浆浓度发生变化，浮选矿浆浓度的大小将会影响浮选时间、浮选药剂的用量及浮选效果，为此，浮选前确切测定及计算浮选矿浆浓度是一项必不可少的工作，矿浆浓度的测定方法有如下几种。

6.1.1.1 水量计算法

水量计算法就是要计算在浮选试验全过程中所加入的水量，其计算公式如下：

$$C = \frac{m}{m + W_1 + W_2 + W_3} \times 100\% \tag{6-1}$$

式中 C——浮选矿浆浓度，%；

m——试样的质量，g；

W_1——磨矿时的加水量，mL；

W_2——磨矿排矿时的冲洗水量，mL；

W_3——浮选槽中的补加水量，mL。

磨矿试样的量是固定的，操作时只需记录磨矿及磨矿产物的冲洗水、浮选槽内的补加水量即可。

6.1.1.2 实测矿浆法

实测矿浆法就是实际测定矿浆的质量，然后再计算矿浆的浓度，测定结果及矿浆浓度的计算公式如下：

$$C = \frac{m}{m_0 + W} \times 100\% \tag{6-2}$$

式中 C——浮选矿浆浓度,%;

m——矿浆中干矿质量,g;

m_0——浮选前矿浆质量,g;

W——浮选补加水量（若浮选无补加水则 $W=0$），mL。

6.1.1.3 插值法

插值法就是根据已知矿浆的质量与矿浆浓度的对应关系，确定本试样矿浆浓度的一种方法。例如：已知本矿浆重2000g时浓度为75%，1000g时浓度为50%，当矿浆质量为1800g时，矿浆浓度是多少?

计算过程及结果如下:

当矿浆质量相差1000g（2000g－1000g）时，浓度相差25%（75%－50%）；相差200g（2000－1800）时的浓度为:

$$\frac{1000}{25}=\frac{200}{x}$$

$$x=5\ (\%)$$

矿浆质量为1800g时矿浆浓度为:

$$75\%-5\%=70\%$$

6.1.1.4 图解法

图解法就是利用已知矿浆质量与矿浆浓度的特性曲线查矿浆浓度的方法，使用该法查矿浆浓度前应有一张矿浆质量与矿浆浓度曲线图，曲线图如图6-1所示。

确定矿浆浓度的方法是：若本矿浆质量为 m 时，过 m 点向上作垂线，该垂线与曲线交于 A 点，过 A 点作平行于横坐标轴的平行线交纵坐标轴于 C 点，则 C 点的百分数浓度就是该矿浆的重量百分浓度（质量分数）。

6.1.1.5 浓度壶测定法

浓度壶测定法就是利用专门用于测定矿浆浓度的容器——浓度壶测定矿浆的浓度，此法在生产实践中广为应用。浓度壶如图6-2所示。

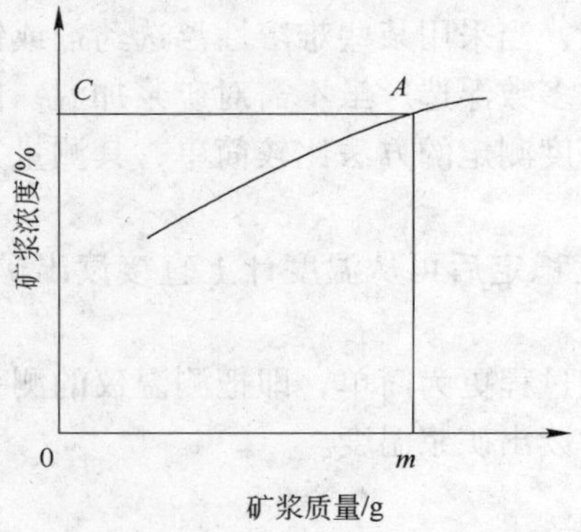

图6-1 矿浆浓度与质量关系曲线

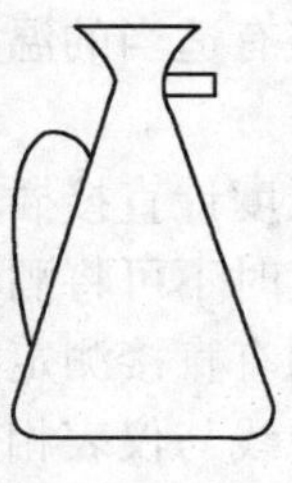

图6-2 浓度壶

浓度壶用薄白铁皮制成，其有效容积可由 200mL 至 1000mL 不等，容积大小视应用情况而定，矿浆少时可选 200mL，矿浆多时可选 1000mL。测定过程如下：

（1）选定好浓度壶，并称其空壶质量（m_1）。

（2）将浓度壶装满清水，并称其质量（m_2）。

（3）用浓度壶接满矿浆，如浓度壶外有矿浆时要用清水冲洗干净，擦干后再称壶及矿浆重量（m_3）。

（4）按以下方法计算矿浆浓度。

矿浆相对密度的测定方法：取一定容积（一般为 1L）的容器，接满矿浆后称重，则可按下式求出矿浆相对密度。

$$d = \frac{m_3 - m_1}{m_2 - m_1} \tag{6-3}$$

式中　d——矿浆相对密度；

m_1——容器重，g；

m_2——容器和水重，g；

m_3——容器和矿浆重，g。

若已知干矿相对密度和矿浆浓度时，还可按下式求出矿浆相对密度。

$$d = \frac{Q + W}{\frac{Q}{d'} + W} \quad 或 \quad d = \frac{d'}{C + d'(1 - C)} \tag{6-4}$$

式中　Q——干矿量，t/h 或 kg/s；

W——水量，m^3/h 或 L/s（1m^3 水的质量以 1t 计算）；

C——矿浆浓度，%；

d'——干矿相对密度。

在生产实践中，在能够测得或已知干矿相对密度的情况下，常利用公式 6-4 计算出矿浆相对密度，再代入式 6-3 中，得到 m_3 与浓度的关系式（m_1、m_2 很容易得到）。在浓度壶质量及容积一定时，将 m_3 与浓度的关系做成表格，以便查找。

6.1.2　矿浆温度的测定

浮选矿浆的温度对浮选结果也有一定的影响，在某些情况下影响还比较明显。矿浆温度主要影响浮选药剂的溶解度及药剂的作用活度，当采用某些难溶性浮选药剂或铁矿石的浮选时常需对矿浆加温，以增加药剂的溶解性。多数浮选厂虽不需对矿浆加温，但了解及保持浮选矿浆有适当的温度也是必要的，矿浆温度测定的方法比较简单，其测量方法及过程如下：

用酒精温度计直接插入浮选矿浆中，待温度稳定后可从温度计上直接读出矿浆温度，测定矿浆温度时不可将酒精温度计拿出矿浆外。

此外，如有直接测定矿浆温度的仪器时测定过程更为简单，即把测温仪的测头置于矿浆中，通过导线与仪表相连，在仪表上即可随时读出矿浆温度。

6.1.3　矿浆酸碱度即 pH 值的测定

矿浆的酸碱度就是矿浆的酸性或碱性以及达到的程度。为方便表示矿浆的酸碱度常用一个数值表示，这个数值就是pH值。pH值就是氢离子浓度的负对数。水是可以电离的，纯水在25℃时的离子浓度积为常数，等于10^{-14}，即：

$$H_2O \longrightarrow H^+ + OH^-$$

$$[H^+] \cdot [OH^-] = 10^{-14}$$

因为 $$[H^+] = [OH^-]$$

所以 $$[H^+] = 10^{-7}$$

为表示方便，将氢离子浓度取对数，但负数又不能取对数而采用负对数，即

$$pH = -\lg [H^+]^{-7}$$

当矿浆为中性时 $$pH = -\lg [H^+]^{-7} = 7$$

当矿浆为碱性时 $$pH > 7$$

当矿浆为酸性时 $$pH < 7$$

矿石本身有酸和碱性之分，矿石经磨细后的矿浆就有一定的自然酸碱度。浮选时有的矿物易于在酸性矿浆中浮游，有的易在碱性矿浆中浮游，而矿浆的自然酸碱性往往又不能满足某些矿物浮游所需酸碱度，因而须向矿浆中加入某些酸性或碱性物质来调整矿浆的酸碱度，以满足某些矿物浮游的需要。浮选时测定矿浆的酸碱度是一项十分重要的工作，测定矿浆酸碱度的方法很多，主要有pH试纸比色法、液体滴定比色法、滴定法、电pH计法等，其中以pH试纸比色法和电pH计法最为常用。

6.1.3.1 pH试纸比色法

pH试纸比色法就是将已变色的pH试纸与标准比色板的颜色进行比较。pH试纸比色法操作简单、易行、测定速度较快，是目前最为常用的一种方法之一，具体测定过程如下：

(1) 首先取待测矿浆的澄清液少许于容器中；

(2) 取一条pH试纸在澄清液中润湿，使pH试纸颜色发生变化；

(3) 将变色后的pH试纸条与pH试纸比色板进行比较。当试纸的颜色与比色板某个颜色相同或相近时，pH比色板上数值就是本矿浆的pH值。

pH试纸比色法虽简单易行，但精确度较差，pH试纸有pH值由1到14宽范围和分成几段窄范围的两种，窄范围比宽范围测定的结果较为精确，测定时可根据需要选择适当范围的pH试纸。

6.1.3.2 液体滴定比色法

液体滴定比色法就是将澄清后的澄清液置于试管中，然后向试管中滴入足量指示剂，由于矿浆的酸碱性不同，澄清液将改变成不同的颜色，变色后的试管与已知pH值的标准比色管相对比，当与某个标准比色管的颜色相同或相近时即可确定本待测矿浆的pH值。

6.1.3.3 滴定法

滴定法就是将待测矿浆的澄清液用带刻度的取液管吸取澄清液50mL置于烧杯中，再

滴入指示剂，然后用已知酸度的滴定液逐滴进行滴定，边滴定边不断摇动烧杯，使其分散均匀加速反应，直至滴定达到终点为止，最后通过滴定管所消耗滴定液的数量计算矿浆的碱度，此法仅适用于碱性矿浆的酸碱度的测定。

上述 pH 试纸比色法、液体滴定比色法、滴定法的共同特点均是利用指示剂指示终点并表示矿浆的 pH 值。

6.1.3.4　电 pH 计法

电 pH 计法又称酸度计法，它是利用一种叫电 pH 计的装置测定矿浆的酸碱度。电 pH 计如图 6-3 所示。

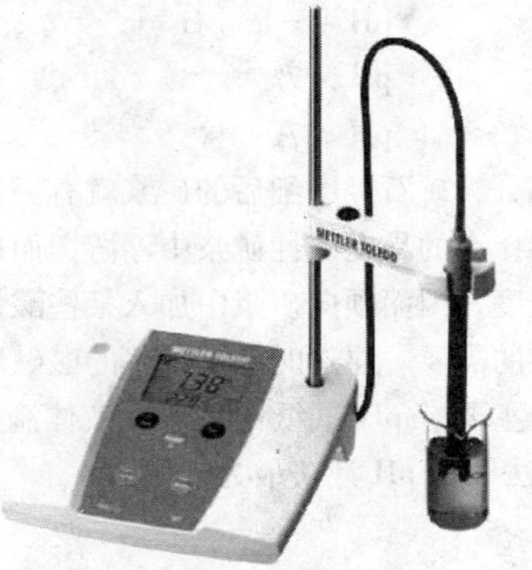

图 6-3　电 pH 计（酸度计）

A　电 pH 计的构造

电 pH 计的构造比较简单，它由一个甘汞电极作为参比电极和一个玻璃电极作为测量电极，该二电极与一个毫伏电表相连组成一个原电池电路。

B　测定原理

用电 pH 计测定矿浆酸碱度的原理简述如下：

甘汞电极的电极电势不随矿浆酸碱度的变化而变化，即为一常数；而玻璃电极的电极电势不是常数，随矿浆酸碱度的不同而变化，在一定的温度下不同酸碱度的矿浆的电位差不同，当温度在 25℃标准温度时，玻璃电极与甘汞电极间每相差一个 pH 值变化可产生 59.1mV 的电势，因此，可用待测矿浆在两极间产生的电势表示矿浆的酸碱度即 pH 值，两极间产生的电势在毫伏表上用 pH 值显示。

C　测定方法及过程

用电 pH 计测定矿浆酸碱度非常简单，首先将待测矿浆的澄清液倒入电 pH 计的盛液容器中，然后将玻璃电极和甘汞电极同时放入其中，在毫伏表上即可读出矿浆的酸碱度即 pH 值的读数。

电 pH 计的玻璃电极的性能比较稳定，不受矿浆中的氧化剂、还原剂及有机物等物质的影响。因此，电 pH 计具有测定结果精度高、范围广、操作方便等优点，现已得到广泛应用。

6.1.4　浮选矿浆充气量的测定

浮选矿浆中的空气是形成气泡并为目的矿物的固着创造必要条件，浮选矿浆中充气量的大小是明显影响浮选效果的重要因素。为使浮选矿浆中有适量的气泡，在矿石可选性试验及生产实践中均需对浮选机的充气量进行测定，以便根据需要进行调整。浮选机充气量的测定方法主要有：

6.1.4.1 流量计测量法

流量计测量法就是利用专门的测定空气流量的一种仪表——转子流量计来测定浮选矿浆的充气量。测定方法及过程如下：

用转子流量计测定浮选机的充气量的方法及过程比较简单，即将转子流量计的进气端朝向空气，另一端通过管道与浮选机的进气管相连，当浮选机达到稳定工作状态时，从转子流量计上就可以读出稳定的空气流量，即浮选机的充气量，然后再按浮选机规格换算成单位面积单位时间的充气量，转子流量计法较适用于实验室小型浮选机充气量的测定。

6.1.4.2 量筒测定法

（1）量筒测量法。量筒测量法就是利用 500～1000mL 的普通量筒测量浮选机的充气量，量筒测量法的装置如图 6-4 所示。测量方法及过程如下：

1）取一适当大小的量筒；

2）将量筒内充满清水，并用盖子盖紧，严防量筒中的水流出筒外；

3）将盛满水的量筒倒置放入矿浆的适当位置；

4）打开量筒盖子使浮选矿浆中的空气从量筒口进入量筒中，记录量筒中的气体量及所用的时间；

5）计算浮选机内单位面积、单位时间的充气量。

（2）简易量筒法。简易量筒法测量浮选机充气量的方法及过程与上述基本相同，其主要区别仅在于用手代替盖子将量筒口盖紧，将盛满水的量筒倒置于矿浆后将手移开，此法仅有量筒而没有其他的附加装置，操作简单易行，便于实现。简易量筒法如图 6-5 所示。

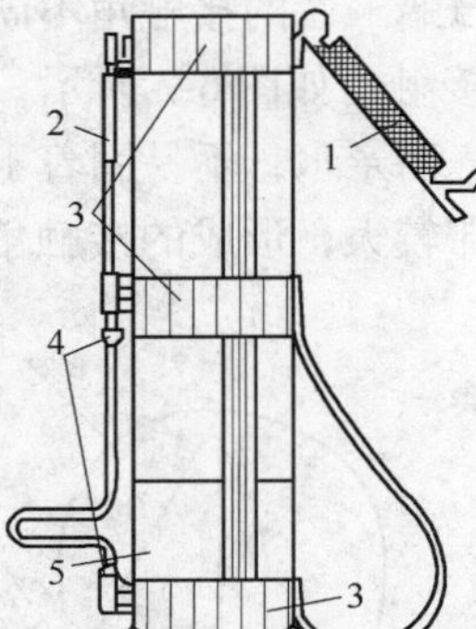

图 6-4 量筒测量装置

1—顶盖；2—栓杆；3—夹套；4—止推螺栓；5—玻璃量筒

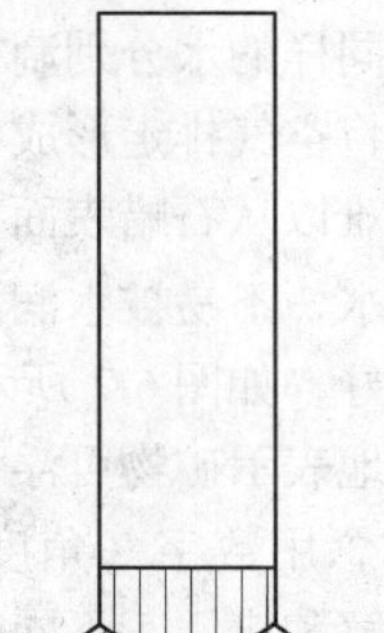

图 6-5 简易量筒法

上述两种量筒测量法适用于大型浮选机及生产现场，浮选矿浆的充气量测量操作应注意如下事项：

（1）量筒测量法均是近距离接触浮选机及矿浆的手工操作，测量时应细心，十分注意安全；

（2）测量一次可能有偶然性，为此需在同一位置测量3～5次取其平均值；

（3）浮选机不同位置及不同深度处的充气量可能有所不同，为真实反应某台浮选机的充气量，应在不同位置及不同深度处分别测量，然后再计算平均充气量。

（4）浮选矿浆充气量的计算。上述两种量筒测量法的计算方法相同，计算公式如下：

$$Q = \frac{V}{At} \tag{6-5}$$

式中　Q——浮选矿浆的充气量，$m^3/(m^2 \cdot min)$；

V——量筒内的空气量，m^3；

A——量筒的面积，m^2；

t——充气时间，min。

6.1.5　矿物可浮性的测定

矿物的可浮性就是矿物是否可浮及其程度的性质，不同矿物的可浮性不同，在浮选试验及生产实践中了解并掌握矿物的可浮性极为重要，矿物可浮性可用测量接触角的方法，也可用浮选试验的方法确定。

6.1.5.1　接触角及可浮性：

矿物接触角就是液、固、气三相接触时，液—气界面与液—固界面间的夹角。一滴水与矿物表面接触后能在矿物表面形成一条封闭的曲线——润湿周边，过润湿周边上一点作液—气界面的切线，该切线与液—固界面间的夹角就是接触角，接触角常用θ表示，接触角如图6-6所示。

接触角的大小可以表示矿物可浮性的好坏，如石英和石蜡二者的接触角不同，可浮性则不同。将一滴同样的水分别滴在石英和石蜡表面所形成的接触角如图6-7所示，水能在石英表面迅速展开将空气排走形成的接触角较小，表明石英疏气而亲水，不易固着于气泡上可浮性较差；而水难以从石蜡表面把空气排走而展开，润湿阻滞较大，形成的接触角较大，表明石蜡亲气而疏水，不易被水润湿而易于固着于气泡上，可浮性较好，如图6-7所示。用接触大小的具体数值可确切地表示矿物可浮性好坏的程度，把可浮性好坏的概念用数字（角度）具体表示就十分直观，便于理解和应用。不同矿物的可浮性不尽相同，有的甚至差别很大，为了解矿物的可浮性及其差别，测定矿物的接触角是可选性试验前的一项重要工作。根据矿物粒度不同可分别采用适于大块矿物的接触角测定仪和适用于微细粒的单泡管法、真空浮选法等。

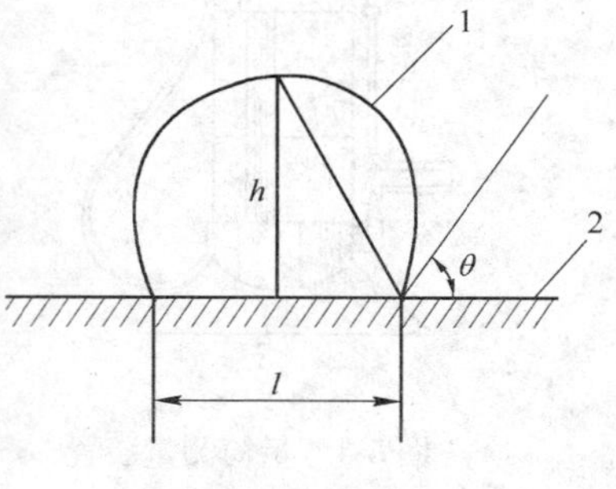

图6-6　接触角示意
1—气泡；2—矿块磨片

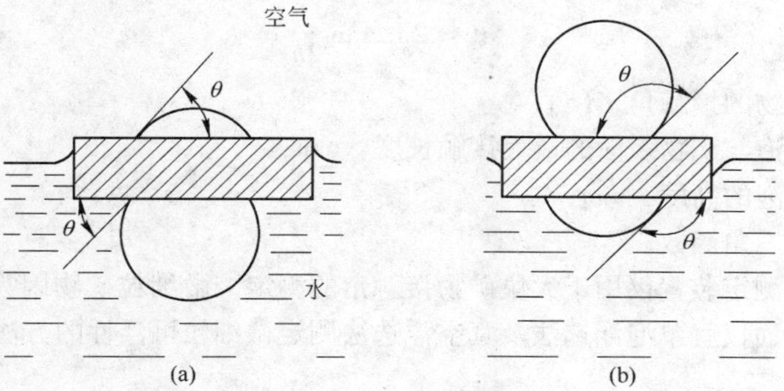

图 6-7　接触角与可浮性
（a）石英；（b）石蜡

6.1.5.2　测定接触角的装置

测定大块矿物的接触角时常用接触角测定仪，接触角的测定装置如图 6-8 所示。

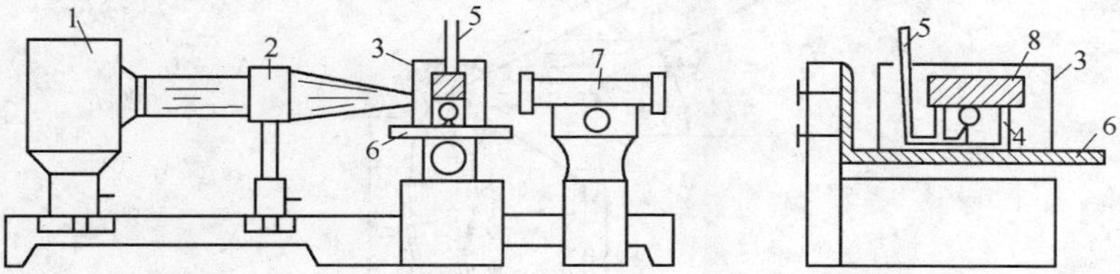

图 6-8　接触角测定装置
1—光源；2—聚光透镜；3—有机玻璃盒；4—矿块支架（有机玻璃制）；
5—导入气泡的玻璃毛细管（气泡直径为 0.3～0.5mm）；6—载物台；
7—装有目镜测微尺的显微镜；8—被测矿块

6.1.5.3　接触角的测定方法及过程

（1）首先将待测纯矿物在切片机上切出新鲜断面；
（2）在磨光机上将断面磨光；
（3）用蒸馏水清洗干净；
（4）用脱脂绒布擦干；
（5）用镊子将待测矿物放在矿物支架上；
（6）向容器内注满水；
（7）用针头弯曲的注射器从矿物下方给入一个气泡；
（8）调好光源及焦距；
（9）用测角仪直接测量液—气界面与液—固界面间的夹角—接触角；
（10）也可用带测微尺的测微目镜测量气泡的高度 h 及气泡与矿物表面接触长度 l，然后再计算接触角。

6.1.5.4　接触角的计算

接触角的计算公式如下：

$$\theta = 2\arctan \frac{l}{2h} \tag{6-6}$$

式中　θ——矿物的接触角，(°)；

l——气泡与矿物表面的最大接触长度，mm；

h——气泡的高度，mm；

arctan——反三角函数。

上述接触角测定装置仅用于大块矿物接触角的测定，微细粒矿物因为粒度很细，接触角难以测定，下面仅就单泡浮选法及真空浮选法测定微细粒可浮性的方法进行简单介绍。

6.1.5.5　单泡浮选试验

单泡浮选试验就是利用单泡管在没有起泡剂的情况下测定矿物的可浮性的一种方法。单泡管及单泡管浮选装置分别如图 6－9 及图 6－10 所示。

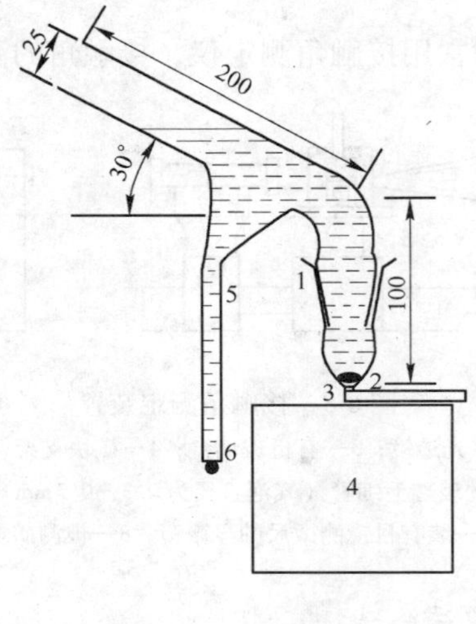

图 6-9　改进后的哈里蒙德（单泡）管

1—29/42 磨矿接口；2—磁棒；3—60μm 毛细管；4—电磁搅拌器；5—精矿管；6—橡皮塞

单泡浮选试验的简要步骤及过程如下：

（1）取粒度为 75～150μm 试样 1～3g，在烧杯中加水润湿，加浮选药剂，搅拌均匀；

（2）将试样移至单泡浮选管中；

（3）搅拌约 5min 使矿粒呈悬浮状态；

（4）净化后的空气或氮气以恒压通入单泡浮选管中；

（5）可浮性矿粒随气泡上升至液体表面；

（6）气泡破裂后已浮矿粒下落，滑落至精矿收集器中；

（7）分别收集已浮又下落后的矿粒和未浮的矿粒；

（8）分别脱水、烘干、称重、化验品位；

（9）计算回收率，单泡浮选上浮矿物回收率计算公式如下：

$$\varepsilon = \frac{m_1\beta}{m_1\beta + m_2\theta} \times 100\% \tag{6-7}$$

式中　ε——上浮物的回收率，%；

m_1——上浮物的质量，g；

β——上浮物的品位，%；

m_2——未浮物的质量，g；

θ——未浮物的品位，%。

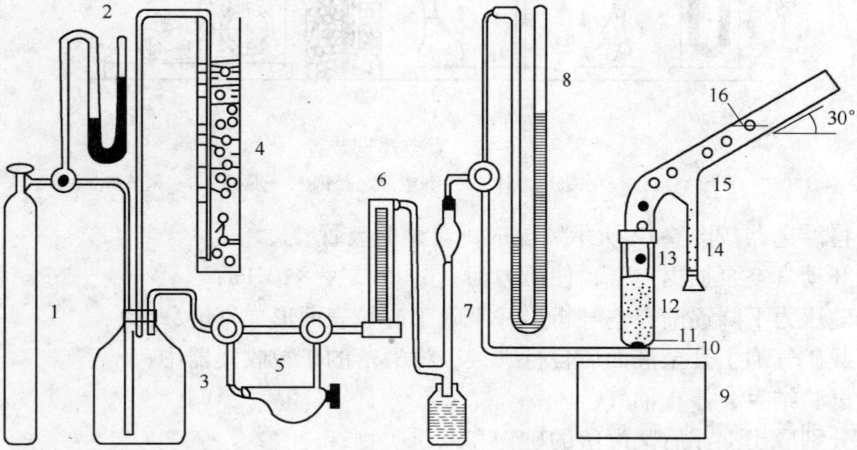

图 6-10　单泡浮选装置

1—氮气筒；2—水银测压计；3—储气瓶；4—压力调节器；5—针阀；6—转子流量计；7—皂膜流量计；8—水柱测压计；9—电磁搅拌器；10—多孔板；11—磁棒；12—矿浆；13—34.5mm×35mm 磨砂接口；14—浮出矿粒；15—单泡浮选管；16—液面

6.1.5.6　真空浮选试验

真空浮选试验是在茄形玻璃瓶中负压条件下进行的浮选试验，真空浮选试验的真空浮选器及真空浮选试验装置分别如图 6-11 及图 6-12 所示。

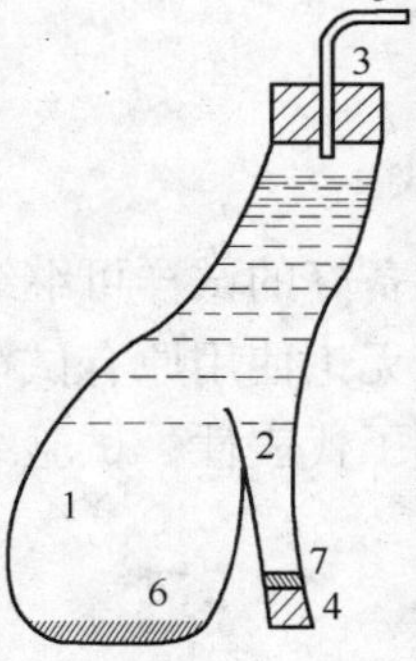

图 6-11　真空浮选器

1—装试样的容器；2—接收器；3，4—塞子；5—玻璃管；6—试样；7—精矿

真空浮选试验的简单步骤及过程如下：

（1）取待试矿样 0.1～1.0g 放入真空浮选器中；

（2）加水及浮选药剂振动 5min，使其均匀，上面如有空气泡应及时除掉；

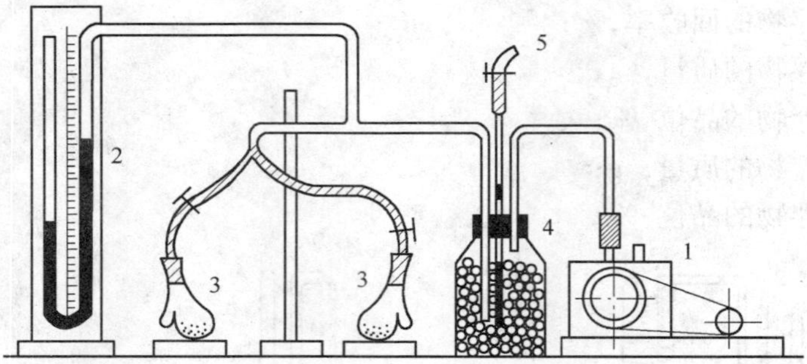

图6-12 真空浮选装置

1—真空泵；2—水银压力计；3—真空浮选器；4—干燥瓶；5—调节口

（3）将浮选器按图6-12所示装配成一套试验装置；

（4）开动真空泵抽出空气，使压力为（6～9.3）$\times10^4$Pa；

（5）随压力下降逐渐有空气析出并吸附于矿粒表面形成气泡；

（6）载矿气泡上升至液面后自行破裂，将滑落的矿粒收集器中；

（7）试验结束，停止抽气；

（8）分别取出上浮后又滑落的矿物和未浮矿物；

（9）将上述两产物分别脱水、烘干、称重、化验品位；

（10）计算上浮矿物的回收率，计算公式与单泡浮选相同。

上述单泡浮选法和真空浮选法仅适用于细粒物料可浮性的测定。除前者为常压，后者为负压外，其余基本相同。

6.2 浮选试验前的准备

浮选试验是矿石可选性试验的中心环节，为使矿石可选性试验顺利进行，试验前应做好充分准备，所需准备的主要内容有，试样的准备、试验设备及用品的准备、浮选药剂的准备等。

6.2.1 试样的准备

浮选试验前已按试样制备程序制备好的试样可继续采用，如没有已制备好的试样应按前述试样制备程序进行试样的制备，无论使用原有试样还是现制试样都必须保证矿石性质没有发生任何变化，否则试样就失去了代表性，试验结果就不准确。

6.2.2 试验设备及用品的准备

6.2.2.1 *磨矿机械的准备*

为防止矿石性质发生变化，磨矿必须与浮选紧密配合为浮选提供现磨矿浆，磨矿是每次浮选试验不可缺少的重要一环，磨矿机械的准备应在形式及规格两方面满足试验的需要。

（1）磨矿机的形式。实验室用的磨矿机有圆筒型磨矿机、圆锥型球磨机及棒磨机等几种形式。就理论而言，圆锥型球磨机内球的分布较为合理，但实验室型球磨机圆锥部分较短，对磨矿效果并无大的影响；圆锥型球磨机只能以球为磨矿介质；圆筒型磨矿机的磨矿介质可以为球，也可为棒，可以做到球、棒互换。磨矿时采用圆锥型球磨机还是采用圆筒型球磨机或棒磨可视具体情况适当选定。

（2）磨矿机的规格。试验用磨矿机有几种规格，磨矿时可根据原矿试样多少及用处选用适宜规格的磨矿机。

（3）其他磨矿机。如果有用矿物嵌布粒度较细或中矿及精矿需要再磨，可采用长筒型磨矿机；当有特殊要求，为避免铁对产品性质的影响时可采用瓷磨机；棒磨机多用于重选时的磨矿，浮选时很少采用。试验用各种磨矿机见表5-1。

6.2.2.2 浮选机的准备

浮选机是浮选试验的最主要设备，浮选试验时最常用的浮选机有单槽机械搅拌式和挂槽式机械搅拌式两种，其规格大小各有不同，可根据矿浆量的多少、品位高低、浮选作业的种类及精选的次数选择适宜规格的浮选机，实验室常用浮选机见表6-1。

表6-1 试验型浮选机

序号	名称	设备型号	单位	生产单位
1	单槽浮选机	XFD-0.5L	台	吉林探矿机械厂
2	单槽浮选机	XFD-0.75L	台	吉林探矿机械厂
3	单槽浮选机	XFD-1.0L	台	吉林探矿机械厂
4	单槽浮选机	XFD-1.5L	台	吉林探矿机械厂
5	单槽浮选机	XFD-3.0L	台	吉林探矿机械厂
6	单槽浮选机	XFD-8.0L	台	吉林探矿机械厂
7	连续浮选机	XFL-74型6槽7L	台	吉林探矿机械厂
8	连续浮选机	XFL-74型6槽12L	台	吉林探矿机械厂
9	挂槽浮选机	XFG-5~35L	台	吉林探矿机械厂

6.2.2.3 其他设备及用品

矿石可选性试验除需上述主要设备外，为使试验能圆满进行还需如下辅助设备及用品，主要有：振筛机、套筛、秒表、盆、盘、大、小量筒、洗瓶、大中小号注射器、最小号注射针头、pH试纸及电pH计、铁铲、毛刷、天平、过滤器、干燥器、软胶管等，应按实际需要备齐、备足。

6.2.3 浮选药剂的准备

6.2.3.1 常用的浮选药剂

浮选药剂是影响浮选效果的最重要因素，浮选药剂的种类及质量将对浮选效果有着直接影响，因此，浮选前必须根据实际需要准备好品种齐全、质量可靠、数量充足的浮选药剂。常用的浮选药剂有调整剂、抑制剂、活化剂、捕收剂、起泡剂、絮凝剂等多种，特别是多金属矿浮选时需要各种抑制剂和活化剂。常用的浮选药剂如表6-2所示。试验时应根据实际需要选用。

表 6-2　常用浮选药剂表

工艺类型			化学成分或结构特点	实　例	主要用途	药剂配制	贮存及包装
捕收剂	阴离子捕收剂	键合原子① 为二价硫原子的化合物	烃基二硫代碳酸(盐) 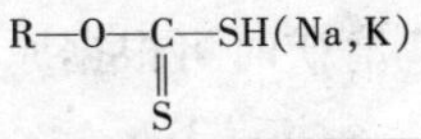	乙黄药，异丙黄药，丁黄药等	硫化矿及有色金属氧化矿的捕收剂	配成 10% 水溶液使用	贮存于阴凉干燥处
			二烃基二硫代磷酸(盐) 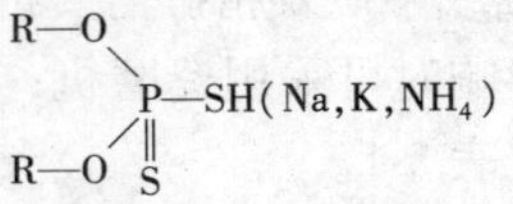	甲酚黑药，铵黑药等	硫化矿及有色金属氧化矿的捕收剂	直接加入球磨机或搅拌槽使用	贮存于阴凉干燥处，桶装
			二烃基二硫代氨基甲酸(盐) 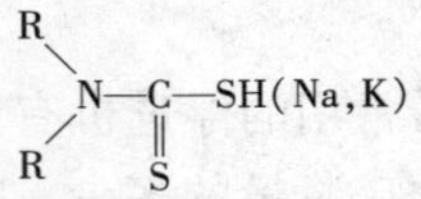	硫氮 9 号	硫化矿及有色金属氧化矿的捕收剂	配成 5% ~ 10% 水溶液使用	贮存于阴凉干燥处，桶装
			硫代二苯脲 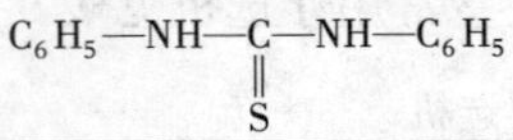	白药，硫脲，N，N′—丙硫脲，二苯硫脲	硫化矿及有色金属氧化矿的捕收剂	直接加入球磨机或搅拌槽使用	贮存于阴凉干燥处，桶装
			其他带—SH 基的化合物	巯基苯并噻唑	硫化矿及有色金属氧化矿的捕收剂	直接加入球磨机或搅拌槽使用	贮存于阴凉干燥处，桶装
		键合原子为氧原子的化合物	羧酸(皂) 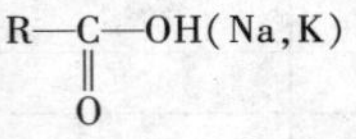	油酸，油酸钠，米糠油脂酸，氧化石蜡皂，塔尔油，环烷酸	非硫化矿捕收剂	加温配成 5% ~ 10% 的水溶液	贮存于阴凉干燥处，桶装
			黄酸(盐) 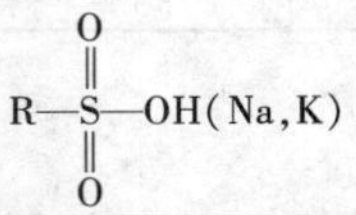	磺化石油，烷基苯基磺酸盐	非硫化矿捕收剂兼起泡剂	配成 5% 的水溶液	贮存于阴凉干燥处，桶装
			烷基硫酸酯(盐) 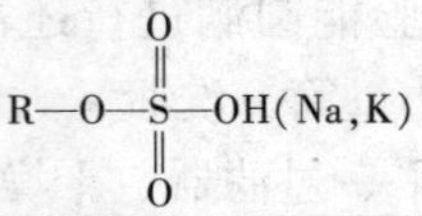	16 烷基硫酸酯(钠)	非硫化矿捕收剂	直接使用	贮存于阴凉干燥处，桶装
			烷基磷酸酯(盐) 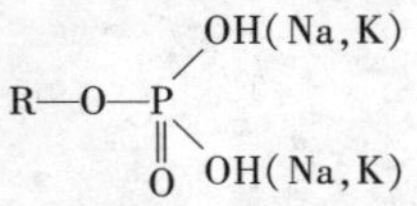	$C_{12\sim16}$ 烷基磷酸酯(钠)	非硫化矿捕收剂	直接使用	贮存于阴凉干燥处，桶装
			胂酸 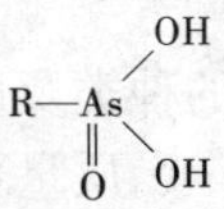	甲苯胂酸，苄基胂酸	非硫化矿捕收剂	用碱性溶液配制	用玻璃纤维袋包装，内衬塑料袋
			其　他	烷基异羟肟酸钠，苯异羟肟酸	非硫化矿捕收剂	直接加入或用柴油稀释	贮存于干燥处，桶装

续表 6-2

工艺类型		化学成分或结构特点		实 例	主要用途	药剂配制	贮存及包装
捕收剂	阳离子捕收剂	胺类	脂肪胺 $R—NH_2$	月桂胺，18胺，$C_{10\sim20}$ 脂胺	非硫化矿捕收剂	用盐酸溶液配制	铁桶包装，贮存于通风、阴凉处
捕收剂	阳离子捕收剂	胺类	季铵盐（四代铵盐）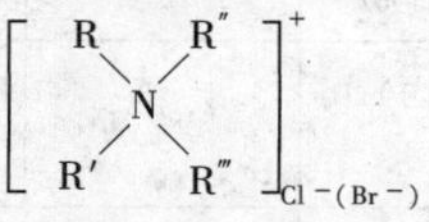	三甲基十六烷基溴化铵	非硫化矿捕收剂	用盐酸溶液配制	铁桶包装
捕收剂	阳离子捕收剂	吡啶盐类	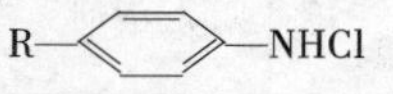	盐酸烷基吡啶	非硫化矿捕收剂	直接使用	贮存于通风阴凉处
捕收剂	非离子型捕收剂	酯 类	黄氰酯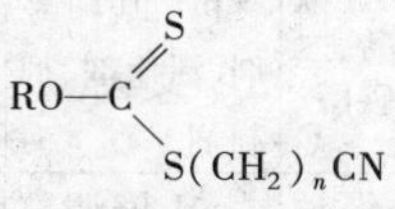R 为烷基	丁基黄原酸氰乙酯，乙基黄原酸氰乙酯	硫化矿物的捕收剂	直接使用	桶 装
捕收剂	非离子型捕收剂	酯 类	硫氮氰酯 $R_2NCSS(CH_2)_nCN$	43 硫氮氰酯	硫化矿捕收剂兼起泡剂	直接使用	桶 装
捕收剂	非离子型捕收剂	酯 类	烷基硫代氨基甲酸酯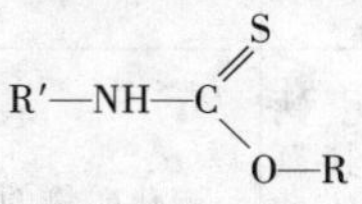R′，R 为烷基	烷基氨基硫逐甲酸酯	硫化矿物的捕收剂	直接使用	桶 装
捕收剂	非离子型捕收剂	多硫化合物	二黄原酸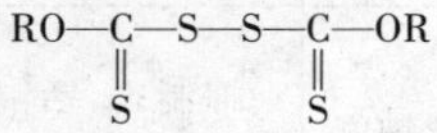	复黄药	硫化矿物的捕收剂	配成 5% ~10% 水溶液使用	贮存在阴凉干燥处
捕收剂	油类捕收剂	非极性的烃类油	主要成分：烃类 RH	石油产品：煤油、柴油等；焦油产品：中油、重油等	非极性矿物：煤、石墨、硫、辉钼矿等的捕收剂，也可用作极性矿物的辅助捕收剂	直接使用	贮存在阴凉干燥处
起泡剂		羟基化合物	脂肪醇 ROH R 为脂肪烃	甲基戊醇、混合脂肪醇	起泡剂	直接使用	桶 装
起泡剂		羟基化合物	脂环醇	2 号浮选油、松节油	起泡剂、对滑石、硫磺、石墨、辉钼矿、辉铋矿、煤等有一定的捕收作用	直接使用	桶 装

续表 6-2

工艺类型	化学成分或结构特点			实例	主要用途	药剂配制	贮存及包装
起泡剂	羟基化合物	酚 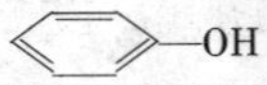		甲酚,杂酚油	起泡剂	直接使用	桶装
	醚类	脂肪醚 $R'(OR)_n$		4号浮选油(3乙氧基丁烷)	起泡剂	直接使用	桶装
		醚醇 $R'(OR)_nOH$		三聚丙二醇丁醚	起泡剂	直接使用	桶装
		环醚		樟油、桉树油	起泡剂	直接使用	桶装
	吡啶类	吡啶 C_5H_5N;喹啉 C_9H_7N		重吡啶	起泡剂	直接使用	桶装
调整剂	无机物	酸		硫酸、氢氟酸、亚硫酸、二氧化硫、碳酸、二氧化碳	pH值调整剂、活化剂、抑制剂	配成5%~20%水溶液使用	耐酸陶瓷坛装
		碱		氢氧化钠(钾、铵)、石灰	pH值调整剂、活化剂、抑制剂	配成水溶液使用	存放于通风干燥处,铁桶装
		盐	阴离子调整剂	碳酸钠	pH值调整剂	配成10%水溶液使用	麻袋包装存放于干燥处
				氰化钠(钾)及其氰化物,亚硫酸盐,硫代硫酸盐,重铬酸钠(钾),氟化钠	硫化矿物的抑制剂	配成5%水溶液使用	桶装、内衬塑料袋包装
				硫化钠	抑制剂,活化剂	配成5%~20%水溶液使用	桶装
			阳离子调整剂	硫酸钠、硝酸铅、氯化钙	硫化矿物的活化剂	配成5%~20%水溶液使用	内衬塑料袋,桶装
				硫酸锌、硫酸亚铁、硫酸铁	硫化矿物的抑制剂	配成5%~20%水溶液使用	内衬塑料袋,桶装
				氯化钙、氯化钡、三氯化铁、硝酸铝	非硫化矿的调整剂,抑制剂	配成5%~20%水溶液使用	内衬塑料袋,桶装
			其他	五硫化二磷	抑制剂		
				活性炭	脱药剂		

工艺类型	化学成分或结构特点		实例	主要用途	药剂配制	贮存及包装
调整剂	有机物	淀粉类——多羟基化合物	淀粉、糊精	非硫化矿的调整剂，石英、滑石、绢云母等矿物的抑制剂	配成水溶液使用	袋装
		单宁类—多羟芳酸	栲胶、单宁、合成单宁	非硫化矿的调整剂，方解石、白云石等矿物的抑制剂	配成 5% ~ 10% 的水溶液	
		木质素类：松柏醇；芥子醇；p—香豆醇 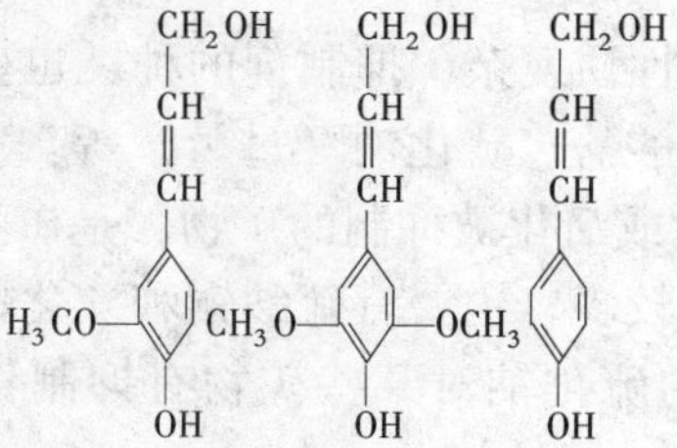	木质素磺酸（盐）、氯化木素	非硫化矿的调整剂、硅酸盐矿物、稀土矿物、铁矿物的抑制剂	用碱性水溶液配制，或直接加在磨矿机中	袋装、桶装
		纤维素类	1 号纤维素、3 号纤维素	钙、镁碳酸盐矿物的抑制剂	用碱性水溶液配制	袋装
		腐殖酸类	腐殖酸（钠）、腐殖酸铵等盐	钙、镁、铁等矿物的抑制剂	直接使用	袋装
		聚丙烯酰胺类	3 号絮凝剂	抑制剂	配成 0.5% ~ 1% 水溶液	桶装
絮凝剂	无机电解质		硫酸、明矾	促进细泥沉降	配成 5% 水溶液	
	有机物		3 号絮凝剂及其磺化物、F691（石膏粉）、F703（白胶粉）	促进细泥沉降	配成水溶液	桶装
			1 号纤维素、3 号纤维素	促进细泥沉降	用碱性水溶液配制	袋装
			腐殖酸（钠）、腐殖酸铵等	选择性絮凝剂	直接使用	袋装
			淀粉、糊精	赤铁矿浮选的选择性絮凝剂	配成水溶液	袋装

①极性基末段与金属结合的原子叫键合原子。

6.2.3.2 常用的浮选药剂的使用

下面就各类主要药剂的使用情况简单说明如下：

（1）矿浆 pH 值调整剂。浮选矿浆的自然 pH 值往往不能满足浮选的需要，因此，浮选时需向矿浆中加入某些碱类或酸类物质以调整矿浆的酸碱度——pH 值，为目的矿物浮游创造有利条件，并增加浮选药剂的作用活性。常用的酸类调整剂有：硫酸、硝酸、盐酸三大强酸，其中硫酸因来源广而最为常用，配制及使用时应注意对人的伤害及对设备的腐蚀，只有要求矿浆为酸性时才使用酸性调整剂。常用的碱性调整剂有：碳酸钠和石灰，用碳酸钠调整 pH 值时有缓冲作用，要求矿浆为低 pH 值时使用；石灰的碱性较强，多在要求 pH 值较高时使用，碳酸钠及石灰均多为固体药剂，常加在球磨机中。

（2）抑制剂。浮选矿浆中常含有一些易浮性脉石、原生或次生矿泥、难免离子等对浮选造成不利影响，为消除上述不良影响可加入脉石抑制剂。常用的脉石抑制剂有水玻璃及纤维素等。

多金属矿物浮选时因矿物种类较多，矿石性质复杂，抑制剂的种类也较多，使用方法多样，主要的抑制剂有氰化物、硫酸锌、重铬酸盐、硫化钠（过量）等。

（3）活化剂。活化剂可改善矿物的可浮性或活化被抑制的矿物，是矿石可选试验及生产实践中常用的浮选药剂之一。活化剂的种类较多，主要有硫酸铜和硫化钠少量等，硫化钠易水解，储备时应注意防潮，此外，过量的硫化钠对某些矿物有抑制作用而成为抑制剂。

当多金属矿浮选时因矿石性质及流程结构均较复杂，抑制剂及活化剂的种类较多，可单独使用，也可按一定比例混合使用，试验中应根据具体情况适当选用。

（4）捕收剂。捕收剂可在矿物表面形成捕收剂薄膜改善目的矿物的可浮性，对矿物起捕收作用，因此，要求捕收剂有足够的捕收能力，但同时又要求有良好的选择性，避免产生盲目捕收而影响精矿质量。常用的捕收剂有黄药类捕收剂、黑药类捕收剂及白药等。此外，近年来又出现一些新型的良好捕收剂，可根据需要恰当采用。不同捕收剂可单独使用，也可按一定比例混合使用，而且效果往往较好，试验前应根据需要尽量备齐各类捕收剂。

（5）起泡剂。起泡剂可在气泡表面定向吸附，降低表面张力使气泡有一定的稳定性，为目的矿物的附着及上浮创造有利条件，因此，要求起泡剂能形成大小适中、韧性适当的气泡，泡沫过黏或过脆对浮选均极为不利，常用的起泡剂有 2 号、甲酚、樟脑油、桉树油等。

（6）絮凝剂。随着选矿工业的不断发展，易选矿石不断减少，品位较低，性质复杂、细粒嵌布的难选矿石日益增多，特别是大量原生及次生矿泥的存在为浮选造成极大困难。为解决上述难题可向浮选矿浆中加入有选择性的絮凝剂，使某些对浮选造成严重干扰的细泥凝聚成团，体积增大，而有利于矿物相互分离从而改善浮选效果，常用的絮凝剂有明矾、石青粉、腐殖酸（钠或铵）糊精、淀粉等。

总之，浮选药剂的种类较多，浮选过程又比较复杂，特别是多金属矿的浮选，矿物种类多，性质多变，流程结构复杂，需用的药剂较多，除上述浮选药剂外，随着选矿工业的发展，近年来又出现一些新型高效浮选药剂，可根据矿石性质特性适当灵活选用。

浮选药剂的使用方法 常用的浮选药剂可分为难溶于水的固体药剂、易溶于水的固体药剂及难溶于水的液体药剂。难溶于水的固体药剂可加在磨矿机，易溶于水的固体药剂可配成5%左右的水溶液加在浮选机中，难溶性的液体药剂可溶于有机溶剂或将原液滴入浮选机中。

6.3 浮选试验的基本操作程序

浮选试验操作是培养动手能力的重要手段，也是搞好各项试验的基础。浮选试验操作是影响浮选效果的重要因素之一，错误操作将导致不良的浮选结果，甚至造成试验失败，为使浮选试验顺利进行必须掌握各项试验的基本操作，特别是浮选拟回收的目的矿物的种类及浮选流程不同，其操作过程各异，但最基本的操作程序相同或相近。浮选试验的原则操作程序如下：

（1）首先开动浮选机，关闭进行阀门；

（2）将已磨好的矿浆给入浮选槽中，并用清水或适当pH值的水冲洗干净，再加入补加水使矿液面达到适宜的高度；

（3）依次加入各种浮选药剂，分别搅拌约2min；

（4）加药结束后打开进气阀门开始浮选，浮选刮泡时可用人工方法刮泡，也可用机械方法刮泡，刮泡时随时注意观察浮选现象及泡沫颜色的变化、泡沫矿化情况，用洗瓶随时适量冲洗浮选槽内附着于机械上的矿浆，并作为补加水调整矿液面的高低；

（5）浮选至预定时间浮选结束，关闭进行阀，停机；

（6）放出浮选槽内矿浆——尾矿，并冲洗干净；

（7）将浮选泡沫产品——精矿及浮选矿浆——尾矿，分别脱水、烘干、称重；

（8）按试样制备方法的要求进行混均、缩分、取样；

（9）试样送化验分析；

（10）计算试验结果；

（11）综合分析并选定最佳试验条件。

6.4 实验室开路条件试验

实验室浮选试验由开路条件试验以及在此基础上进行的闭路试验、连续浮选试验所组成，由此可见开路条件试验是实验室浮选试验的最初环节，也是后续各项试验的基础，它在试验的全过程中具有至关重要的作用。

开路就是各浮选作业的精选尾矿及扫选泡沫均为本次试验的最终产物，不再进行循环处理。具有一次粗选、三次精选、三次扫选的开路试验流程如图6-13所示。

条件就是影响浮选效果的各种因素及水平。下面以矿石性质及药剂制度均较简单的单一硫化矿为例，采用一次一因素法，对开路条件试验的主要内容及过程进行介绍。

6.4.1 最佳磨矿细度试验

最佳磨矿细度试验是指为获得最佳浮选效果时的磨矿细度试验，前面所介绍的磨矿细度试验仅限于磨矿细度与磨矿时间的对应关系，不涉及选别以至选别效果问题。最佳磨矿细度试验需通过浮选效果确定磨矿细度。

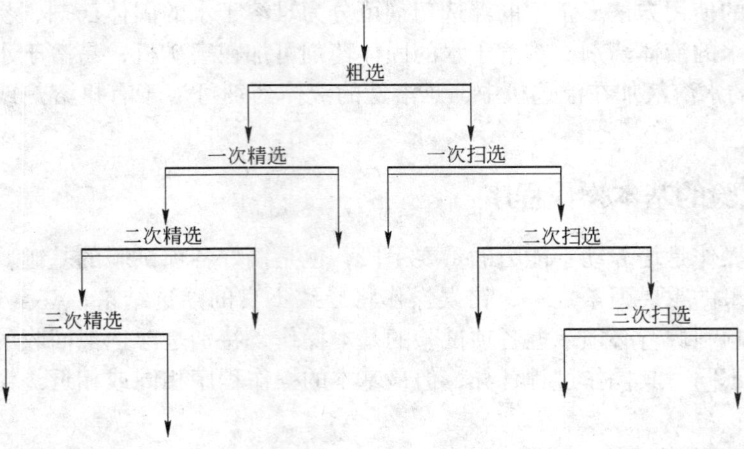

图 6-13　一次粗选、三次精选、三次扫选的开路试验流程

最佳磨矿细度试验就是将几份试样分别磨至不同时间即细度，在其他条件均相同的条件下再分别进行浮选，对浮选结果进行比较后从中选择浮选效果最佳者为最佳磨矿细度，并固定下来，作为以后试验的基础。

6.4.1.1　浮选工艺条件及试验流程

影响浮选效果的工艺条件又称影响因素，简称因素，各影响因素的具体数值或用量称为水平。最佳磨矿细度试验线流程及各因素和水平示例如图 6-14 所示。

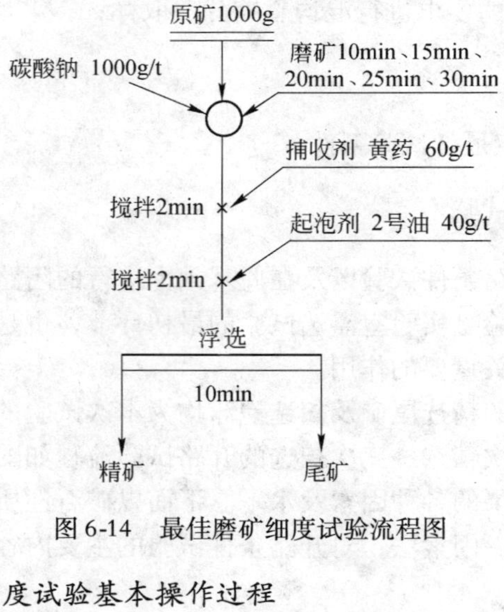

图 6-14　最佳磨矿细度试验流程图

6.4.1.2　最佳磨矿细度试验基本操作过程

最佳磨矿细度试验应按下列步骤进行：

（1）按 5 个试点准备 -2mm 矿样 5 袋，每袋净重 500～1000g；

（2）配制捕收剂——黄药溶液，黄药是易溶于水的固体药剂，常配成 1%～10% 的溶液，为简便可配成1%浓度的溶液，备用；

(3) 起泡剂——2号油用量的换算，2号油是难溶于水的液体药剂，可按原液体状态加入，但因用量较小应将g/t的用量换算成滴数；

(4) 取第一份矿样按前述磨矿程序在球磨机中磨10min（同时加固体碳酸钠1000g/t）；

(5) 磨矿结束，将已磨的矿浆给入浮选机中；

(6) 加黄药60g/t（换算成mL加入）搅拌约2min，使其分散均匀及有一定的作用时间；

(7) 加2号油40g/t（计算成滴数）搅拌约2min，使其均匀分散；

(8) 打开浮选机吸气阀门开始浮选，浮选操作时注意观察浮选现象，如：泡沫的厚度、颜色、韧性等，适时用水冲洗并补加水保持矿液面稳定，浮选时间为10min；

(9) 试验结束，停机关闭吸气阀门，放出浮选槽内矿浆——尾矿，并用水冲洗干净；

(10) 按磨矿操作过程将其余4个矿样分别磨15min、20min、25min、30min，再分别按上述操作进行浮选；

(11) 将各试点的精矿、尾矿分别脱水、烘干、称重、缩分；

(12) 取样送化验分析。

从上述试验过程可见，上述5个试点除磨矿时间即细度不同外，其余过程完全相同。再通过浮选指标确定最佳磨矿细度。

6.4.1.3 试验结果处理

(1) 首先从磨矿细度曲线图5-2中查磨矿时间分别为10min、15min、20min、25min、30min时磨矿细度即 -0.074mm 含量百分数；或分别用0.074mm标准筛进行筛分，再计算 -0.074mm 含量百分数。

(2) 根据化验结果分别计算不同磨矿时间的实际回收率，精矿回收率的计算公式如下：

$$\varepsilon = \frac{m_{精}\beta_{精}}{m_{精}\beta_{精} + m_{尾}\beta_{尾}} \tag{6-8}$$

式中 ε——精矿实际回收率，%；

$m_{精}$——精矿质量，g；

$\beta_{精}$——精矿品位，%；

$m_{尾}$——尾矿质量，g；

$\beta_{尾}$——尾矿品位，%。

在实验室非连续性的开路条件试验及闭路试验计算回收率时均采用实际回收率计算公式进行计算，而不能用理论回收率的计算公式进行计算，理论回收率毕竟是理论的而非实际的，由于原矿试样常含有少量水分、浮选各产品脱水及产品加工中难免有质量损失、称重及化验误差，上述原因造成各最终产物质量之和与原矿样质量并不相等，使理论回收率的计算结果与实际回收率并不相等，因此不能采用理论回收率。

(3) 将试验结果填入最佳磨矿细度试验结果表。为便于观察和分析试验结果将相关数据列入表6-3中。

表 6-3 最佳磨矿细度试验结果表

试验编号	磨矿时间/min	产品名称	质量/g	产率/%	品位/%	金属率/%	回收率/%	−0.074mm含量/%
1	10	精矿						
		尾矿						
		合计						
2	15	精矿						
		尾矿						
		合计						
3	20	精矿						
		尾矿						
		合计						
4	25	精矿						
		尾矿						
		合计						
5	30	精矿						
		尾矿						
		合计						

（4）绘制最佳磨矿细度试验结果曲线。本曲线采用普通坐标系，以磨矿时间（细度）为横坐标，以精矿品位及精矿回收率为纵坐标，根据表 6-3 中的试验结果绘制最佳磨矿细度试验结果曲线，绘制方法如下：

1）过横坐标（磨矿时间）各点向上作垂线；

2）过纵坐标精矿品位各值作水平线与垂线分别交于 1、2、3、4、5，再将各点连成曲线，就是精矿品位曲线（曲线 1）；

3）同理，过纵坐标精矿回收率各值作水平线与垂线分别交于 1′、2′、3′、4′、5′，再将各点连成曲线，就是精矿回收率曲线（曲线 2）。

最佳磨矿细度曲线如图 6-15 所示。

（5）分析试验结果并确定最佳磨矿细度。磨矿细度是影响精矿品位和回收率的主要因素，对精矿品位和回收率做综合考虑后再确定适宜的磨矿细度，因本试验为粗选，则应以回收率为主。

从图 6-15 中精矿品位及精矿回收率曲线的变化趋势可以看出如下问题：

1）精矿品位随磨矿时间的增长而缓慢增加，但最后不升反降，可能是过磨或微细矿泥污染所致，说明磨矿细度不宜过细；

2）精矿回收率随磨矿时间的增长而增加，但后期变化比较缓慢，表明过长的磨矿时间不一定必要；

3）通过对精矿品位和精矿回收率综合考虑，磨矿时间以 20min 为宜，从磨矿细度试验曲线上查磨矿细度为 −0.074mm 时的含量百分数；

4）上述磨矿细度就是为获得最好浮选效果时的最佳磨矿细度并固定下来，再进行其他条件试验。

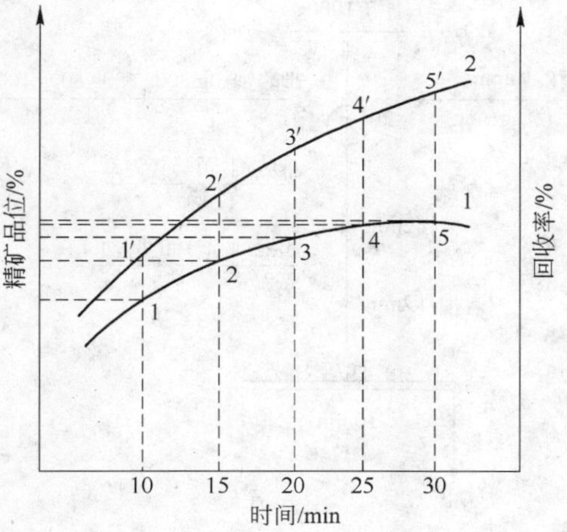

图 6-15　最佳磨矿细度曲线

1—精矿品位；2—精矿回收率

6.4.2　矿浆酸碱度即 pH 值试验

矿浆的酸碱度是影响浮选效果的重要因素之一，恰当的矿浆酸碱度有利于某些矿物的浮游，同时也可增加浮选药剂的作用活性。矿浆酸碱度调整剂分为两大类。第一类是酸性调整剂，当浮选矿浆需要酸性时最常用的酸性调整剂是硫酸，使用前需稀释，使用时应注意人身伤害及对设备的腐蚀。第二类是碱性调整剂，常用的碱性调整剂有石灰和碳酸钠：石灰的碱性较强，多在高碱性矿浆时使用；碳酸钠的碱性较弱，常在弱碱性矿浆时使用。石灰及碳酸钠均为难溶性固体药剂，常加在球磨机中以增加其溶解性及作用时间。

大多数有色金属硫化矿均易在弱碱性矿浆中浮游，因此，在矿石可选性试验及生产实践中多采用碳酸钠为弱碱性矿浆调整剂。

6.4.2.1　浮选试验工艺流程及工艺条件

矿浆酸碱度即 pH 值试验线流程及工艺条件如图 6-16 所示。

6.4.2.2　浮选试验操作及特点

从图 6-14 及图 6-16 中可以看出本试验与上述最佳磨矿细度试验操作基本相同，主要异同点如下：

（1）磨矿细度试验时磨矿细度为试验因素，而矿浆酸碱度即 pH 值为暂时的拟订因素；

（2）矿浆酸碱度即 pH 值试验时磨矿细度已确定为固定因素，而矿浆酸碱度即 pH 值试验时矿浆酸碱度即 pH 值为试验因素；

（3）捕收剂、起泡剂、浮选时间等均为尚未进行试验而暂时拟订的待定因素；

（4）浮选基本操作同前，浮选时应分别测定矿浆的 pH 值。

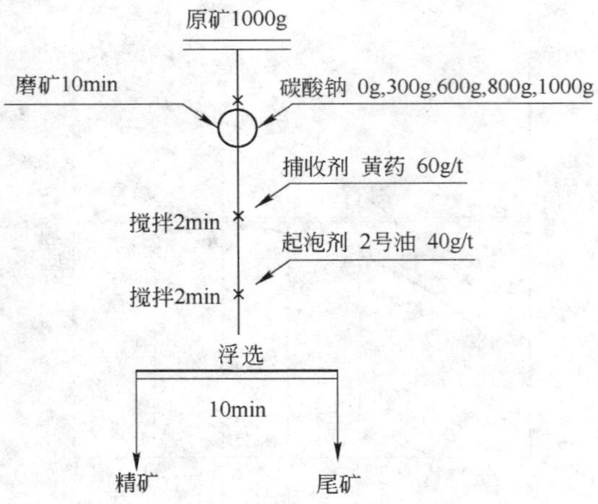

图 6-16　矿浆酸碱度即 pH 值试验线流程图

6.4.2.3　试验结果处理

（1）将试验结果列入表 6-4 中。

表 6-4　矿浆酸碱度即 pH 值试验结果表

试验编号	碳酸钠用量 /g·t^{-1}	产品名称	质量/g	产率/%	品位/%	金属率/%	回收率/%	pH 值
1	0	精矿						
		尾矿						
		合计						
2	300	精矿						
		尾矿						
		合计						
3	600	精矿						
		尾矿						
		合计						
4	800	精矿						
		尾矿						
		合计						
5	1000	精矿						
		尾矿						
		合计						

（2）绘制矿浆酸碱度即 pH 值试验结果曲线。曲线绘制方法及注意事项同前，曲线如

图 6-17 所示。

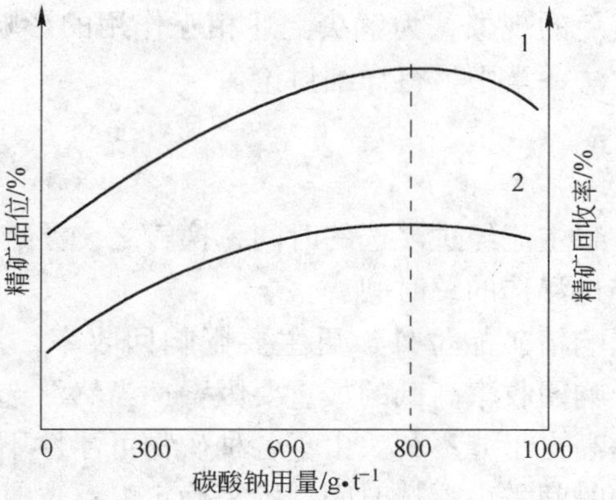

图 6-17 矿浆酸碱度即 pH 值试验结果曲线

1—精矿回收率曲线；2—精矿品位曲线

(3) 试验结果分析及最佳条件的确定。从表 6-4 及图 6-17 中可知：

1) 精矿品位随碳酸钠用量的增加后期无明显变化；

2) 本矿石的浮选回收率曲线逐渐升高，在碳酸钠用量为 800g/t 左右时达到最佳值，之后回收率随碳酸钠用量的增加反而有所下降，表明矿浆的酸碱度过低或过高均不利于矿物的回收；

3) 对精矿品位、回收率综合考虑，碳酸钠的用量以 800g/t 时为宜并固定，此时测得的 pH 值为 8.5 左右；

4) 碳酸钠用量水平为零的试验点可称为空白试验，其目的在于考虑不加碳酸钠时自然 pH 值条件下浮选的可能性。

6.4.3 其他浮选药剂试验

浮选试验是一个十分复杂的过程，影响浮选效果的因素较多，就浮选药剂而言，有抑制剂、活化剂、捕收剂、起泡剂、絮凝剂等多种不同类型的药剂以及不同类型药剂的混合使用等，其试验方法及过程基本同上，仅上述二例可见一斑，其余不再一一介绍。

6.4.4 验证试验

浮选试验之所以复杂还可体现在某些浮选药剂可能存在交互作用的影响。如捕收剂用量少时抑制的用量就可能少，反之用量大时抑制剂用量就可能大，这两种组合可能得到相同的试验结果，因此，难以确定该两种药剂的正确用量。又如，硫酸锌、水玻璃、氰化物、硫化钠等抑制剂的加入可能改变已确定好的矿浆 pH 值；此外，在许多情况下混合使用抑制剂时，抑制剂间也会产生相互影响，本试验采用一次改变一个因素法，因此，产生相互影响的现象在所难免。再如，在矿浆酸碱度试验时黄药用量暂拟订为 60g/t，确定碳酸钠的用量为 800g/t；在接下来的黄药用量试验中，确定黄药最佳用量为 80g/t 时，碳酸钠的用量不一定是 800g/t。上述相互作用的影响在其他一些因素试验中都可能存在，因此，在浮选条件试验时，在适当时期做验证试验以调整因相互作用而造成上述不适当的用药量，如黄药用量确定后再重新做碳酸钠用量试验。上述相互作用的影响是用单因素穷举法解决多因素问题难以避免的现象，为解决上述相互作用的影响除随时进行验证试验外，其他解决办法将在试验方法一章中另行详细讨论。

6.4.5　浮选时间试验

浮选时间就是浮选矿浆主流经过浮选的时间，换言之，浮选矿浆由粗选直至浮选结束得出最终尾矿为止矿浆经过浮选的总时间。

浮选时间的长短除影响精矿品位外，更主要影响回收率，浮选时间越长回收率就越高，因此，浮选时间是影响回收率高低的最重要因素；当然浮选时间也不宜过长，过长的浮选时间对精矿品位的提高也十分不利。由于各种矿物可浮性不同，所需的浮选时间也各不相同，不同矿石的浮选时间需由浮选时间试验来确定。浮选时间包含两层意义：

（1）获得理想回收率所需总的浮选时间；

（2）浮选时间在粗选及各次扫选作业中的恰当分配。

6.4.5.1　浮选时间的确定及浮选时间的分配

浮选时间试验是在前述各种浮选条件试验的基础上进行的，首先根据以前的试验结果、对浮选现象观察及相关的技术资料和经验初步估计大致总的浮选时间，采取分批刮泡的方法，并合理分配每批次刮泡时间。若预计浮选时间约为 10min，则分批刮泡时间分配如图 6-18 所示。

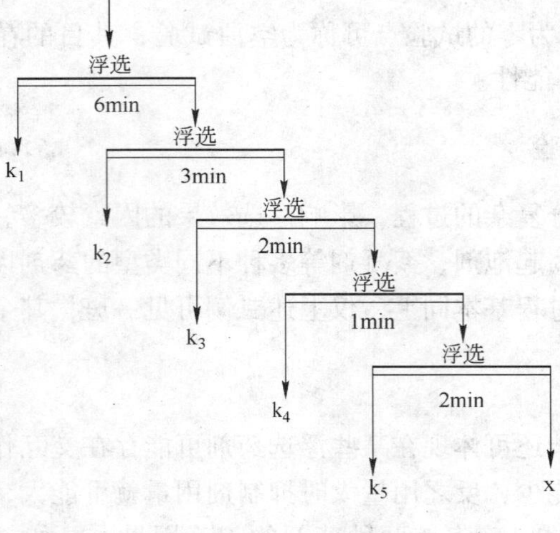

图 6-18　分批刮泡时间分配

浮选时间的分配图 6-18 展现了各次浮选时间的分配结果，在进行分批次刮泡时，在预计的浮选时间处时间间隔应小些，以保证确定的浮选时间更精确，以避免恰当的浮选时间落在试验浮选时间之外。此外，浮选时间应略大于预计的浮选时间，因此本例时长为 14min。

6.4.5.2 分批刮泡试验流程

分批次刮泡时间确定后分批刮泡试验流程如图 6-19 所示。

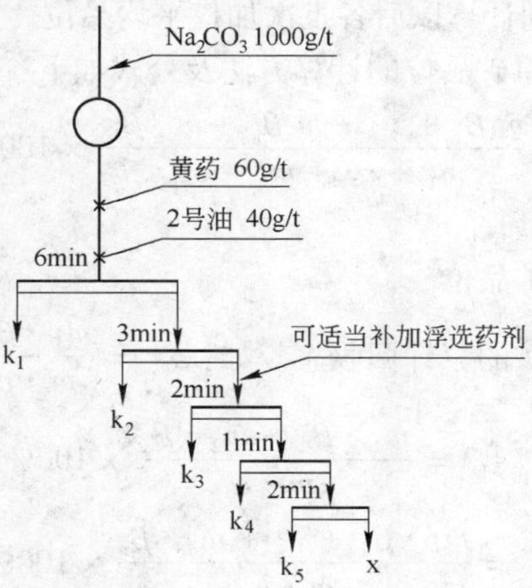

图 6-19 分批刮泡试验流程

图 6-19 中除浮选时间外，其余各因素及水平均为前面试验所确定的最终结果，接下来按图 6-19 所示浮选时间进行试验即可。

6.4.5.3 刮泡试验操作

分批刮泡基本操作与前述浮选操作基本相同，分批刮泡试验每次刮泡均在原浮选机中进行，唯一不同之处仅在于刮泡是分批次进行的。第一批次刮泡时间为 6min 的泡沫单独收集在精矿盆中，以后各批次浮选泡沫分别收集于不同的精矿盆中，直至试验结束。

分批次刮泡过程中是否补加浮选药剂应视浮选现象而定，在多数情况下可在扫选阶段适当补加捕收剂和起泡剂等，如果矿浆的酸碱度不变可不再加矿浆 pH 值调整剂，如有变化可用调整剂适当调整矿浆的 pH 值。

6.4.5.4 试验结果的处理及计算

（1）对各批次浮选泡沫及最终尾矿分别进行脱水、烘干、称重、取样化验分析；

（2）计算各批次浮选精矿及尾矿产率；

（3）用加权平均法自上而下依次计算各精矿泡沫的累计品位，泡沫产品（精矿）的累计品位的计算如下：

$$\beta_{k_1 \sim k_2} = \frac{m_1\beta_1 + m_2\beta_2}{m_1 + m_2} \times 100\% \tag{6-9}$$

$$\beta_{k_1 \sim k_3} = \frac{m_1\beta_1 + m_2\beta_2 + m_3\beta_3}{m_1 + m_2 + m_3} \times 100\% \tag{6-10}$$

$$\beta_{k_1 \sim k_n} = \frac{m_1\beta_1 + m_2\beta_2 + \cdots + m_n\beta_n}{m_1 + m_2 + \cdots + m_n} \times 100\% \tag{6-11}$$

式中 $\beta_{k_1 \sim k_2}$——精矿 k_1 和 k_2 的加权平均品位，%；

$\beta_{k_1 \sim k_3}$——精矿 k_1、k_2、k_3的加权平均品位,%；

$\beta_{k_1 \sim k_n}$——精矿 k_1、k_2、$\cdots k_n$的加权平均品位,%；

m_1、m_2、m_3、$\cdots m_n$——分别为精矿 k_1、k_2、k_3、$\cdots k_n$的质量，g。

用上述方法以此类推分别计算以后各批次加权平均品位。

（4）再反推原矿品位。原矿品位的计算方法及公式如下：

$$\alpha = \frac{m_1\beta_1 + \cdots + m_n\beta_n + m_{尾}\beta_{尾}}{m_1 + \cdots + m_n + m_{尾}} \times 100\% \tag{6-12}$$

式中　m_n——第 n 次精矿质量；

β_n——第 n 批次的精矿品位。

（5）求各泡沫产品对原矿的累计回收率。如：$\varepsilon_{k_1} = \dfrac{m_1 \cdot \beta_1}{m \cdot \alpha} \times 100\%$　　(6-13)

$$\varepsilon_{k_1 \sim k_2} = \frac{m_1 \cdot \beta_1 + m_2 \cdot \beta_2}{m \cdot \alpha} \times 100\% \tag{6-14}$$

$$\varepsilon_{k_n} = \frac{m_1 \cdot \beta_1 + \cdots + m_n \cdot \beta_n}{m \cdot \alpha} \times 100\% \tag{6-15}$$

式中　m——为各精矿及尾矿的质量之和（视为原矿）；

其余同前。

（6）将试验结果列入试验结果表 6-5 中。

表 6-5　分批刮泡试验结果表

累计刮泡时间/min	6	9	11	12	14
精矿品位/%					
回收率/%					

（7）绘制分批刮泡试验结果曲线。以累计刮泡时间为横坐标，以累计回收率及累计泡沫品位为纵坐标绘制分批刮泡试验结果曲线，如图 6-20 所示。

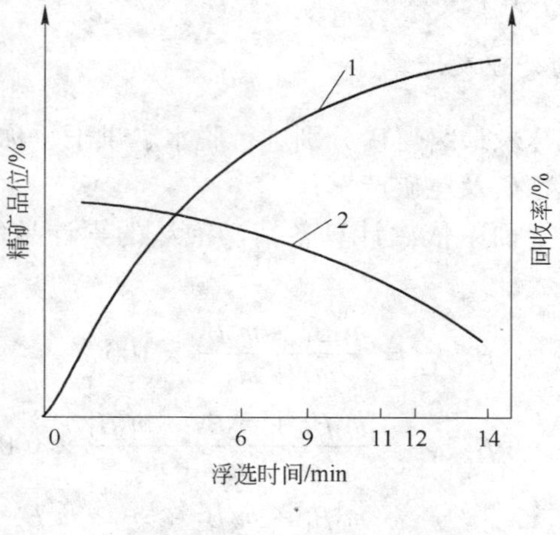

图 6-20　分批刮泡试验结果曲线

1—累计回收率；2—累计精矿品位

（8）曲线分析及浮选时间的确定。从图6-20中可见精矿回收率开始阶段随浮选时间的增长有明显提高，但后来有所变缓，在12min时达到最大值，随浮选时间的延长回收率基本保持不变，再延长浮选时间已无必要；精矿品位则随浮选时间的延长而不断下降，此时精矿品位虽然有所降低，但在精选循环仍可提高。浮选时间试验主要考察回收率与浮选时间的关系，换言之，此时以考虑回收率为主，因此，最适宜的浮选时间确定为12min。

（9）粗选、扫选时间的分配。在总的浮选时间已限定为12min的情况下，如何精确分配粗选时间、扫选次数及扫选时间较为困难，但是根据分批刮泡试验精矿品位的变化趋势及目的矿物应尽早在粗选时浮出的原则，粗选时间确定为5min，扫选次数不宜过高，尽量减少扫选泡沫的循环次数，结合分批刮泡试验结果确定为三次扫选，其时间分配依次为一次扫选3min，二次扫选2min，三次扫选2min，因浮选过程比较复杂，浮选时间的分配并非易事，除考虑分批试验结果外，还与下列因素有关：

1）原矿品位的高低。当原矿品位较高时粗选时间应长些，以保证大部分目的矿物在粗选阶段浮出。

2）目的矿物的可浮性。若目的矿物的可浮性差，粗选时间应增长，以保证目的矿物有充足时间被选入粗选的精矿；扫选次数不宜过多，以免在扫选阶段多次循环中进入尾矿。

3）捕收剂的捕收能力。如果捕收剂的捕收能力强或混合使用捕收剂时粗选时间可以短些。

4）扫选阶段是否需补加浮选药剂视浮选现象而定，如需补加应注意记录用药量。

5）扫选次数多数情况下有两三次即可。

（10）精选次数的确定。精选是保证精矿质量的重要环节，通过多次精选可不断提高精矿质量。精选次数太少起不到精选作用；而精选次数过多，会使回收率下降，因此，精选次数不是越多越好，精选次数又与下列因素有关：

1）首先是对精矿质量的要求。要求精矿质量较高时精矿次数多些。

2）目的矿物的可浮性。若矿物可浮性好，精选次数就多，否则难以达到对精矿质量的要求，如辉钼矿、石墨精选次数可高达6～8次，在多数情况下精选次数为3次左右即可满足对精矿质量的要求。

（11）精选时的注意事项如下：

1）浮选泡沫中含有大量捕收剂和起泡剂，精选时可能会产生浮选药剂过剩现象，如有需要可适当加入脱药剂或适当脱水；

2）精选过程中有一些冲洗水进入矿浆中，使矿浆的体积增大，为下一次精选造成困难，遇此情况可对泡沫产品脱水，脱出的水可作为补加水使用；

3）由于冲洗水的加入可能使矿浆的pH值发生改变，补加水的pH值应与要求pH值相当；

4）每次精选的泡沫产品的体积在减小，精选槽的容积与泡沫体积相适应。

通过上述浮选时间试验具有一次粗选、三次扫选、三次精选的浮选流程已基本确定，流程如图6-21所示。

上述粗选时间、扫选次数及时间的试验过程中可能伴有浮选药剂、浮选时间等因素的调整，最后再按调整后的浮选条件进行一次系统试验，以便获得满意的试验结果，试验流

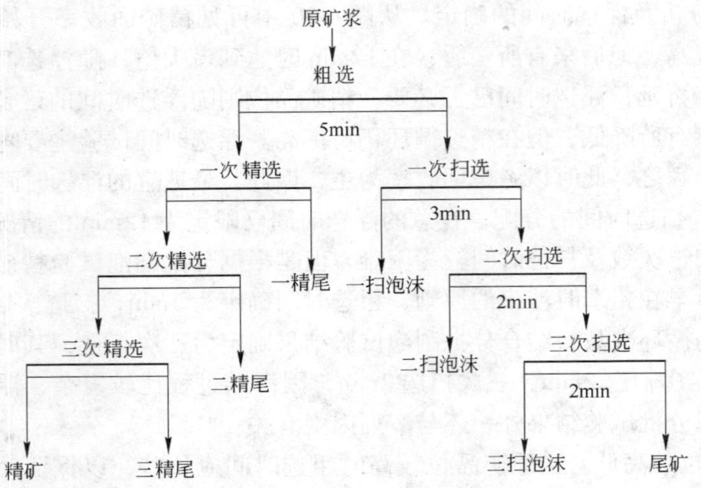

图 6-21　具有一次粗选、三次扫选、三次精选的开路浮选试验线流程（各次精选时间从略）

程仍按原流程进行。

从图 6-21 可以看出各次精选的尾矿（中矿）及各次扫选的泡沫（中矿）均作为本试验的独立产品，不再进行浮选处理，这种试验就是开路试验。

6.5　实验室闭路试验

实验室闭路试验就是在实验室内利用不连续的试验设备模仿生产实践中连续生产过程而进行的试验。闭路试验过程中用人工方法使中矿循环，因此，这种试验方法又俗称导闭路。

从前一节的开路试验可知各作业的中矿均作为该试验的最终产物没有返回浮选机中进一步处理，这样不能正确反映浮选的真实效果，只有将中矿按生产实践的过程返回浮选机进一步处理，使中矿按自然规律分配至精矿及尾矿中才能真实地反映浮选的客观规律，为便于了解闭路浮选过程，下面以一次粗选、三次扫选、三次精选、中矿循序返回前一作业的浮选流程为例，以示闭路试验与开路试验的差别，两种试验流程分别如图 6-22（a）（b）所示。

将流程图 6-22 中（a）与（b）相比较即可明显看出开路流程与闭路流程的区别所在。为消除这种差别而模拟生产实际过程，采用人工方法将中矿返回使试验流程形成闭路。

为便于观察和了解闭路试验过程，下面仅以最简单的单一金属一次粗选、一次扫选、一次精选、中矿循序返回前一作业的五个循环为例进行介绍。

6.5.1　闭路试验流程

闭路试验流程如图 6-23 所示。

6.5.2　闭路试验操作

浮选的基本操作如前所述，闭路试验操作过程如下：

（1）首先将第一个磨好的矿浆在浮选机中进行粗选、精选及扫选，此时除得到精矿和

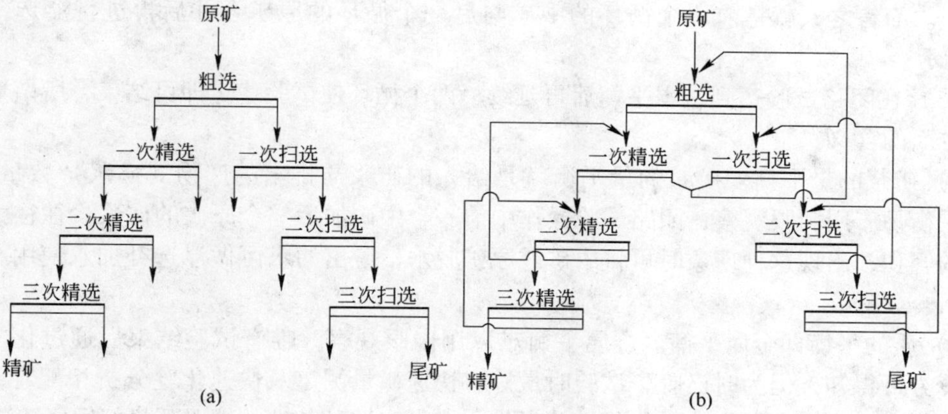

图 6-22　一次粗选、三次扫选、三次精选的线流程图
（a）开路浮选流程；（b）闭路浮选流程

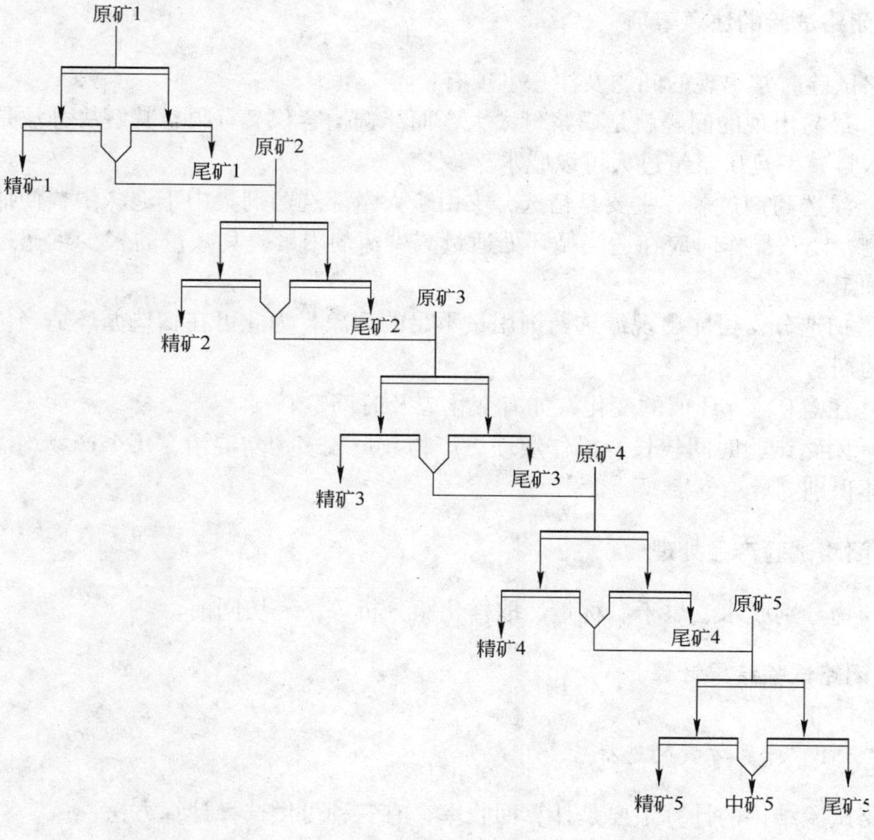

图 6-23　闭路试验流程

尾矿外，还有一个精选尾矿 1 和扫选泡沫 1，此二产物合并为中矿 1。

（2）将第一个浮选循环的中矿 1 与第二个磨好的矿浆合并后在浮选机中进行第二个浮选循环，同样得到一个精矿 2、尾矿 2 及合并的中矿 2，以下以此类推直至五个循环进行完为止。简言之，就是前一个循环的中矿与后一个循环的原矿合并后再进行浮选，如图6-23所示。

（3）在闭路试验达到基本平衡后再延续一两个循环使试验稳定即可结束，所谓平衡包括两方面的含义：

1）矿浆的量平衡。矿浆的量平衡就是给入的矿浆与排出的产物（矿浆）数量相等，量的平衡易于用肉眼观察，闭路试验操作中前一个中矿加后一个原矿的矿浆量往往大于浮选槽的容积，出现这种现象时可将中矿或原矿脱水，脱出的水可做浮选补加水使用，不得丢弃。

2）质的平衡即金属平衡。金属平衡难以用肉眼观察，唯有试验结束后通过化学分析及计算方可得知，但为时已晚，试验时最好有快速矿量测定及快速化验分析相配合，可尽快查明何时达到金属平衡，并指导试验操作，在没有这种条件的情况下只好凭经验判断。

根据经验，正常情况下在第三或第四个循环即可达到平衡，为使浮选效果更为稳定，达到平衡后再延续一两个循环再结束试验。

6.5.3 闭路试验的注意事项

闭路试验时常出现的问题及注意事项有：

（1）最易出现的问题就是矿浆量太大，而浮选槽容积又有限，其解决办法是尽可能减少冲洗水量，一旦矿浆量过大可以脱水。

（2）浮选药剂过剩，主要是精选分支由于大量浮选药剂集中于泡沫中，使捕收剂和起泡剂过剩，闭路操作时应在适当循环处适量减少药剂用量，其减量的多少可通过观察浮选现象等确定。

（3）扫选分支可能出现浮选药剂用量不足的现象，为此可在扫选循环适当位置适量补加浮选药剂。

（4）注意矿浆 pH 值的变化，如有变化应及时调整。

（5）闭路试验时间较长、操作烦琐、产物数量较多切勿混淆，每个产物均需放入产品标签以便识别。

6.5.4 闭路试验产品处理

各产物分别脱水、烘干、称量、取样化验分析等，一切同前。

6.5.5 闭路试验结果计算

6.5.5.1 计算方案的选择

闭路试验结果的计算主要是计算回收率，有三种可供选择计算方法：

（1）以最后一个循环的结果为计算依据。

（2）以平衡后的三个循环的平均结果为计算依据。

（3）以所有循环的平均结果为计算依据，各循环的精矿之和为总的精矿；各循环尾矿之和为总的尾矿；中矿单独再选一次，再选后的精矿和尾矿分别并入总精矿和总尾矿。

上述三种计算方案中第一种方案因循环次数较少代表性较差，第三种方案比较麻烦，而第二种方案既简要又有足够的代表性，应作为计算的首选方案。第二种计算方案如图6-24所示。

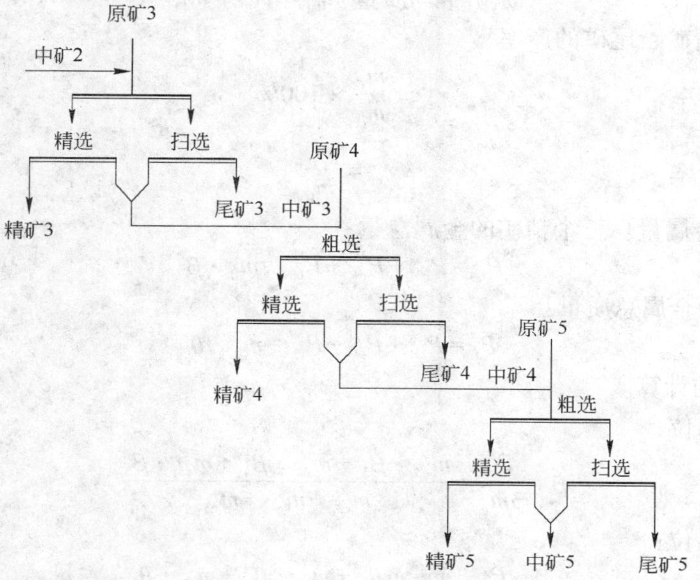

图6-24 第二种计算方案流程图

6.5.5.2 计算闭路试验结果的依据

计算闭路试验的依据如表6-6所示。

表6-6 闭路试验数据表

试验循环编号	精矿			尾矿			中矿		
	质量/g	品位/%	金属量/g	质量/g	品位/%	金属量/g	质量/g	品位/%	金属量/g
3	m_{c3}	β_3	P_{c3}	m_{t3}	θ_3	P_{t3}	–	–	–
4	m_{c4}	β_4	P_{c4}	m_{t4}	θ_4	P_{t4}	–	–	–
5	m_{c5}	β_5	P_{c5}	m_{t5}	θ_5	P_{t5}	m_{m5}	B_{m5}	P_{m5}

6.5.5.3 闭路试验计算方法及过程

（1）质量平衡式（总进入=总排出）。

中矿2+原矿3+原矿4+原矿5=（精矿3+精矿4+精矿5）+（尾矿3+尾矿4+尾矿5）+中矿5因已达到平衡，所以中矿2=中矿5

（2）平衡后的矿量平衡式。

原矿3+原矿4+原矿5=（精矿3+精矿4+精矿5）+（尾矿3+尾矿4+尾矿5）

（3）计算精矿、尾矿及原矿的平均质量。

$$\text{精矿平均质量}\ m_c = \frac{m_{c3} + m_{c4} + m_{c5}}{3} \tag{6-16}$$

$$尾矿平均质量\ m_t = \frac{m_{t3} + m_{t4} + m_{t5}}{3} \tag{6-17}$$

$$原矿平均质量\ m_0 = m_c + m_t \tag{6-18}$$

（4）计算精矿、尾矿的产率

精矿平均产率
$$r_c = \frac{m_c}{m_0} \times 100\% \tag{6-19}$$

尾矿平均产率
$$r_t = \frac{m_t}{m_0} \tag{6-20}$$

（5）计算金属量。三个精矿的金属总量：

$$P_c = P_{c3} + P_{c4} + P_{c5} = m_0 \cdot \beta \tag{6-21}$$

三个尾矿的金属总质量：

$$P_t = P_{t3} + P_{t4} + P_{t5} = m_0 \cdot \theta \tag{6-22}$$

（6）品位的计算。

精矿平均品位：

$$\beta = \frac{P_c}{3m_c} = \frac{m_{c3} \cdot \beta_3 + m_{c4} \cdot \beta_4 + m_{c5} \cdot \beta_5}{m_{c3} + m_{c4} + m_{c5}} \tag{6-23}$$

尾矿平均品位：

$$\theta = \frac{P_t}{3m_t} = \frac{m_{t3} \cdot \theta_3 + m_{t4} \cdot \theta_4 + m_{t5} \cdot \theta_5}{m_{t3} + m_{t4} + m_{t5}} \tag{6-24}$$

原矿平均品位：

$$\alpha = \frac{(m_{c3} \cdot \beta_3 + m_{c4} \cdot \beta_4 + m_{c5} \cdot \beta_5) + (m_{t3} \cdot \theta_3 + m_{t4} \cdot \theta_4 + m_{t5} \cdot \theta_5)}{(m_{c3} + m_{c4} + m_{c5}) + (m_{t3} + m_{t4} + m_{t5})} \tag{6-25}$$

（7）精矿回收率的计算。精矿回收率的计算方法有如下三种，可任选其一，计算结果均相同，计算方法及过程如下：

1）第一种方法是利用精矿产率（r_c）、精矿品位（β）及原矿品位（α）计算 ε（%），计算公式如下：

$$\varepsilon = \frac{r_c \cdot \beta}{\alpha} \tag{6-26}$$

2）第二种方法是利用精矿质量（m_c）、精矿品位（β）、原矿质量（m_0）及原矿品位（α）进行计算，计算公式如下：

$$\varepsilon = \frac{m_c \cdot \beta}{m_0 \cdot \alpha} \times 100\% \tag{6-27}$$

3）第三种方法是利用三个精矿的金属量之和及三个尾矿的金属量之和进行计算，计算公式如下：

$$\varepsilon = \frac{m_{c3} \cdot \beta_3 + m_{c4} \cdot \beta_4 + m_{c5} \cdot \beta_5}{(m_{c3} \cdot \beta_3 + m_{c4} \cdot \beta_4 + m_{c5} \cdot \beta_5) + (m_{t3} \cdot \theta_3 + m_{t4} \cdot \theta_4 + m_{t5} \cdot \theta_5)} \times 100\% \tag{6-28}$$

最后，再次强调说明一个问题：那就是品位的计算只能用加权平均法，在任何时候、任何情况下都不能简单相加减。

6.6　连续浮选试验

前面两节分别介绍了实验室开路条件试验，以及在此基础上进行的闭路浮选试验，因闭路浮选试验设备较小，人工导闭路造成人为因素影响在所难免，人为模仿生产实际使中矿循环，试验过程不是自然的连续过程，虽然比开路试验有所改进，但与生产实际仍有较大差距，试验结果很难符合生产实际效果。为此，需在实验室进行连续浮选试验，其试验效果就更近于生产实际，但又不同于生产实际，因设备规格、试验规模、持续时间等仍处于实验室小型试验与工业性试验之间，因此，这种试验也称中间试验，它为半工业性试验和工业性试验打下了一定的基础。下面通过连续浮选试验工艺流程图和线流程图来比较连续试验与小型条件试验及闭路试验的主要差别。

6.6.1 实验室连续浮选试验

实验室连续浮选试验的工艺流程及线流程分别如图 6-25 及图 6-26 所示。

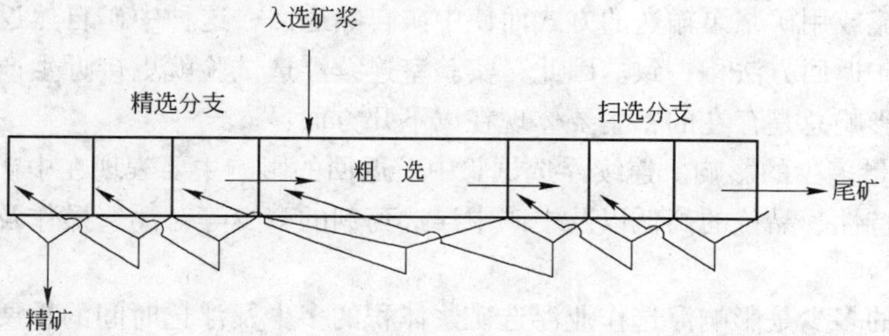

图 6-25 实验室连续浮选试验工艺流程图

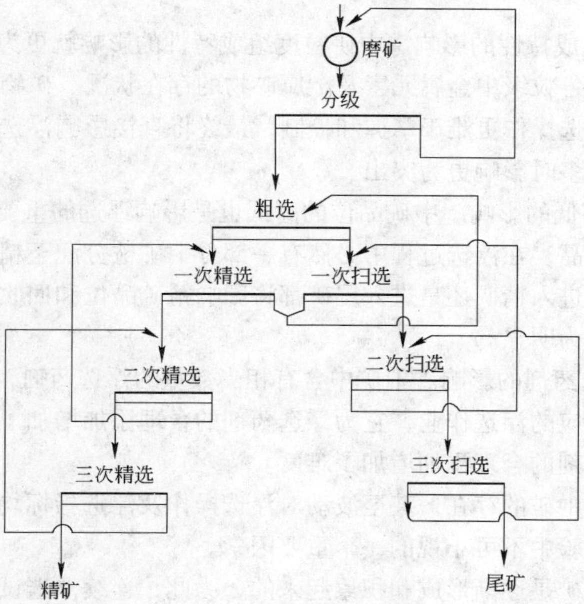

图 6-26 实验室连续浮选试验线流程图

从图 6-25 及图 6-26 中可以看出连续浮选试验与前述开路条件试验及闭路试验有很大不同，主要区别在于：连续浮选矿试验的矿浆由分级机与磨矿机组成的闭路磨矿所供给，入选矿浆中矿石的粒度特性有明显改善；矿浆用自流或泵输送不受人为操作的影响；连续浮选的试验设备规格及处理能力均较大、试验持续时间较长，至少应在 24h 以上，有充足的时间调整浮选过程，而使试验过程处于最佳状态。

实验室连续浮选试验可分为局部连续试验和全流程连续试验两种情况。局部连续试验可以是一个作业或几个作业的连续试验，局部连续试验多用于重选或磁选试验；而浮选试验时因流程复杂、影响因素较多、中矿返回影响较大等原因通常均进行全流程连续浮选试验。

6.6.2　中矿对全流程连续浮选试验的影响

实验室全流程连续浮选试验的最大特点就在于中矿返回及处理方法，此时的中矿返回是采用矿浆自流或用矿浆泵输送的方式而使中矿自然返回，这种中矿自然返回的方法与生产实践中的中矿返回方法相一致。因此，实验室连续浮选试验就更接近生产现厂的实际情况，但中矿的影响总是存在的，主要体现在以下几方面：

（1）中矿量多少的影响。连续浮选试验中矿返回的影响主要表现在中矿返回数量的多少、粒度组成特性、品位的高低以及中矿中浮选药剂的多少等对浮选操作及浮选指标的影响。

中矿数量的多少是影响浮选作业浮选矿浆体积的多少及浮选时间的重要因素。若中矿返回量较大则进入前一个作业的矿浆体积增多，浮选时间相应减少；反之，浮选时间相应较长。

（2）中矿粒度组成特性的影响。中矿粒度组成特性的影响就更为复杂，不仅是粒度的影响，更主要是其中各粒级中金属元素及金属矿物的存在状况、矿物的可选性等方向的性质均比较复杂，使浮选操作更难于掌握和控制，最终将直接影响浮选指标，特别是中矿性质复杂、难选矿物较多时影响更为突出。

（3）中矿品位高低的影响。中矿品位的高低也是影响浮选的重要因素之一，浮选回路中的中矿不是最终产品，在浮选过程中必然有一部分中矿被分配至精矿，而另一部分被分配至尾矿，无论中矿进入精矿还是进入尾矿都将影响精矿品位和回收率，当中矿品位较低时这种影响就显得更为明显。

（4）中矿中浮选药剂的影响。中矿中含有相当数量的浮选药剂，这些浮选药剂将随中矿的返回而被带入相应的浮选作业，它为浮选药剂的合理添加增加了一定的难度，如果中矿量发生波动更为药剂的合理添加增加了难度。

总之，由于上述中矿的存在，甚至波动对浮选操作及浮选指标均将造成不良影响，所以中矿返回是浮选试验中不可小视的一个重要因素。

浮选回路中的中矿是逐渐形成和积累起来的，为此，连续浮选试验有足够的时间使中矿保持平稳并持续一段相当的时间，同时也为操作、调整创造了一定的时间，若时间太短，操作、调整不充分，中矿对精矿品位和回收率的影响尚未充分体现出来，其试验结果必然与实际不符。中矿的处理方法及分配是影响精矿品位和回收率的重要因素，在充分考虑矿石性质特性的情况下，为获得理想的精矿品位和回收率，实验室连续浮选试验时间至少应在 24h 以上为宜。

6.6.3 试验设备及规格的影响

连续浮选试验与实验室小型试验相比，在设备规格、试验规模、矿浆流态、持续时间、操作、调整等诸多方面均有所改善，但仍与生产实际有较大差距。因此，实验室连续浮选试验结果，除某些特殊情况外只能用于初步评价矿石可选性，以及指导或改进某些工艺环节，而不能作为选矿厂设计的依据。

实验室连续浮选试验规模的大小可视矿石性质的复杂程度、有用矿物种类的多少及品位的高低等具体情况而定，当矿石性质比较复杂、品位较低、产品种类较多时规模应大些，一般可在30~10kg/h左右。

试验设备形式不同往往有不同的试验效果，选用设备形式时除考虑试验规模外还应遵循下列两个原则：

（1）若为某生产现场进行浮选试验时，设备形式应与生产现场的设备形式相同或相近；

（2）若为选矿厂设计而进行浮选试验时，设备形式应与未来新建选矿厂拟采用的设备形式相同或相近。

此外，同一形式的设备应备有多种规格，以便根据实际需要灵活选用合理调配。实验室连续浮选试验常用设备可参照表6-7（见6.6.5节）。

6.6.4 实验室连续浮选试验的程序

实验室连续浮选试验的程序可参照下列过程进行：

（1）试样制备。试验矿样来源于矿山，试样的采取按前述矿床采样的要求采取有代表性的矿样，试样应代表选矿厂前3~5年生产时的矿石性质（为新选矿厂设计而进行的连续浮选试验），并按前述试样的加工处理方法对矿样进行碎矿及混均，同时注意妥善保管，勿使矿样发生变化及污染等。矿样的数量视矿样粒度及工作量而定。

（2）矿样物质组成及化学组成的考察。为充分了解矿石性质，应委托地质部门及化验部门进行矿物组成及特性、化学组成等鉴定。

（3）确定试验方案、工艺流程及工艺条件。在了解矿物组成、矿物性质、化学组成的基础上确定浮选方案、选别流程及工艺条件，如有必要可预估一下可能达到的浮选指标。

（4）试验准备。试验前除矿样准备外，还应做好试验设备（形式及规格）、浮选药剂及加药用具、试验仪器及用品、水、电、人员等的准备，编制好完善的试验计划。

（5）预先试验。为避免试验的盲目性，在正式试验前应对矿样进行预先试验，其目的在于进一步探索并确定浮选方案、流程结构、药剂制度等相关的工艺条件，同时也为操作人员熟练掌握操作打下基础。

（6）正式试验。在预先试验的基础上即可进行正式试验，试验内容包括很多，主要有磨矿浓度、磨矿细度、药剂制度、矿浆pH值、浮选时间、精选次数、扫选次数、中矿处理等。为更好地进行试验，在试验过程中可对原矿、精矿、尾矿以及某作业产品进行必要的考察。具体做哪些项目的试验及考察应根据矿石性质特性、对浮选指标的要求、试验的目的等多种因素综合考虑而定。

试验中应根据浮选泡沫的变化随时调整浮选药剂的用量、刮泡速度及矿液面水平。此外，每隔 15 ~30min 分别取原矿、最终精矿、最终尾矿试样各一次，直至试验结束后将上述三种试样分别加工后取化验样进行化验分析。

（7）计算回收率。最后用理论回收率计算公式计算回收率：

$$\varepsilon = \frac{\beta(\alpha - \theta)}{\alpha(\beta - \theta)} \times 100\% \tag{6-29}$$

式中 ε——理论回收率,%；

β——精矿品位,%；

α——原矿品位,%；

θ——尾矿品位,%。

试验结束前也可进行流程考察，了解及评价各作业的情况，流程考察的方法及内容将在工业性试验一章中介绍。

6.6.5 试验室连续浮选试验示例

6.6.5.1 矿石性质简介

某铜矿主要金属矿物为黄铜矿、闪锌矿、黄铁矿，其次为方铅矿、少量辉铜矿、斑铜矿和铜蓝，主要脉石矿物为石英，其次为重晶石、绢云母等。硫化矿间的共生关系紧密，且粒度较细，细磨至 0.02 ~0.03mm 时方可基本单体解离；而硫化矿和石英间嵌布粒度较粗，在磨至 0.2mm 时基本可单体解离。根据本矿石的上述特性采用先混合浮选后再分离的浮选流程，选矿厂设计前的连续性试验处理能力为 1.25t/d。

6.6.5.2 该铜矿连续试验设备联系图

试验设备联系图如图 6-27 所示。

6.6.5.3 试验设备

该铜矿连续试验设备如表 6-7 所示。

表 6-7 该铜矿连续试验设备表

标号	设备名称	规 格	单位	数量	标号	设备名称	规 格	单位	数量
1	槽式给矿机	400 ×1300	台	1	8	球磨机	450 ×425	台	2
2	颚式破碎机	250 ×150	台	1	9	螺旋分级机	120 ×1200	台	1
3	胶带运输机	B =300	台	1	10	砂 泵	25.4,12.7,19.05	台	6
4	圆锥破碎机	ϕ600	台	1	11	搅拌槽	30L	台	4
5	对辊机	ϕ400 ×250	台	1	12	浮选机	10L	槽	14
6	吊斗提升机		台	1	13	浮选机	3L	台	2
7	振动筛	600 ×1200	台	1					

注：规格中未注明单位的，单位都是 mm。

6.6.5.4 连续试验的试验结果

试验结束前，经取样、试样加工、化验分析后计算试验结果。上述连续试验的试验结果如表 6-8 所示。

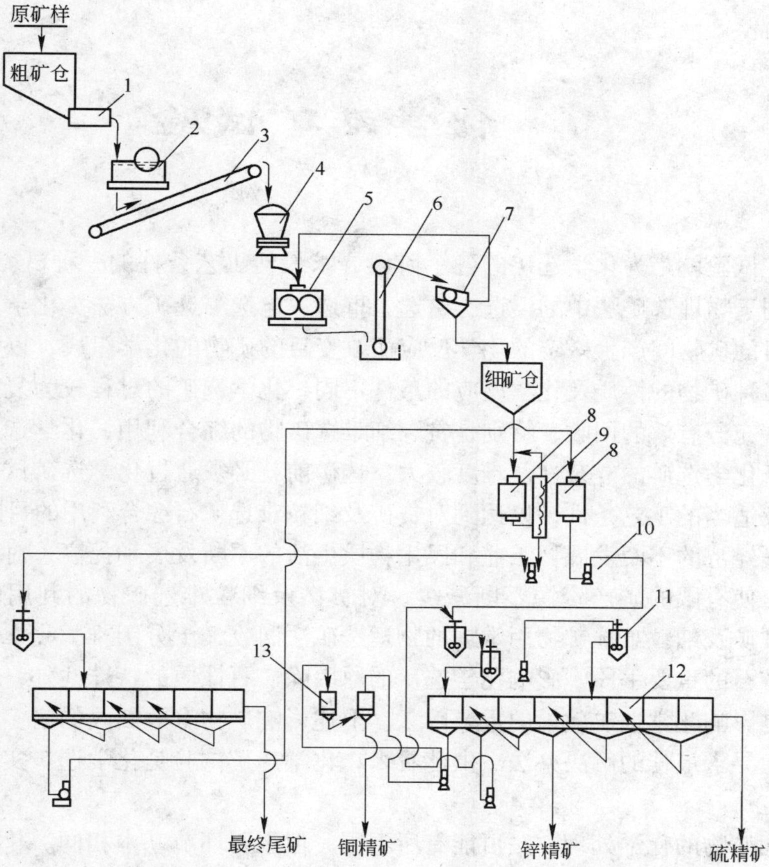

图 6-27 该铜矿试验设备联系图
(各设备名称见表 6-7)

表 6-8 连续浮选试验结果表

元 素	原矿品位/%	精矿品位/%	回收率/%
铜	1.18	19.2	77.4
锌	10.8	46.7	74.6
硫	—	29.5	64.2

7 化学选矿试验

化学选矿试验就是为化学选矿的各个阶段寻求最佳工艺条件的一种试验方法及过程。化学选矿不同于物理选矿法中的浮选、磁选、重选、电选等选矿方法。化学选矿是利用某些反应物与目的矿物间产生一定的化学反应而改变目的矿物的化学组成，以利于下一步的处理。由于各种矿物的性质及化学反应的条件不同，化学选矿的过程较为复杂。为使某些金属矿物获得充分有效的回收，特别是贫、细难选矿物的综合利用，化学选矿法就显得尤为重要。由于化学选矿的复杂性及难度较大，选矿前就必须通过化学选矿试验确定各环节的处理方法及适当的工艺条件，以达到对贫矿及细粒难选矿石综合利用的目的。

随着国民经济的不断发展，工业和民生物质生活的不断发展和提高，对某些金属的要求不断增加，使有限的矿产资源不断减少，对贫矿及细粒难选矿物的利用就显得更为重要，而这些贫矿及细粒难选矿物用常规的物理选矿法回收又十分困难。化学选矿就成了处理上述难选矿石的重要手段。影响化学选矿的原因除矿石性质的特殊性外，化学选矿中的诸多条件也是影响化学选矿效果的重要因素。上述影响矿物有效回收的诸多因素必须通过化学选矿试验寻求最佳的解决办法。由此看来，化学选矿试验是化学选矿实践前一项必不可少的重要工作。

各种不同矿物的化学处理方法可能有所不同，但主要环节基本相同。化学选矿试验主要由焙烧或煅烧、浸出、浸出液分离、萃取等环节组成。上述各环节的影响因素、试验条件各有其特点，如焙烧试验中的粒度、温度，煅烧试验中矿物的种类，浸出试验中的不同浸出方法及条件，萃取试验中的萃取剂，回收金属的方法等各有其特点，上述各环节的最佳条件均需通过化学选矿试验确定。

7.1 焙烧及煅烧

焙烧及煅烧是对物料进行热处理的两个不同的概念。焙烧是在适当的高温条件下使反应物与物料间发生化学反应，生成有利于下一环节处理的物料。煅烧就是在1273K的温度下对矿石进行热处理，而使碳酸盐、硫酸盐和氢氧化物分解，排除对下一步冶炼有害的二氧化碳、二氧化硫、水分等杂质。如通过煅烧使碳酸盐矿物分解成金属氧化物和二氧化碳，分解反应式如下：

$$MeCO_3 \xrightleftharpoons{\triangle} MeO + CO_2\uparrow$$

焙烧和煅烧均是化学选矿试验前的第一道环节，焙烧及煅烧效果的好坏将对下一环节即浸出产生重要影响，当然在某些情况下也可不进行焙烧或煅烧，将原料直接进行浸出。

焙烧的方法较多，从不同的方面可分为不同的种类。如铁矿石的磁化焙烧可分为还原焙烧、中性焙烧、氧化焙烧三种，通过焙烧使其化学成分发生变化以增强矿物的磁性，以利于下一步的处理；根据反应物的不同可分为氯化焙烧、氧化焙烧及硫酸化焙烧；还有氯化离子焙烧，加盐焙烧等。

7.1.1 还原焙烧

还原焙烧就是在大量还原性气体的条件下进行焙烧，如铁矿石的还原焙烧。通过焙烧可使弱磁性的赤铁矿（Fe_2O_3）在还原剂的作用下被还原成强磁性的磁铁矿（Fe_3O_4）。矿石通过还原焙烧增强了磁性，可采用弱磁场的磁选设备进行磁选。上述铁矿石的还原焙烧虽不是为下一步的浸出创造条件，但可通过赤铁矿化学成分的改变而有利于下一步的处理。

还原焙烧常在还原炉中进行，影响还原焙烧试验效果好坏的因素较多。主要的试验内容如下：

（1）矿石粒度试验。矿石粒度的大小是影响还原效果的重要因素之一。若矿石粒度过大，虽然表面已发生反应，但内部仍是尚未充分还原的生矿；若粒度太小会影响物料的透气性，这样就影响了矿物的磁性。为此，可在不同粒度条件下分别进行还原焙烧试验，然后再检查还原矿的质量即还原度。

在不同粒度条件下，还原度最好者即是最适宜的还原粒度，通过试验及实践表明原矿粒度在 75～20mm 时还原度最好，做粒度试验时可在上述粒度范围内或附近进行试验。

还原度就是被还原的矿石中氧化亚铁含量与全铁含量之比的百分数。还原度是衡量还原矿质量好坏的重要指标，常用以检查还原矿是否达到要求。

计算还原度时首先从还原矿中取样并进行化验分析，然后再计算还原度。还原度的计算公式如下：

$$R = \frac{w\ (\mathrm{FeO})}{w\ (\mathrm{TFe})} \tag{7-1}$$

式中 R——还原度,%；

$w(\mathrm{FeO})$——还原矿中氧化亚铁含量,%；

$w(\mathrm{TFe})$——还原矿中全铁含量,%。

若原矿全部被还原时，$R = 42.8\%$，但在还原试验的实践中不可能准确使 $R = 42.8\%$。因此，常规定一个允许的波动范围，即以 $R = 42\% \sim 52\%$ 为还原矿的合格标准。当 $R < 42\%$ 时表明还原不足；$R > 52\%$ 时为过还原，因此，$R < 42\%$ 或 $R > 52\%$ 均不利，还原试验时应时刻注意检测还原度，并控制其在允许的波动范围内。不同粒度的试验结果见表 7-1。

表 7-1 还原粒度试验

试验粒度/mm	d_1	d_2	d_3	d_4	d_5
还原度/%	R_1	R_2	R_3	R_4	R_5

在其他条件均比较适宜的情况下，获得合格的还原度时的粒度即为最佳粒度。

（2）还原温度试验。还原温度就是还原试验时矿石被加热的温度，由于不同温度时还原剂与矿石的化学反应速度不同，通过还原温度试验确定该矿石的最适宜的还原温度。若还原温度太低，反应速度较慢或不能进行还原反应，还原效果较差；若还原温度过高将会造成过还原。还原温度试验的过程及结果如表 7-2 所示。

表 7-2　还原温度试验

试验温度/℃	t_1	t_2	t_3	t_4	t_5
还原度/%	R_1	R_2	R_3	R_4	R_5

在对还原温度试验结果比较后，还原度符合还原要求时的温度即为最佳还原温度，通常为 700 ~800℃时还原效果较好。

(3) 还原剂成分试验。还原剂有气体和固体两类。气体还原剂最为常用，主要有高炉煤气、焦炉煤气、混合煤气、水煤气等。还原剂中成分不同，还原效果不同，各种煤气的主要成分如表 7-3 所示。

表 7-3　各种煤气的主要成分

煤气种类	煤气成分含量 φ/%							Q_H/kJ · m^{-2}
	CO_2	C_nH_m	O_2	CO	H_2	CH_4	N_2	
炼焦煤气	3.0	2.8	0.4	8.80	58	26	1.1	20.08
混合煤气	13.0	0.4	0.5	22.3	14.3	5.1	44.4	6.49
高炉煤气	15.36			25.37	2.11	0.36	56.8	3.47
水煤气	8.0		0.6	37.0	50.0	0.4	4.0	10.17

还原剂的还原效果既可用检查还原度的方法确定，也可通过磁选的方法将还原矿进行磁选，再通过比较磁选效果选择最适宜的气体还原剂。某铁矿采用不同气体还原剂时的磁选指标如表 7-4 所示。

表 7-4　某铁矿采用不同气体还原剂时的磁选指标

煤气种类	原矿品位/%	精矿品位/%	尾矿品位/%	回收率/%
混合煤气	36.95	62.55	10.94	85.30
炼焦煤气	35.24	56.27	11.95	83.91
水煤气	33.02	63.20	8.04	86.40

试验时也可将不同种类的还原剂按一定的比例混合并分别进行试验。再根据还原度或选矿指标确定适宜的还原剂的种类及配比。

(4) 还原时间试验。为使试验能有效指导生产及提高生产效率，在上述条件基本确定的情况下可进行还原时间试验。若还原时间太短还原作用尚不充分，若时间过长将会影响试验时间。

7.1.2　氧化焙烧

氧化焙烧就是在氧化气氛中进行焙烧。此法主要用于黄铁矿的焙烧（也可用于有色金属硫化矿的焙烧），黄铁矿中的硫化物在一定的温度下可自行焙烧，硫以二氧化硫的形式挥发掉，金属被氧化成金属氧化物。

硫化物的氧化焙烧过程最终生成物质的种类，根据焙烧的温度、反应物及生成物的稳定性而定。

7.1.3 硫酸化焙烧

硫酸化焙烧就是矿化物经焙烧后生成稳定的硫酸盐。这是氧化焙烧的一个特例。

有色重金属的硫化矿因焙烧温度不同，焙烧结果即生成物则不同。在低温下有色重金属硫化矿通常氧化成硫酸盐；在1000～1100K高温时主要氧化成氧化物；在更高的温度下则可氧化成金属。为使某些金属硫化矿便于下一步处理，可在适当的温度下进行焙烧试验。当焙烧温度达853～873K时生成硫酸盐，当焙烧温度达1023～1073K时可生成氧化物。

氧化焙烧及硫酸化焙烧试验时可根据需要选择适宜的焙烧温度，使生成物有利于下一步的处理。将不同焙烧温度下的焙烧矿进行鉴定以保证下一步处理的需要。

7.1.4 氯化焙烧

氯化焙烧就是在一定的条件下，在氯化钠、氯化钙、氯气等氯化剂的作用下，使难溶解的硫化物、氧化物及硅酸盐中的金属转变成为可溶于水或易挥发的金属氯化物，而使某些金属成分富集并与其他成分相互分离。

根据焙烧温度的不同，氯化焙烧可分为中温氯化焙烧和高温氯化焙烧两种类型，其特点如表7-5所示。

表7-5 氯化焙烧及其特点

中温氯化焙烧	焙烧温度不高，常低于金属氯化物的沸点； 生成的金属氯化物是因为留于焙砂中，用水或溶剂浸焙砂，再从浸出液中分离金属
高温氯化焙烧 （氯化挥发焙烧）	焙烧温度较高，常高于金属氯化物的沸点； 生成的金属氯化物呈气态挥发后与脉石分离； 挥发后的金属汽化物用冷凝结收集后再进一步用化学方法处理

氯化焙烧常用于处理低品位矿石、复杂难选的金属氧化矿及从烧渣中回收有价金属，以达到矿物资源综合利用的目的。

氯化焙烧除按焙烧温度不同有上述两种焙烧外，还有氯化离析焙烧，它是氯化焙烧的一种特例。此法的特点是，除在待焙烧的物料中加入氯化剂外，再加入一定数量煤或焦炭等炭质还原剂，在中性或弱还原性气氛中焙烧，使某些难选有价金属从矿石中氯化挥发后，再在炭表面被还原成金属，最后可用浮选法回收金属颗粒。

以上对焙烧及煅烧做了简要介绍，试验中应根据矿石的粒度、焙烧及煅烧的不同温度及时间、参与反应物的成分及用量等分别在不同的条件下进行试验。对焙烧或煅烧矿通过不同的手段鉴别其质量，从中寻求最佳结果再推广至工业生产中应用。

7.2 浸出试验

浸出就是利用某些化学溶剂从固体物料中溶解某些化学组分的过程。可从原矿或选矿产品中直接浸出，也可从焙烧后的焙砂、阳极泥等中溶解某些化学组分。浸出是对原料进行化学处理的第二道工序，由于原料的组成极其复杂，其性质各异，必须根据原料特点选择适当的浸出方法及浸出剂。除原料复杂外，浸出剂的种类较多，为获得满意的浸出效果就必须通过浸出试验寻求适合于某原料的浸出方法和浸出剂。

7.2.1　各类浸出方法

对物料进行浸出的溶剂较多，可分为酸浸、碱浸、盐浸、细菌浸出等几类（见表7-6）。在酸浸中可用硫酸、盐酸、硝酸以及氢氟酸、亚硫酸、王水等为浸出剂，其中硫酸因酸性较强且来源广而最为常用；碱浸中有苛性钠、碳酸钠、硫化钠及氨水等；盐浸中有氯化钠、硫酸铵、氰化物、三价铁盐及硫脲等；细菌浸出则是利用微生物及其代谢产物强化浸出过程，细菌浸出除用于铜矿及铀矿的浸出外，还可广泛用于低品位氧化矿、老尾矿以及用物理选矿法难以处理的难选矿石，而且总成本低，因此，是非常有发展前途的一种浸出方法。

表7-6　浸出方法及浸出剂

浸出方法	常用浸出剂
酸浸	硫酸、盐酸、硝酸、亚硝酸
碱浸	苛性钠、碳酸钠、氨水、硫化钠
盐浸	氯化铁、硫酸铁、氰化钠、氯化钠、次氯酸钠
细菌浸出	菌种＋硫酸＋硫酸铁（其实质是有细菌作用的酸浸）
水浸出	水

实践中较为常用的浸出剂及适用范围如表7-7所示。

表7-7 浸出剂及适用范围

浸出剂	浸出矿石类型	适用范围
H_2SO_4	铜、镍、钴、锌、磷的氧化物	处理含酸性脉石的矿石
HCl	磷、铋氧化矿、钨精矿脱铜、磷、铋等	处理含酸性脉石的矿石
HF	铌、钽矿	
NH_3	铜、镍、钴矿	处理含碱性脉石的矿石
Na_2CO_3	白钨矿、铀矿	处理含硫化矿少的矿石
Na_2S	辉锑矿、辰砂	处理砷、汞、锑硫化矿
$NaCN$	金、银等贵金属矿石	
$Fe_2(SO_4)_3$	铜、铅、铋等硫化矿	作氧化剂使用
细菌浸出	铜、钴、锰、铀、砷等矿	
H_2O	硫酸铜及焙砂等	水溶性矿物或焙砂

7.2.1.1　酸浸

酸浸就是利用酸性溶液对物料进行浸出。在酸类物质中，硫酸因酸性较强、对容器及设备的腐蚀性相对较小、沸点可高达330℃、来源广等特点，现已被广泛采用；而硝酸虽反应能力较强，但易挥发、价格贵，则不多用；盐酸的反应能力比稀硫酸强，且能与多种金属及金属化合物发生作用生成可溶性的金属氯化物，但因价格贵、腐蚀性强，在某些物料用硫酸无法浸出时才采用。

硫酸浸出时的反应方程式如下：

$$MeO + H_2SO_4 = MeSO_4 + H_2O$$

酸浸主要用于氧化铜的浸出，如孔雀石［$CuCO_3 \cdot Cu(OH)_2$］、蓝铜矿［$2CuCO_3 \cdot Cu(OH)_2$］、墨铜矿（CuO）及硅孔雀石（$CuSiO_3 \cdot 2H_2O$）。此外，酸浸还可用来除磷以保证产品的质量。

7.2.1.2 碱浸

碱浸就是利用碱性溶液对物料进行浸出，氢氧化铵及碳酸铵是铜、钴、镍金属及氧化物的有效溶剂。该法能选择性地浸出铜、钴、镍而不溶解其他杂质，碱浸法选择性好，浸液中杂质少。虽然反应能力弱，浸出率相对较低，仍不失为处理难选氧化铜、钴、镍矿的主要方法之一。

如氢氧化铵及碳酸铵对孔雀石的浸出：

$$CuCO_3 \cdot Cu(OH)_2 + 6NH_4OH + (NH_4)_2CO_3 = 2[Cu(NH_3)_4]CO_3 + 8H_2O$$

7.2.1.3 盐浸

盐浸就是利用盐的水溶液对物料进行浸出。常用的盐类浸出剂有氯化钠、硫酸铵、氰化物及硫脲等。

氯化钠溶液常作为氧化铅矿的浸出剂。如对铅矾的化学反应如下：

$$PbSO_4 + 2NaCl = PbCl_2 + Na_2SO_4$$

氰化浸出是利用氰化物（主要是氰化钠）为浸出剂，从矿物原料中溶解金、银，此法工艺成熟、技术指标可靠，曾得到普遍应用，但对环境影响较大。氰化物对金、银的浸出反应方程式如下：

$$4Au + 8NaCN + O_2 + 2H_2O = 4NaAu(CN)_2 + 4NaOH$$

$$4Ag + 8NaCN + O_2 + 2H_2O = 4NaAg(CN)_2 + 4NaOH$$

7.2.1.4 细菌浸出

A 细菌浸出的特点

细菌浸出就是利用微生物及其代谢产物对物料进行浸出，除常用于铜矿和铀的浸出外，还特别适用于低品位的难选氧化矿的浸出。该法投资少，成本低，易操作。

主要的细菌种类、特征及应用条件如表 7-8 所示。

表 7-8 细菌种类及应用条件

细菌名称	主要生理特征	最佳 pH 值
氧化铁硫杆菌	$Fe^{2+} \longrightarrow Fe^{3+}$，$S_2O_3^{2-} \longrightarrow SO_4^{2-}$	2.5～5.3
氧化铁杆菌	$Fe^{2+} \longrightarrow Fe^{3+}$	3.5
氧化硫铁杆菌	$S \longrightarrow SO_4^{2-}$，$Fe^{2+} \longrightarrow Fe^{3+}$	2.8
氧化硫杆菌	$S \longrightarrow SO_4^{2-}$，$S_2O_3^{2-} \longrightarrow SO_4^{2-}$	2.0～3.5
聚生硫杆菌	$S \longrightarrow SO_4^{2-}$，$H_2S \longrightarrow SO_4^{2-}$	2.0～4.0

B 细菌的培养

细菌的培养有间断培养和连续培养两种方法。间断培养法就是首先制备一定数量的细菌培养基液，然后放入细菌培养池中，再加入20%～30%的老液，在25～35℃的温度下不断鼓入新鲜空气使细菌再生，当细菌液中Fe^{3+}浓度达到要求后，取其中70%～80%细菌液对拟浸矿石进行浸出，其余20%～30%作为老液，再加入培养液进行细菌培养。按以上过程反复循环进行。此法可做到控制细菌液中Fe^{3+}的含量保持适宜的浓度及酸度。

连续培养就是将提取金属后的尾液连续不断地从培养器的一侧流入，在其中进行细菌培养，培养好的细菌液再从另一侧排出，形成一个连续的细菌培养过程，供浸出作业使用。

在细菌连续培养的过程中也可将提取金属后的尾液调整比值后直接送往堆浸，在堆浸过程中再自行氧化再生。该法简单易行，生产周期短，但Fe^{3+}的浓度不宜控制，在保证Fe^{3+}浓度的情况下这种连续培养细菌的方法还是可行和有利的。

上述各类浸出方法又可分为在矿体中就地浸出、矿石堆积在一定的高度时的堆浸、放在槽内的槽浸、有搅拌作用的搅拌浸出和有一定压力下的高压釜浸出。

无论采用何种浸出方法，浸出效果是工作成果好坏的重要标志。为达到最佳浸出效果，在考虑原料性质的基础上选择适量的浸出剂的种类、用量、浸出时间、浸出剂的浓度、浸出温度及压力等。现将各类浸出试验的主要试验内容列入表7-9中。

表7-9 各类浸出的主要内容

浸出种类	主要试验内容							
	浸出剂混合液	浸出剂的浓度	用量	温度	浓度	搅拌	压力	时间
酸 浸								
碱 浸								
盐 浸								
细菌浸出								
水 浸								

表7-9中各种浸出方法中的试验内容可根据具体情况选择条件，并用适当的方法鉴定其浸出率、选择性、试剂消耗等，最后再确定最适宜的浸出条件。

7.2.2 浸出条件及应用

化学浸出在试验及工业中已有应用。现就硫酸浸出、氯化浸出、氰化浸出、细菌浸出等举例简要介绍如下。

7.2.2.1 酸浸条件及应用

A 氧化铜矿酸性浸出的条件

酸浸适用于浸出脉石矿物主要为硅酸盐的氧化铜矿，实践中常用稀硫酸为浸出剂。但对于脉石矿物主要为碳酸盐的氧化铜矿，碳酸盐因也溶于酸而不能使用。在酸浸过程中除赤铜矿外，其他氧化铜矿均易溶于硫酸溶液中。酸浸过程进行得较顺利，其酸性浸出条件如下：

（1）在没有氧气及其他氧化剂存在的情况下，酸性浸出不可能使氧化铜中铜呈游离状态进入浸出液中；

（2）酸性浸出时在有氧气存在的情况下，应在 pH 小于 6 时进行；

（3）在酸性浸出过程中氧压的高低对铜的氧化和溶解有较大的影响，不同矿物的溶解速度及所需的氧压则不同。

B 应用

我国某氧化铜矿采用酸浸——萃取——电积工艺回收孔雀石中的铜，回收率可达 75% 以上。

此外，酸性浸出还可以广泛用于铀、锰、钴和镁等氧化矿，以及氧化焙烧后的焙砂、烧结烟尘中的化学回收工艺，并取得了较好的效果。

7.2.2.2 氨浸条件及应用

氨浸就是在氨类碱性溶液中进行浸出。常用的氨类浸出剂有碳酸氨和氢氧化氨，该浸出剂能与铜、钴、镍的金属及其氧化物生成稳定的可溶性络合物，而成为一种有效的溶剂。氨浸是处理难选氧化铜的主要方法之一。其特点是选择性好且对其他杂质无溶解作用，该法已广泛用于处理贫铁，脉石以碳酸盐为主的难选氧化铜、钴、镍矿。

浸出方法有：

（1）加压直接氨浸。因在常压下浸出反应很慢，为此，需在加压条件下用氨溶液直接浸出。

（2）还原焙烧矿可在常压条件下氨浸。首先对原料进行还原焙烧，将金属氧化物还原成金属，再在常压下进行氨浸。

如某铜矿用加压氨浸——浮选法处理含钙、镁杂质的氧化铜矿，当原矿品位为 0.6%、铜的氧化率为 0.8% 时，可获得回收率为 90%、精矿品位为 25% 的铜精矿。

7.2.2.3 氰化浸出条件及应用

氰化浸出就是利用氰化物（主要是氰化钠）对矿物原料进行浸出，从浸出液中回收金和银。

氰化浸出的主要条件有：

（1）用石灰调整 pH 值至 8～10；

（2）氰化物的浓度为 0.02%～0.2%；

（3）溶液中含氧量为 7.5%～8%；

（4）为加快浸出速度及提高浸出率，原矿应磨细。

氰化浸出时的注意事项有：

（1）氰化物有剧毒，应注意安全及环保；

（2）如有可能可用硫脲、硫代硫酸盐、氯化物等无氰浸出法代替；

（3）含金、银矿石中除含金、银外常含一些伴生矿物，其中某些伴生矿物对浸出有利，而另一些伴生矿物则对浸出不利。如少量的铅、汞、铋等可加速金、银溶解；而铜、镁、铁氧化的金属离子使氰的消耗增加；砷、锑的硫化物不仅增加氰化物的消耗，同时也降低金、银的浸出速度。

为此，在氰化浸出试验前应先将有害杂质除掉，然后再按正常的氰化浸出法进行浸出。

7.2.2.4　细菌浸出

细菌浸出就是利用微生物及其代谢产物对矿物料进行浸出，该法由于经济、有效而成为一种非常有发展前景的浸出方法。

如某铜矿对地表贫矿及尾矿采用细菌浸出，回收其中的铜及稀有金属。铜及稀有金属经常温、常压、浸出 20 天后浸出效率为：铜浸出率 75% ~80%，稀有金属浸出率 80% ~85%。

7.3　浸出液的分离试验

浸出液的分离就是将含有某些金属的溶液从矿浆中分离出来以供下一环节回收金属。

浸出液的处理可有两种情况：其一就是将经过浸出后的矿浆直接供下一环节用适当的方法从中回收金属，即不进行液、固分离；其二就是将含有某些金属的浸出液从矿浆中分离出来，即液、固分离。

7.3.1　浸出液分离的基本过程

浸出液的分离比较简单，它与选矿试验时的脱水基本相同，主要通过浓缩、过滤、洗涤三个步骤进行。分离过程如图 7-1 所示。

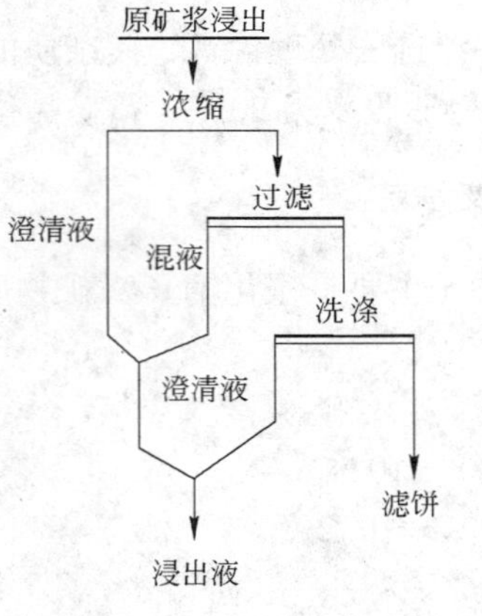

图 7-1　浸出液分离过程

7.3.2　浸出液分离试验设备及操作

浸出液分离试验设备与选矿试验中的脱水设备基本相同，大型试验浓缩时可在试验型浓密机中进行浓缩；小型试验可在一定容积的容器中进行沉降浓缩。接下来，再用试验型过滤机或圆盘型过滤机进行加压过滤，为降低滤饼中浸出液的含量，再用少量清水进行洗涤。

试验操作如下：

（1）浓缩。无论试验规模是大是小，采用试验型浓密机还是采用一定容器，均是利用浸出矿浆中的残渣靠重力沉降。为便于下一步过滤作业需要，保证浓缩产物的浓度较为重要。为此，在浓缩时应保证浓缩产物的质量分数为50%～60%。为达到上述浓度，采用向矿浆中加入适量絮凝剂及控制排矿速度的办法加速浸出液与残渣相互分离。

（2）过滤。在浓缩的基础上再进行过滤，无论采用何种真空过滤试验设备，主要是掌握真空过滤机的真空度。适宜的真空度应视滤饼的厚度，特别是物料不同细度而定，通过不同压力试验加以确定，最终滤饼浓度为75%～95%即可。上述浓缩及过滤与物理选矿中的产品处理基本相同。

（3）清洗。经过滤后的滤饼中仍含有5%～25%的液体溶液，为降低浸出液中金属损失，则要用清水对滤饼进行清洗。清洗水量、水压及清洗次数应根据滤饼的性质及滤饼中允许的金属残留量通过多次试验确定。

滤饼清洗的次数及用水量不宜过大，否则将会降低浸出液中的金属浓度。过大的清洗水量还会使下一步处理设备容积及工作量增大。

7.4 浸出液的处理试验

浸出液经浓缩、过滤及洗涤后可能含有少许有害杂质而影响下一步金属回收。此时可根据杂质的多少及对下一步金属回收是否有影响等因素确定是否对浸出液进行净化处理。如需对浸出液进行净化处理，可通过加入适当的沉淀剂、改变pH值等方法将有害杂质除掉，然后再进行金属回收。常用的回收方法较多，主要有置换沉淀法、溶剂萃取法、离子交换法、电解法等。下面就置换沉淀法、溶剂萃取法、离子交换法的试验进行简要介绍。

7.4.1 置换沉淀试验

置换沉淀法就是用一种金属从浸出液中将另一种金属沉淀出来，然后再将已沉淀的金属用适当方法与浸出液（或矿浆）分离，活泼性强的金属可置换活泼性差的金属。金属的活泼性顺序是钾、钙、钠、镁、铝、锌、铁、锡、铅、氢、铜、汞、银、铂、金。按上述金属活动顺序，前者可置换后者，如金属锌可以置换金、银，金属铁可置换铜等。置换沉淀法可从浸出液中置换沉淀某金属，也可从浸出矿浆中置换沉淀该金属，但二者并无大异。现以铁置换铜的试验为例简要介绍如下。

7.4.1.1 试验的主要内容

置换沉淀效果受多种因素影响，主要有沉淀剂的种类及用量、粒度及接触面积（海绵体）、搅拌时间及强度等，分别进行不同条件试验，从中取其获得最佳效果者。

7.4.1.2 试验条件范围

根据试验及实际经验：用铁粉置换铜的试验，铁粉的粒度一般不大于0.1mm，最好在

pH 值为 2、小于 0.075mm 的条件下，确定铁粉或海绵铁的用量。搅拌时间约为 5～10min，置换 1kg 铜，铁的消耗量约为 2kg。置换沉淀试验时可根据本浸出液的特性在上述试验条件范围内或附近做几个试点的试验，最终取其综合效果最佳者。

7.4.1.3 置换沉淀物的后续处理

用上述方法已将铜从浸出液中沉淀出来，接下来可用不同方法将金属回收出来。如用浮选法回收铜时可通过试验确定捕收剂和起泡剂的种类及用量、矿浆（或浸出液）的温度及 pH 值。此时的捕收剂应以甲酚黑药、双黄药代替普通黄药，并对各项试验结果进行考察以确定最终适用条件。此外，也可采用其他方法回收已沉淀的金属铜。

7.4.2 溶剂萃取试验

溶剂萃取试验就是将溶于水中的被萃取组分与不溶于水的有机相接触后，通过一定的物理或化学作用，使被萃取物部分或全部进入有机相，达到被萃取物组分的富集及分离过程的相关条件的试验。

溶剂萃取试验是一项极为复杂的化学反应过程。它主要由溶剂萃取、洗涤及反萃取几个环节组成。溶剂萃取全过程的原则流程如图 7-2 所示。

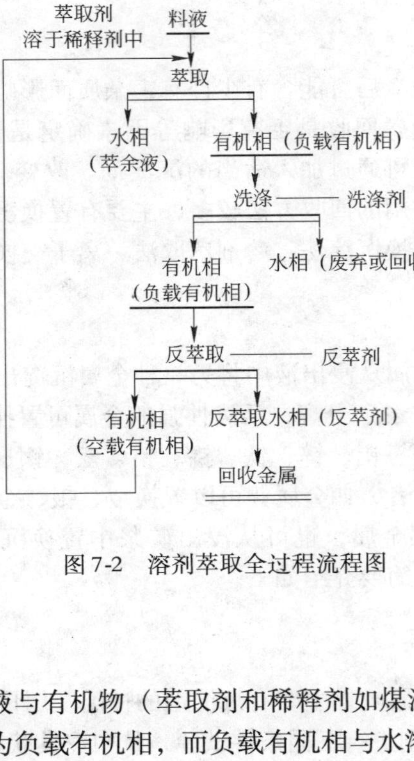

图 7-2 溶剂萃取全过程流程图

7.4.2.1 萃取作业

萃取前的水溶液即料液与有机物（萃取剂和稀释剂如煤油）充分接触使被萃取物进入有机相，此时的有机相成为负载有机相，而负载有机相与水溶液是互不相溶而有利分离的两相。上述过程就是萃取作业。

常用萃取剂的成分及特点如表 7-10 所示。

表 7-10 常用萃取剂的成分及特点

萃取剂类别	萃取剂名称	分子式	相对密度(20℃)	沸点/℃	黏度/mPa·s(25℃)	表面张力/μN·cm^{-1}(25℃)	在水中溶解度(25℃)	应用范围
中性萃取剂	仲辛醇	$CH_3(CH_2)_5CH(OH)CH_3$	0.8193	178.5			不溶	从含 Co、Ni、Fe 的氯化物溶液中分离铁
	乙醚	$C_2H_5OC_2H_5$	0.7173 (15℃)	34.5	0.242 (20℃)	170.6 (20℃)	7.24% (质量) 2℃	从氯化物溶液中萃取 Au 等金属
	甲基异丁基酮 (MIBK)	$CH_3-C(=O)-CH_2CH(CH_3)_2$	0.8006	115.8	1.803 (30℃)	351.2 (15℃)	2% (容积)	从高酸度溶液中,分离锆与铪、铌与钽
	膦酸三丁酯 (TBP)	$(C_4H_9O)_3P=O$	0.9227 27℃	177~178	3.32	277.9 (20℃)	0.6% (容积)	从盐酸溶液中分离镉和锌,萃取铁。分离铀与钍、锆与铪、钽与铌,分离稀土元素
	甲基膦酸二甲庚酯 (P_{350})	$[CH_3(CH_2)_5CH(CH_3)O]_2P(=O)CH_3$	0.9148	120~122	7.5677	289	0.01g/L 25℃	萃取稀有元素
	N,N-二混合烷基乙酰胺 (A_{101})	$CH_3-C(=O)-NR_2$ $R=C_{7\sim9}\ H_{15\sim19}$	0.8667 (25℃)	182~222	18.1		0.05g/L	从高酸度氯化物溶液中萃取稀土及铊
酸性萃取剂(阳离子萃取剂)	脂肪酸	$C_nH_{2n+1}COOH$ $n=6\sim8$	≈0.9	220~250			难溶	1. HCl、H_2SO_4 溶液中均可适用; 2. Co 或 Ni 溶液中萃取除 Cu、Fe; 3. 分离 Cu、Zn
	二-2-乙基己基膦酸(P_{204} 或 D_2EHPA)	$(RO)_2P(=O)OH$ $R=CH_3(CH_2)_3CH(C_2H_5)CH_2$	0.97		3.2	288	0.012g/L	分离稀土、萃取铀、铍、铟、铊,分离钴、镍
	环烷酸	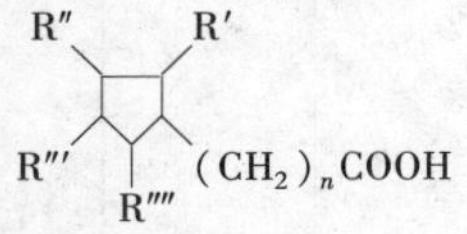	0.953					萃取二价金属,参考脂肪酸

续表 7-10

萃取剂类别	萃取剂名称	分子式	相对密度(20℃)	沸点/℃	黏度/mPa·s(25℃)	表面张力/μN·cm^{-1}(25℃)	在水中溶解度(25℃)	应用范围
酸性萃取剂(阳离子萃取剂)	新烷基羧酸(C_{547}或Versatic911)	$R'-\underset{R''}{\overset{CH_3}{C}}-COOH$	0.92		42.5(20℃)			分离钴、镍,处理稀土溶液,参考脂肪酸
	二-1-甲庚基膦酸(P_{215})	$\left[C_6H_{13}-\underset{CH_3}{\overset{H}{C}}-O\right]_2=P(=O)OH$	0.9617		29.22			参考P_{204}
	异辛基膦酸单异辛基酯(P_{507})	$(RO)(R)P(=O)OH$ $R=CH_3(CH_2)_3\underset{C_2H_5}{CH}CH_2$	0.9490(25℃)		36.17(25℃)			参考P_{204}
螯合萃取剂	乙酰丙酮	$CH_3-\underset{O}{\underset{\Vert}{C}}-CH_2-\underset{O}{\underset{\Vert}{C}}-CH_3$	0.9753	1405			溶于HCl溶液	
	5,8-二乙基-7-羟基-十二烷-6酮肟(Lix-63)	$C_4H_9\underset{C_2H_5}{CH}-\overset{OH}{CH}-\overset{NOH}{\overset{\Vert}{C}}-\underset{C_2H_5}{CH}-C_4H_9$						从氨溶液中萃取铜,萃取钴和镍
	Lix64 2-羟基-5-十二烷基二苯甲酮肟	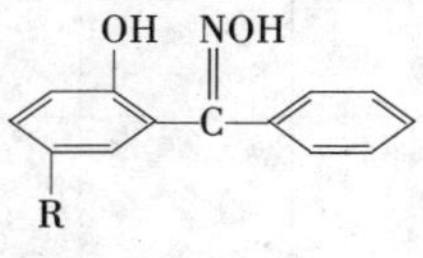 $R=C_{12}H_{25}$						贫含铜硫酸溶液中回收铜有Fe^{3+}时能选择地萃取Cu
	2-羟基-5-仲辛基二苯甲酮肟(N-510)	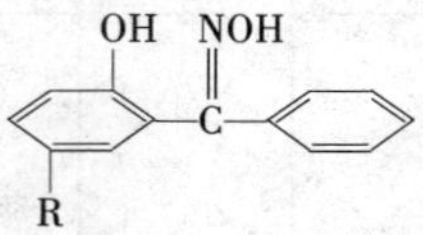 $R=CH_3(CH_2)_5\underset{CH_3}{CH}-$			流动性很差		$1.3\times10^{-4}\%$~$2.2\times10^{-4}\%$	贫含铜硫酸溶液中回收铜有Fe^{3+}时能选择地萃取Cu
	2-羟基-4-仲辛基氧-二苯甲酮肟(N-530)	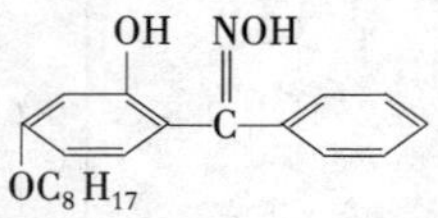						从HCl或H_2SO_4溶液中回收铜,比N-510好
	2-羟基-5-仲辛基-3-氯二苯甲酮肟(Lix-70)	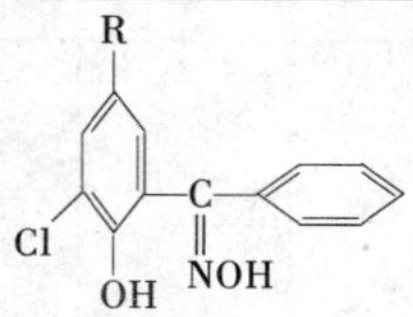						高浓度铜溶液中萃取铜pH值小于1时可使用

续表 7-10

萃取剂类别	萃取剂名称	分子式	相对密度（20℃）	沸点/℃	黏度/mPa·s（25℃）	表面张力/μN·cm^{-1}（25℃）	在水中溶解度（25℃）	应用范围
螯合萃取剂	7-烷基-8 羟基喹啉（Kelex-100）	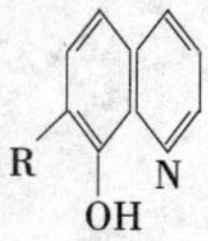						从硫酸溶液中萃取铜，适于高浓度溶液，对 Cu^{2+} 的选择性大于 Fe^{3+}
	Polyol	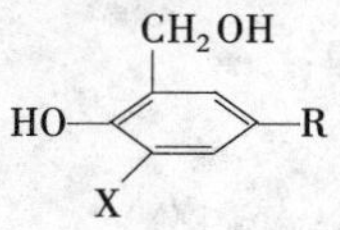						从 HCl 溶液中萃取硼
碱性萃取剂（阴离子萃取剂）	三辛胺 CTOA	$(C_8H_{17})_3N$		180～202	8.1	282	不溶	萃取铀
	三异辛胺	$N(CH_2CH_2CHCH_2CHCH_3)_3$（两个 CH 上各连 CH_3）	0.8121	180～202	8.41	270	不溶	盐酸溶液中分离钴镍
	8～10 碳叔胺（N-235）（≈Alamine-336）	$R_3\equiv N$ $R=C_{8\sim10}H_{17\sim21}$	0.8153（25℃）	180～260	10.4	282	<0.01 g/L	从氯化物溶液中萃取钴，镍；萃取钼、铼和磷酸
	7～9 碳季胺盐酸盐（N-263）（≈Adogen-464 和 Aliquat-336）	$\left[R_3\equiv N-CH_3\right]^+Cl^-$ $R=C_{7\sim9}H_{15\sim19}$	0.97000		12.04	310		萃取铬、钒，分离稀土
惰性溶剂	煤油	C_nH_{2n+2} $n=10\sim16$	0.76	150～300			不溶	作稀释剂
	苯	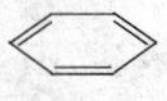	0.8737（25℃）	80.1	0.6208	287.8	0.18g/100g（16℃）	作稀释剂
	对二甲苯	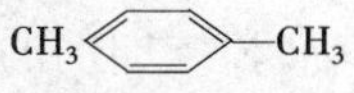	0.8745	144	0.756	300.3（20℃）	0.19g/L	作稀释剂

7.4.2.2 洗涤作业

洗涤作业就是将清水与负载有机相充分接触并流过，使夹杂在负载有机相中的杂质被冲洗下来回到水溶液中。用于洗涤的水溶液称为洗涤剂。

7.4.2.3 反萃取作业

反萃取作业是萃取的逆过程，是利用酸、碱等的水溶液与负载有机相充分接触，使被萃取物从负载有机相中进入上述水相中。它与萃取作业正相反而称反萃取，反萃取后不含被萃取物的无机相即为空载有机相。

上述既是萃取、洗涤及反萃取作业的简单概念及作业的基本过程。

7.4.2.4　试验装置及操作

A　试验设备

实验室进行萃取条件试验时，常用60mL或125mL的梨形分液漏斗为萃取、洗涤、反萃取试验设备。梨形分液漏斗如图7-3所示。

B　试验操作

溶剂萃取操作过程如下：

(1) 将20mL或40mL的料液倒入梨形分液漏斗中；

(2) 再向梨形分液漏斗中加适量有机相，关好阀门；

(3) 用手或机械振荡使料液与有机相充分接触；

(4) 当萃取达到平衡后，静置使负载有机相与萃余水相分层；

(5) 打开梨形分液漏斗阀门，使萃余水相或负载有机相流出容器而分离；

(6) 为达到有效富集及分离的目的，可按上述过程重复进行几次；

(7) 洗涤；

(8) 反萃取。

图7-3　梨形分液漏斗

(1) ～(6) 即为最简单的单级萃取过程。

C　萃取试验内容

实验室萃取试验内容包括选择萃取体、萃取、洗涤、反萃取等。

影响萃取的条件较多，而且又较复杂，为此在正式试验前首先应预先进行探索性试验。在此基础上再进行正式试验。试验的主要内容有：有机相的组成及各组分的浓度、萃取温度、萃取时间、料液的酸度及萃取组成的浓度、相比等。通过试验找出各因素对萃取效果的影响，从而确定各因素的最佳条件。

(1) 有机相的组成及各组分的浓度及添加剂。有机相通常由萃取剂、稀释剂以及添加剂组成。因萃取剂可与被萃取物生成不溶于水而溶于有机相的化合物，它对萃取过程起决定性作用（常用萃取剂见表7-8）；稀释剂是可溶解萃取剂和添加剂的一种有机溶剂，它没有萃取能力，仅会影响萃取剂的溶解能力，如煤油、苯等有机溶剂；添加剂可以解决萃取过程中出现的乳化现象及生成三相的问题而使萃取过程顺利进行。常用的添加剂有醇类及甲酸三丁酯等。

上述三类物质的物质组成及浓度是影响萃取效果的重要因素，因此需通过试验才能最终确定。

(2) 萃取温度。萃取温度的高低可影响溶剂的黏度及两相区间的大小，温度升高时可加快分相速度，但增加了有机相在水相中的溶解度及稀释剂的挥发速度。为此，温度试验时不宜采取高温萃取而尽量保持常温为好。

(3) 萃取的时间。萃取时间就是萃取过程所需的时间。萃取时两相结合的时间保证萃取物的浓度在两相中达到平衡即可。萃取时间过短，被萃取物不能被充分萃取而使萃取率降低；若萃取时间过长会使设备生产率下降。为尽量缩短萃取时间，可采取加强搅拌的办法提高生产率，通常几分钟即可。试验时可根据具体情况在此范围左右进行萃取时间试验。

（4）相比试验。相比就是萃取体系中有机相与水相体积之比，相比的大小对萃取效率有直接影响。在某些情况下相比为1时，萃取效果较好，但仍需通过试验确定。就一般而言，无论萃取还是反萃取都不希望相比过高。

（5）料液的酸度及被萃取组分的浓度。萃取剂及被萃取物活性基团的作用如同浮选用的捕收剂活性基的作用。料液酸度的高低将直接影响萃取剂活性基团的解离度。料液中被萃取组分的浓度是影响分配比的因素之一，这些均再需通过试验寻求适宜的酸度及萃取组分的浓度。

7.4.3　离子交换试验

离子交换就是根据离子交换树脂对浸出液中各组分的吸附能力不同，以及各组分与淋洗剂生成的络合物稳定性的不同而使金属元素得到富集并使之相互分离。

简单离子交换分离法就是将溶液流过离子交换器，能起离子交换作用的离子吸附在树脂上，不能起离子交换作用的随液体流出，然后用清水冲洗离子交换器中残留的溶液，最后再用淋洗剂将已吸附在离子交换树脂上的金属离子淋洗下来，供下一环节进一步处理。

7.4.3.1　离子交换装置

实验室离子交换装置主要有梨形分液漏斗、三角烧瓶等，动态交换试验也可在离子交换柱中进行。梨形分液漏斗如图7-3所示，离子交换柱如图7-4所示。

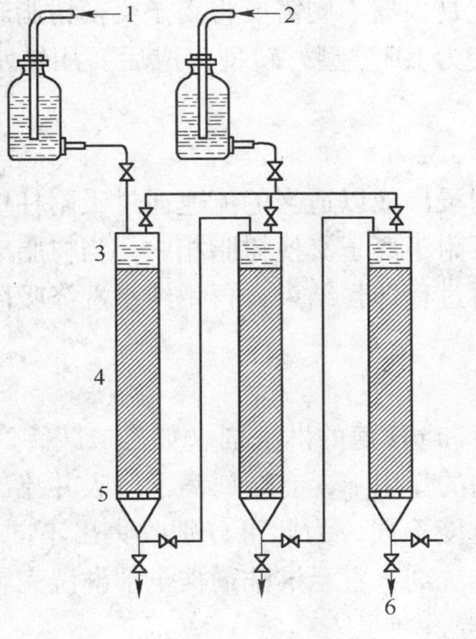

图7-4　离子交换柱

1—料液；2—淋洗液；3—溶液；4—树脂；5—筛板；6—流出液

离子交换柱可分为吸附柱和分离柱两部分。前者只需一根，而后者视对产品纯度要求不同可为一根或几根，在进行简单离子交换、分离试验时只需一个高颈瓶及一根 ϕ10mm ×300mm 玻璃管即可。

7.4.3.2 试验操作

A 离子交换树脂的预处理

新购进的树脂不一定满足试验需要，为保证树脂的质量，首先应对购进树脂进行处理以满足试验的要求。具体处理过程是：

（1）将树脂用水浸泡 24h，使树脂充分膨胀，并除掉细粒及杂质。用于吸附柱时粒度为 180～250μm，用于分离柱时粒度为 150～180μm。

（2）根据不同离子交换树脂的类型用酸或碱浸泡 24h 使树脂转型。

（3）再用水淋洗备用。

B 装柱

装柱就是把预处理后的离子交换树脂装入离子交换柱中，其装柱过程如下：

（1）首先向离子交换柱中注水，其水量约为离子交换柱容积的 1/3；使预处理的离子交换树脂与水结合形成半流体状态。

（2）将半流体状态的离子交换树脂从交换柱的顶部连续均匀地注入离子交换柱中。装入的高度约为交换柱高度的 90%，为防止空气进入离子交换树脂中形成气泡，上层应有一定的水层（10%）。

（3）装柱结束并稳定后再用纯水洗涤交换柱内的离子交换树脂，并使其成为中性或近于中性，则装柱结束可进行下一步处理。

C 离子交换树脂的转型

离子交换树脂的转型就是根据不同需要将离子交换树脂转变成不同的类型。如分离提取稀土元素时吸附柱常转变为 NH_4^+ 型，转型完成后要用纯水将残留在离子交换树脂表面处的多余溶液清洗除去。

D 吸附

吸附就是将含有金属的浸出液以适当的流速通过吸附柱中的离子交换树脂床层，拟回收的金属离子从水相中被吸附于离子交换树脂相中，当树脂床层被液体中的金属离子饱和时会有金属离子流出，吸附过程即告结束，再用纯水洗涤吸附柱，直至没有金属离子流出为止方可结束。

E 淋洗

淋洗就是利用一定浓度和 pH 值的淋洗剂（如乙二胺、四乙酸等）以一定的流速流过吸附柱和分离柱。在淋洗剂的作用下，有金属离子解吸并流出时开始收集其产品。不同的淋洗剂对金属离子的淋洗速度不同，为此可分别收集出不同的金属离子，直到淋洗结束，再用纯水清洗柱中残留的淋洗剂，直至淋洗剂被全部淋洗完毕为止。

F 离子交换树脂的再生及转型

离子交换树脂经上述作用过程其性质已发生变化并失去了交换能力，为使离子交换树脂能重复使用，应通过一定的转变过程使树脂恢复至原有的成分和性质，以便进行下一次的试验。离子交换树脂所以能再生就是因为树脂的反应具有可逆性，只要控制好反应条件就可以实现离子交换树脂的再生。不同树脂的再生条件各不相同，控制好再生条件及再生的程度将明显影响离子交换树脂的使用价值。如：强酸性阳离子交换树脂可用2mL的盐酸或1mL的硫酸的溶液处理；而强碱性离子交换树脂可用2mL的氢氧化钠等碱性溶液处理即可实现离子交换树脂的再生。

7.4.3.3 离子交换条件的试验

影响实验室离子交换的条件很多，主要有：离子交换树脂的物理及化学性质、料液的成分及性质、液流速度、交换温度、淋洗剂的浓度及pH值、柱形及柱比等。

A 离子交换树脂的选择

首先应根据料液的性质及pH值、拟回收的离子的状态选择适宜的粒度在150~250μm、选择性好、反应速度快的优良离子交换树脂进行试验。离子交换树脂质量的好坏可通过测定料液交换前后浓度差进行鉴别。

B 料液的组成及性质的影响

料液中被交换物质浓度的高低是影响交换效果的重要因素之一。若料液中离子浓度太低，吸附时间较长，生产率较低；若离子浓度太高，可能来不及吸附离子就流出柱外而影响金属离子的回收率。

料液pH值的高低将会影响离子交换树脂的交换反应，强酸或强碱性离子交换树脂的解离度受pH的影响较小，而弱酸或弱碱性离子交换树脂受pH值的影响则与上述情况相反。

C 料液流速的影响

料液的流速也是影响分离效果的因素之一。若吸附及淋洗过程中料液的流速太快，反应未达到平衡，离子在树脂上吸附及解吸的机会较少，分离效果较差且质量不好。不但试验周期较长而且效率较低，通常速度在4~5mm/min时较好。试验时根据料液的性质等因素在上述范围附近进行相关试验后再确定本试验条件下的最适宜流速。

D 交换温度的影响

交换温度也是影响交换过程及效果因素之一。若增加温度可使交换反应速度加快，络合物溶解度增加，高温可使其选择性变坏。为避免上述现象可采用较高淋洗剂的浓度而提高生产率，但也不宜过高。为此，常在常温条件下进行交换即可。

E 淋洗剂的pH值及浓度的影响

淋洗剂的pH值主要影响淋洗剂与被淋洗离子的络合反应及分离效果，而淋洗剂的浓度则主要影响淋洗剂的体积及淋洗时间及被分离的金属离子的浓度等。试验时应注意流出液不得使柱堵塞。

F 柱形及柱比

柱形就是交换柱的直径与长度之比。当交换树脂用量及料液流速相同时，小直径的柱形有利于提高回收率和分离效率，试验前可根据树脂粒度、料液的流速等选择适宜的柱形。可供选择的柱形范围是1:20~1:40。柱比则是吸附柱与分离柱直径相同时的长度比。

7.5 混汞法试验

混汞法就是利用汞的表面能选择性地润湿并吸附矿浆中的自然金粒，然后汞向金粒内部扩散而形成金汞的固溶体，最后再从矿浆中分离金汞固溶体供下一步进行再处理。

混汞法是回收单体自然金的一种十分有效的方法，因此在金矿中得到了广泛的应用并有重要地位。混汞法虽然是回收单体自然金的一种有效方法，但汞的消耗较大且污染环境，也是值得注意的问题。

混汞法根据所用设备不同可分为在磨矿机中及桶或瓶内进行的内混汞和在溜槽内进行的外混汞两种方法。下面就实验室内利用溜槽混汞及瓶和磨矿机中的内混汞介绍如下。

7.5.1　溜槽混汞试验

7.5.1.1　溜槽的制造

溜槽由厚度2mm的铜板制成长、宽、高分别为2.0m、0.25m、0.2m的槽体，也可用木材等制成一个长槽，在其内放一紫铜板，紫铜板镀银后在其表面均匀刷一薄层水银后放入槽体内，溜槽以一定的倾斜角度安装在适当位置处。混汞溜槽如图7-5所示。

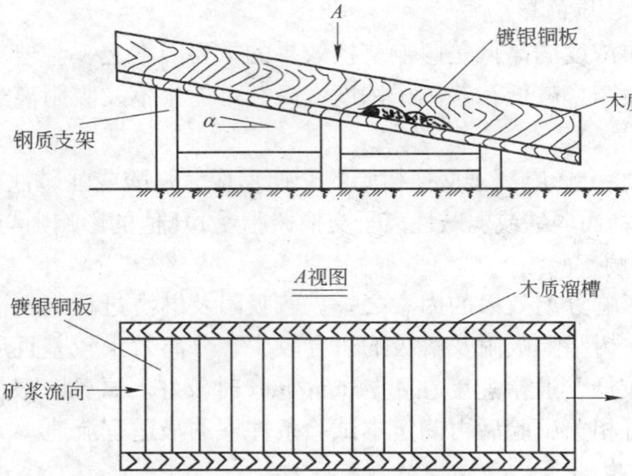

图7-5　混汞溜槽

7.5.1.2　混汞试验的内容

混汞试验的主要内容有物料细度、给矿浓度、矿浆流速、矿浆的pH值、溜槽的宽度及长度、溜槽的倾斜角度等。

试验内溜槽混汞试验各项内容范围如下：

(1) 物料细度小于3~4.2mm；

(2) 给矿浓度为10%~25%左右；

(3) 矿浆流速为0.5~0.7m/s；

(4) 矿浆pH值为8.0~8.5；

(5) 溜槽长度约为2m；

(6) 槽体的倾斜度为1/10的相对坡度。

试验时，上述各项内容可在上述范围内或附近进行试验，寻求最佳条件。

7.5.1.3 混汞试验操作

取磨细矿样约2000g，在搅拌槽搅拌均匀并调整其浓度及 pH 值，再以适当的流速注入溜槽中，矿浆流经溜槽的长度应在6m 以上。为此，需将矿浆在溜槽反复进行3 次即可认为应回收的金粒已被回收。采取尾矿化验试样后溜槽混汞回收结束。

将汞板上的金汞固溶体刮下供下一步处理。因汞板不能刮得很净，金的回收率应以原矿品位及尾矿品位计算损失率即可得知回收率。

7.5.2 实验室瓶式混汞试验

影响瓶式混汞的主要因素有磨矿细度、矿浆浓度、矿浆 pH 值、汞的添加量、混汞瓶的转数、混汞时间等。

不同磨矿细度混汞试验基本过程如下：

（1）取几份 200g 矿样分别磨不同的时间即不同磨矿细度。

（2）取其中的一份进行混汞试验：

1）取第一份试样装入 500mL 的塑料瓶中；

2）加氢氧化钠 1g 或石灰 2kg/t，汞 20 ~50g，加水使液固比为 1.5∶1，测 pH 值将混汞瓶的瓶颈盖好；

3）在瓶式搅拌机上搅拌 2h 即混汞；

4）取下瓶子，加水清洗、沉淀去除澄清液；

5）将矿砂与汞齐分离；

6）汞齐干燥、称量、试金分析，若汞损失大于1%，则应从矿砂中再次回收汞齐；

7）计算回收率；

8）其余各不同磨矿时间（试点）均可按上述方法进行混汞试验；

9）取回收率最高者为最佳混汞粒度。

7.5.3 磨矿机内的内混汞试验

磨矿机内的混汞试验过程如下：

（1）取粒度为 1 ~3mm 的矿样 500g；

（2）在磨矿机中加石灰 2kg/t，水 250mL，磨到适宜细度；

（3）取出磨矿介质，用适量水冲洗干净，使液固比不大于 1.5∶1；

（4）加汞 25g，直径为 25mm 的瓷球 6 ~8 个，混汞 2h；

（5）放出矿浆并冲洗干净；

（6）按实验室瓶式混汞法进行下一步处理。

其他内容的试验可参照上述办法逐点进行，经比较后取其最佳效果。

8 磁选和电选试验

8.1 磁选试验

磁选是处理铁矿石的主要方法，与其他选矿方法联合，还可用于选别有色、稀有和非金属矿石。随着科学技术的发展，磁选方法还扩大到污水净化、烟尘及废气净化等许多领域。

磁选试验的目的是确定所研究的矿石采用磁选的可能性，确定合理的磁选设备、选别流程和操作条件，并确定可能达到的工艺指标。试验时先做预先试验，探索试验方案，然后再做系统试验，确定操作条件和流程结构。

8.1.1 预先试验

在正式试验前，除了对矿石的物质组成和物理化学性质进行一般研究之外，通常要测定矿石中的主要有用矿物和脉石矿物的比磁化系数；对于已经过筛、并分成较窄级别的物料要进行磁性分析，以初步确定应用磁选分离的可能性和可能达到的指标，确定实验室正式试验时采用的磁选机的形式、磁场强度、适宜的入选粒度和选别段数。

8.1.1.1 *矿石中主要矿物比磁化系数测定*

矿物比磁化系数的测定，在磁选可选性研究工作中是很重要的。具体测定技术可参见相关专业书。

矿物按其磁性的强弱可分为三类：

（1）强磁性矿物。比磁化系数大于 $3\times10^{-3}cm^3/g$，在弱磁场（64～128kA/m）中即可选出，如磁铁矿、磁黄铁矿等。

（2）弱磁性矿物。比磁化系数在 $10\times10^{-6}\sim6\times10^{-4}cm^3/g$ 之间，要在800～1600kA/m的强磁场中才能选出，如赤铁矿、菱铁矿、褐铁矿等。

（3）非磁性矿物。比磁化系数小于 $10\times10^{-6}cm^3/g$，如石英、方解石、长石、重晶石等，这类矿物目前尚不能用磁选法回收。

8.1.1.2 *矿物的磁性分析*

磁性分析主要分析矿石中磁性矿物的含量。实验室磁性分析常用设备有磁选管、自动磁力分析仪、手动磁性分析仪以及一些实验室型磁选机等。

下面介绍磁选管和自动磁力分析仪的构造和使用方法。

A　磁选管

磁选管是强磁性矿物磁性分析仪，其结构如图8-1所示。它主要由电磁铁和在电磁铁工作间隙内的玻璃分选器3组成。电磁铁由C字形铁芯1和绕在铁芯上的线圈2组成。用调压器调节线圈电流强度可改变工作间隙的磁场强度，最高场强可达240kA/m。玻璃管支承在两磁极的中间，并与水平成45°的倾角。由传动装置带动筒环4，使玻璃管在磁极间上下移动和左右转动。玻璃管上端敞开，被分析的试样由此装入，下端是尖缩的，套有带止水夹的胶管。

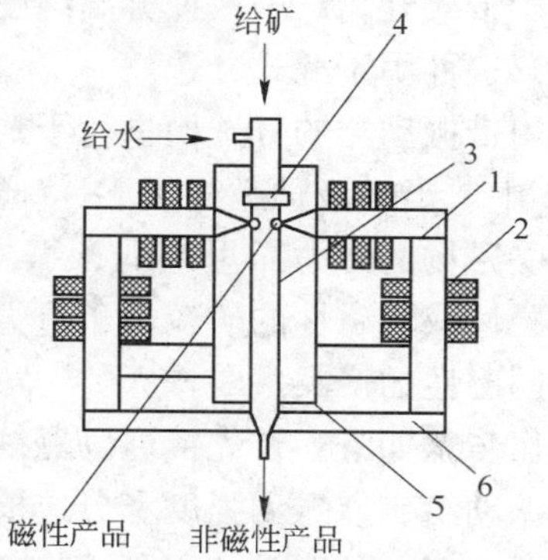

图8-1 磁选管

1—C字形铁芯；2—线圈；3—玻璃分选器；4—筒环；5—非磁性材料支架；6—支座

试验时，取适量物料（根据磁选管规格和试料磁性矿物含量确定）装入小烧杯中，用水润湿并搅拌均匀。调节冲洗水管的上部和下部止水夹，使管内水面高于磁极一段距离，并在试验过程中保持不变。向线圈通入预定大小的直流电，并启动传动装置。然后将试料缓慢加入玻璃管中，磁性颗粒被吸附于管壁上，非磁性颗粒随冲洗水排出，落于盆中。待非磁性产品洗净后（即到管内水清晰不混浊时为止），停止冲洗，更换接料盆，切断电源，洗出磁性产品，最后将磁性产品和非磁性产品分别脱水、烘干称重，取样送化验分析，计算试样中磁性矿物的含量。磁选管试验主要是通过改变电流的大小从而改变磁场强度的方法对矿石进行分选试验。在不同磁场强度条件下将有不同的选别效果。最终选择选别效果最好的磁场强度为最佳磁场强度。此外，也可对给矿速度（给矿量）及倾斜角等进行条件试验。

对组成比较简单、实践资料较多的矿石，磁选管的磁性分析结果便可满足矿床工业评价的需要。

B 自动磁力分析仪

自动磁力分析仪的磁场强度可在8～1600kA/m范围内均匀调节，可用于干式和湿式分析矿石中弱磁性矿物含量。

自动磁力分析仪的结构如图8-2所示，主要由励磁线圈11、磁极12、分选槽9、给料

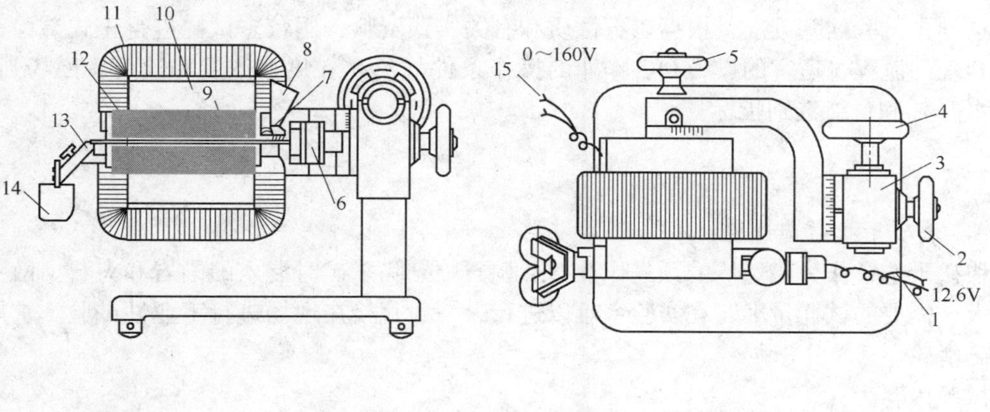

图8-2 自动磁力分析仪

1—12.6V交流低压接线；2—锁紧手轮；3—蜗杆蜗轮传动箱；4—大手轮；5—小手轮；6—振荡器；7—给料座；8—给料斗；9—分选槽；10—铁芯；11—励磁线圈；12—磁极；13—分流槽；14—盛样桶；15—励磁线圈接线

斗8、振荡器6及传动部分等组成。整个分析仪用心轴支放在悬臂式支架上，悬臂支架用心轴固定在机座上。转动小手轮5，可以改变分选槽的纵向坡度，转动大手轮4，可以改变分选槽的横向坡度。分选槽有三种，带振动器的分选槽、快速分选槽和玻璃分选管。前两种用于干式分离，第一种分离纯度高，而处理速度慢；第二种处理速度快，但分离纯度较低。第三种用于湿式分选。

应用带振动器的分选槽进行干式分离时，原料从给料斗8中流入分选槽，分选槽置于磁极12中。当磁极励磁线圈11接通电流时，分选槽便处在不均匀的磁场中，分选槽里的矿粒所受磁场的磁力靠里边弱，靠外边强。磁性较强的颗粒受磁力作用流向外边强磁场区，非磁性或弱磁性的矿粒由于重力作用流向分选槽里边，这样从分选槽流出的矿粒即为两种不同磁性的产品。

操作步骤如下：首先接通励磁线圈和电磁振动器的电源，用副样找出适宜的励磁电流强度，振动给矿器振动强度和分选槽的纵、横向坡度，使分选槽上的矿粒分带明显。之后切断电源，卸下分选槽，用刷子将它及磁极、盛样桶等清理干净，再接通电源将正式试样装入给料斗中，进行分离。分离结束后将各种产品称量和计算含量。

湿式分离时，电磁铁整体部分旋转至垂直位置，将玻璃管放到磁极间的等磁力区。尔后，将水量调节装置的螺钉旋紧，向分选管内注水，直至水面升至漏斗底为止。再将与水混匀的试样倒入料斗中。调节磁极励磁电流到磁极间隙中见到有矿粉黏附于分选管壁为止。微微旋松调节水量的螺钉，使管中的水滴至管下的容器中。待管内水流净后，更换容器，将螺钉旋至最松位置，切断电源，将磁性产品用水冲下。最后将各产品分别脱水、烘干、称重和计算含量。

干式分离时，物料的比磁化系数比要大于1.25方可分开，而湿式分离时，物料的比磁化系数比要大于20方可分开。给料粒度，干式分离时为0.6～0.035mm，湿式分离时为0.03～0.005mm。

8.1.2　正式试验

在预先试验的基础上，根据矿石性质和有关实践资料，用较多试样进行正式试验，以确定合理的流程、适宜的设备和各作业的操作条件（给矿粒度、浓度和速度，磁场强度，补加水等）和最终选别指标。

8.1.2.1　强磁性矿物的磁选试验

A　块矿干式磁选试验

块矿干选常作为磁选厂的预先作业，从矿石中剔除采矿时混入的围岩和夹石。由于块度较大，需要的试样量多，在实验室难以进行，一般直接在现场进行工业性试验。常用设备是磁滑轮。

试验内容为：

（1）不同磁场强度试验。可参照类似生产厂技术条件选定不同磁场强度进行试验。

（2）不同给矿粒度试验。有时还要分级进行试验，如分成75～12mm和12～0mm两级。

（3）不同处理量（或不同转速）试验。

（4）水分试验。对 75～12mm 的粗粒级含水量影响不大，但对 12～0mm 的细级别，特别是矿泥量较大时，水分的影响往往很显著。

B 干磨干选试验

只有在缺水和寒冷地区才考虑使用干磨干选方案。在生产上，干式磁选厂常采用干式自磨。在目前实验室条件下，无法进行自磨试验，因而实验室磨矿产品粒度组成与生产实际情况不符，难以确定今后的生产流程结构。实验室试验的任务主要是确定适宜的磨矿粒度和可能达到的综合指标。目前用的干式磁选机主要是 CTG 型永磁筒式磁选机，试验时主要是确定磁选机的滚筒转速。

C 湿式磁选试验

湿式磁选是应用最广泛的磁选方法。试验的任务是确定合理的选别流程，即确定选别段数，每一作业所用设备及其操作条件。选别段数主要由矿石的嵌布粒度和精矿质量要求来决定。常用设备主要有：磁力脱水槽、湿式鼓式磁选机、预磁器和脱磁器等。下面分别介绍这些设备的试验。

（1）磁力脱水槽。磁力脱水槽结构简单，无运动部件，操作维护方便，处理能力大，分选指标好，广泛用于磁选厂。实验室常用 ϕ350mm 的小型磁力脱水槽，主要用于脱除矿泥和细粒脉石以及过滤前脱水。

一段选别时，弱磁选机选别前可进行采用磁力脱水槽丢掉部分尾矿的可能性试验。一般若能丢掉占原矿量 30% 左右的尾矿，则生产上可以采用。

两段选别时，第一段磨矿后，第一段选别用磁力脱水槽还是用磁选机，应进行对比试验。若溢流量显著小于磁选机的尾矿量，或溢流中含有其他可回收的有用矿物，不用脱水槽；当第一段磨矿后矿泥较多时，应采用磁力脱水槽。第二段磨矿后，一般粒度均较细，此时在磁选前采用磁力脱水槽，如能脱出作业给矿的 20% 以上的细粒级，则采用脱水槽是可行的。在少数情况下，磨矿粒度较粗，脱出尾矿量较少，则不采用脱水槽。

最终精矿过滤前用磁力脱水槽浓缩脱水，不仅起浓缩作用，还能提高精矿质量。

需要试验的因素有上升水量、磁场强度、给矿速度和给矿浓度等。

（2）湿式鼓式磁选机。湿式鼓式磁选机是目前磁选试验的主要设备。要试验的主要因素有：磨矿细度，这是最重要的工艺因素，且涉及磁选的流程结构，它主要取决于有用矿物的粒度嵌布特性；磁场强度，主要取决于被选矿物的磁性；补加水量，主要决定于被选矿物的嵌布特性和给矿含泥量，补加水在试验过程中要保持恒定。找到最佳条件后，要对综合最佳条件进行三次平行试验，其中至少有两次试验结果较好且相近，才能说明所找到的各因素的最佳条件是可靠的。

（3）预磁器。对焙烧磁铁矿和局部氧化的磁铁矿，常在磁力脱水槽前加预磁器，以加强细粒矿物的团聚作用，改善分选效果。试验主要是确定磁场强度和预磁作用时间，磁场强度应大于 32kA/m，时间应大于 0.2s。

（4）脱磁器。阶段选别时，在二段磁选分级作业前，需加脱磁器，以破坏磁性矿物的磁团聚。试验内容是确定磁场强度和脱磁作用时间。对天然磁铁矿磁场强度约为 40kA/m，对焙烧磁铁矿磁场强度应为 68kA/m 以上。对混合磁铁矿磁场强度应为 52kA/m 以上。作用时间应大于 0.24s（约 12 个交变周期）。脱磁效果常通过未磁化和磁化后又经脱磁的试样的沉降试验来检查，并用脱磁效率来衡量：

$$\eta = \frac{T}{T_0} \times 100\% \tag{8-1}$$

式中　T_0——未磁化矿样的沉降时间；

T——磁化后经脱磁的矿样的沉降时间。

8.1.2.2　弱磁性矿物的磁选试验

A　干式强磁选试验

目前我国使用的干式强磁选机主要有下列几种：

（1）干式盘式强磁选机，有单盘、双盘和三盘三种，主要用于含稀有金属的粗精矿（如粗钨精矿、钛铁矿、锆英石和独居石等混合精矿）的再精选；

（2）干式辊式强磁选机，主要用于粗粒铁、锰矿石的预选；

（3）干式对辊强磁选机，用于含多种矿物（两种或两种以上）的稀有金属和有色金属矿石的分选，如分选砂矿、海滨砂矿、锡、钨、锆、钍、磷钇矿等。

上述各磁选机均不适合选别细粒的矿石。

试验内容是根据矿石性质确定适宜的设备结构参数和操作条件。如磁场强度、磁选机转速、工作间隙、给矿粒度、给矿层厚度、振动槽振动速度等。下面以干式盘式磁选机为例介绍试验技术。

实验室常用双盘强磁选机，其结构如图 8-3 所示。它的主体部分是“山”字形磁系 7、悬吊在磁系 7 上方的旋转圆盘 6 和振动槽 5 组成。圆盘比振动槽 5 的宽度约大 50%，圆盘 6 与振动槽 5 之间的工作间隙可调节，且沿试料前进方向变小，从而改变分选区的磁场强度和梯度。给料圆筒 2 内装弱磁场磁系，用于除去试料中的强磁性矿粒。试料由给料圆筒均匀给入振动槽 5，这时，磁性矿粒吸附于圆盘齿板上，被带到振动槽外，落入两侧磁性产品接料斗中，而非磁性矿粒由振动槽带至末端，卸入非磁性产品接料斗中。

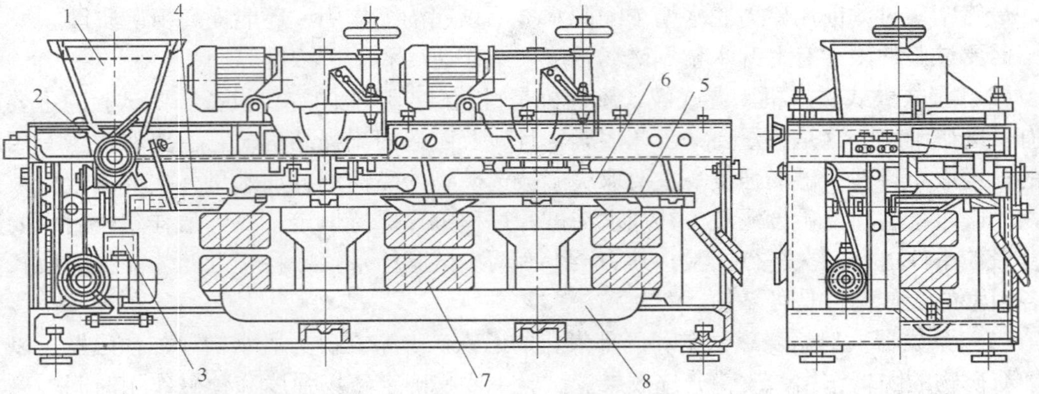

图 8-3　干式强磁场双盘磁选机

1—给料斗；2—给料圆筒；3—强磁性产品接料斗；4—筛料槽；5—振动槽；6—圆盘；7—磁系；8—铁芯

主要对下列因素进行试验：

（1）给矿层厚度。它与处理物料的粒度、磁性及磁性矿粒含量有关。在一般情况下，处理细粒物料层厚可达给矿最大粒度的 10 倍，中粒物料可达最大给矿粒度的 4 倍，粗粒物料只能是最大粒度的1.5倍。

（2）磁场强度。其主要决定于处理物料的磁性和作业要求。一般磁性较弱的矿物和粗、扫选作业要求磁场强度高些，以保证回收率；磁性较强的矿物和精选作业要求磁场强度低些，以提高精矿品位。

（3）工作间隙。工作间隙主要决定于处理物料的粒度和作业要求。工作间隙的变化不仅影响磁场强度变化，还影响磁场梯度变化，从而引起矿粒受力的急剧变化。一般粗粒物料和精选作业间隙要大些，细粒物料和扫选作业间隙要小些。

（4）振动槽的振动速度。振动槽的振动速度决定着矿粒在磁场中的停留时间和所受机械力的大小，从而影响选别结果。一般精选时，物料中单体颗粒较多，矿粒磁性较强，振动速度可高些，扫选则相反。处理细粒物料时，振动频率应稍高些（有利于松散矿粒），振幅应小些。处理粗粒物料时，振幅应大些，频率应低些。

给料一般为-3mm，试验前要进行分级和干燥。一般分级愈窄愈好，但过窄工作量大，且不经济。我国精选厂常将物料分成三级：3（2）～0.83mm、0.83～0.2mm和-0.2mm。含水量对选别有影响，不同物料允许的含水量不同，一般由试验确定，若含水量过高，试验前应对物料进行干燥，干燥时温度不能太高，物料不能在潮湿的条件下长期存放。

B 湿式强磁选试验

上述各种强磁选机只能选别粗中粒弱磁性物料，不能选别细粒物料。目前细粒弱磁性物料常用湿式强磁选机选别，主要设备有琼斯型强磁选机、平环式强磁选机、双立环式强磁选机、吉尔型强磁选机和高梯度强磁选机等。其试验内容基本同前。这些磁选机的构造和工作原理见相关专业书。这里不再重叙。

试验内容也是根据不同矿石性质确定适合的设备结构参数和操作条件，如磁场强度、介质形式、磁选机转速、给矿速度、给矿浓度、冲洗水压和水量等。下面以XCSQ型实验室湿式强磁选机为例，介绍试验技术。

XCSQ型强磁选机主要由磁系、分选平环、可控电源及传动装置、给矿装置、冲水装置等组成。调节励磁电流强度可改变分选区的磁场强度；铜制分选平环分成小格，格的下部装有铜制筛板，筛上充填适量诱导性磁介质（钢球），分选环由专门的传动装置带动旋转。物料在分选磁场区均匀给入分选环的小格，磁性矿粒因磁化而吸附在球介质上，被圆环带出磁场区后排出成磁性产品，非磁性矿粒在重力和冲洗水的作用下，经介质间隙和筛孔在磁场区直接排出成非磁性产品。该机磁场强度可在0～1840kA/m范围内调节。

（1）给矿粒度。给矿粒度主要取决于有用矿物的嵌布粒度和嵌镶关系。常需要对给矿、精矿和尾矿取样进行粒度分析和化学分析，以确定合适的给矿粒度、可选粒度下限和磁选前脱泥的必要性。在满足分选指标的前提下，给矿粒度尽可能粗些，以节省磨矿费用，减少细泥部分的损失。

（2）给矿浓度。在保证精矿质量的条件下，浓度应尽可能地高些，以提高处理能力和回收率。

（3）给矿速度。给矿速度视物料性质而定。实验室设备与生产用设备的形式和大小差别很大，因此实验室试验只能确定给矿速度对选别结果的影响规律，具体给矿速度在生产实践中确定。

（4）磁场强度。磁场强度主要取决于分选矿物的磁性强弱。

（5）平环转速。转速升高有利于提高精矿回收率，但会降低精矿质量。

（6）冲洗水量。主要是控制好中矿的冲洗水量，过大会将精矿冲入中矿，过小会使磁性产品中夹杂非磁性矿粒，从而降低精矿品位。精矿冲洗水以将全部磁性产品冲洗干净为宜。

（7）介质的规格和填充量。粗选时选用小球，充填量与磁极头高度相近为宜，精选时球径可大些，充填量也应小些。

若物料中含有强磁性矿物，进入强磁选机前应用弱磁选机预先尽可能清除干净，以防止介质间隙被强磁性矿粒阻塞。

强磁选机还在不断地发展和完善之中，故强磁选试验常需在实验室试验基础上，在现场进行设备本身的研究和改进试验。

8.1.3　流程试验

有关选别流程方案的一些原则问题，一般应在预先试验中确定，流程试验只对流程的内部结构作更进一步的探讨，并且不同类型不同性质的矿石，试验的内容也不尽相同。

流程试验的一般内容有：

（1）选别段数及其磨矿细度。其主要取决于有用矿物的嵌布特性和矿石的构造以及精矿质量要求。如我国最常见的细粒嵌布贫磁铁矿，矿石常呈条带构造，常采用多段选别，在粗磨条件下，丢弃部分尾矿，粗精矿再磨再选。为了获得高质量的精矿，常需增加选别段数，合适的选别段数及其磨矿细度通过试验确定。

（2）与其他选矿方法联合使用的流程方案。细粒和微粒嵌布磁铁矿和赤铁矿以及伴生多种金属的混合矿石，常需要采用多种选矿方法（如磁选、重选、浮选、化学选矿等）联合使用，以便综合回收各种有用成分，获得高质量的产品。各种联合选别流程方案，需要通过对比试验，选择较优方案。

（3）精、扫选次数。简单的单一铁矿（如单一磁铁矿），常采取一次选别，但对含有不同磁性的矿物的矿石（如多种有用成分的混合精矿，磁铁矿-赤铁矿矿石等），需要进行不同精、扫选次数的对比试验，以确定合适的选别次数。

（4）各作业选别设备。同一作业，有时会有几种可供选择的设备（如前述第一段选别有磁力脱水槽和弱磁场磁选机可供选择），这就要进行不同设备的对比试验，以确定合适的选别设备。

8.2　磁化焙烧试验

弱磁性铁矿石和锰矿石，在生产厂条件（如煤气、燃料供应，基本建设投资和厂规模等）允许的情况下，一般都可采用焙烧-磁选法处理。特别对嵌布粒度很细，矿石结构、构造较复杂的鲕状铁矿石，焙烧-磁选法仍是目前较好的方法。

磁化焙烧实验室试验的目的，在于确定矿石采用磁化焙烧的可能性（主要是就矿石性质而言）、可能达到的指标和焙烧的大致条件。整个工艺条件的最后确定依赖于半工业性试验或工业性试验。

实验室试验内容主要是还原剂的种类和用量、焙烧温度和时间等。工业性试验时，才对炉型结构、矿石粒度等进行系统试验。

实验室焙烧设备有管式电炉、马弗炉、坩埚炉、回转炉和实验室型沸腾炉等。目前生产上常用设备有竖炉、斜坡式焙烧炉、回转炉和沸腾炉等。

根据焙烧气氛不同，铁矿石焙烧可分为还原焙烧、中性焙烧和氧化焙烧。三种焙烧所用实验室设备和操作过程基本相同，只是气氛不同。还原焙烧适于赤铁矿和褐铁矿，中性焙烧适用于菱铁矿，氧化焙烧适用于黄铁矿。

试验时，根据试验要求和矿石性质，选用不同试验装置。

下面仅介绍实验室还原焙烧和工业投笼焙烧试验的情况。

8.2.1 实验室还原焙烧

图 8-4 所示是实验室管式电炉还原焙烧装置。

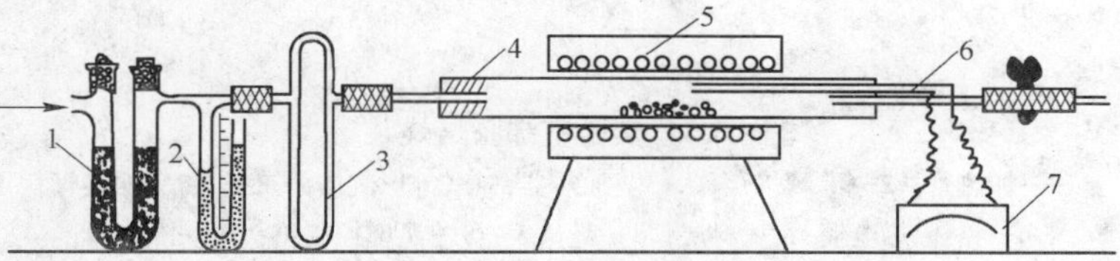

图 8-4 实验室管式电炉

1—氯化钙干燥管；2—压力表；3—气体流量表；4—反应瓷管；5—管式电炉；6—热电偶；7—高温表

试验时，先预热电炉。取适量试料装入反应瓷管中，徐徐通入煤气驱出管中的空气，然后将瓷管移到管状电炉中加热。加热过程中，控制炉温在预定的温度（一般为 750～800℃），并按一定的流量通入煤气，加热焙烧到预定的时间后，切断电源，冷却到 400℃以下。然后，停止通煤气，取出焙烧矿，水淬或在隔绝空气的条件下冷却到室温。

用固体还原剂（煤粉或炭粉）时，其粒度一般比试料粒度要小些，但也不能太细，太细易燃烧完，导致还原不充分。试验时，先将还原剂粉末与矿样均匀混合，再直接装入瓷管，或装进瓷舟送入管式电炉或马弗炉内焙烧。

对于粉状物的焙烧，为了使物料与气相充分接触，也可用实验室型沸腾焙烧炉，其装置如图 8-5 所示。矿样经破碎筛分成 3～2mm 、2～1mm 和 -1mm，各粒级物料分别进行条件试验。试验时，待炉膛温度稳定在比还原温度高约 5℃时，通过加料管 5 缓慢而均匀地连续向炉内加料。物料加进炉内后开始记录时间、温度和系统的压差。物料进入炉内后因吸热而出现炉温下降，但很快（约 1min）会回升到反应温度。控制温度，在预定的温度下恒温焙烧，到达预定时间后，切断煤气。按下分布板的拉杆，分布板下降，矿粉下落到装有冷却水的接矿容器中淬冷。然后，取出冷却了的矿粉，烘干，取样检查还原度。

8.2.2 投笼焙烧试验

块矿磁化焙烧投笼试验是在生产竖炉中进行的，结果与工业性试验接近。在实验室焙烧试验基础上，凡今后生产上准备采用竖炉焙烧的，都可以用投笼试验方法进行工业性试验。

试验步骤如下：

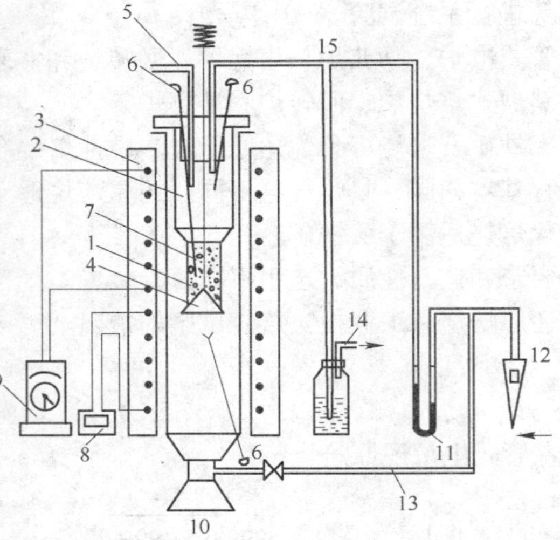

图 8-5　实验室沸腾焙烧装置

1—加热管；2—沸腾焙烧器；3—加热器；4—锥形气体分布板；5—加料管；
6—铬-铝热电偶；7—料层；8—毫伏表；9—温度控制箱；10—冷却器；
11—U 形测压管；12—转子流量计；13—煤气管；14，15—排气管

（1）矿石准备。将矿石破碎到合适粒度，筛出 20mm 以下的粉矿，粒度上限一般不超过 75mm，对于结构致密难以烧透的矿石，粒度宜小些。

（2）笼子制作。一般用直径为 1.5mm 的铁丝制成圆柱形、方形或球形，大小以能装 0.8～1.5kg 的矿样为宜。

（3）投笼。将装有试样的笼子在炉顶装料口投入炉中。各装料口应同时投笼，且投放点要均匀分布。考虑到焙烧条件的变化会影响焙烧矿质量不均匀，应分批投笼，每批相隔 2h 左右，分 3～4 批投入，每批投 10 笼左右。

（4）收笼。一般笼子在炉内停留时间约 6～9h，投笼后 5h 就要做好收笼准备。收笼地点在炉下两侧搬出机上。收笼时要注意避免损失，已破裂的笼子亦需拣出，以核对投笼和收笼数量。

试验中要作好记录。记录内容有：投笼数量、投笼时间、出炉时间、收笼数量、炉子的生产能力、热工制度（还原剂的种类和流量、燃烧室温度、还原带温度等）以及操作中出现的问题。

8.3　电选试验

目前，电选主要用于处理其他选矿方法获得的粗精矿，以提高精矿品位，获得合格精矿。另外，还用于分离共生矿物，以便综合回收有用成分。

电选试验的程序也是先做探索试验，再做条件试验和流程试验。与浮选、重选、磁选试验不同之处是，大多数情况下，实验室指标接近工业生产指标，可以不进行半工业性或工业性试验，直接以实验室试验指标作为设计和生产依据。

国内实验室电选设备大多数是电晕电场和复合电场辊式电选机，电压大多数是 20～40kV，最高可达 60kV。电选机由高压直流电源和分选主机两部分组成。主机的主要部件

如图8-6所示。

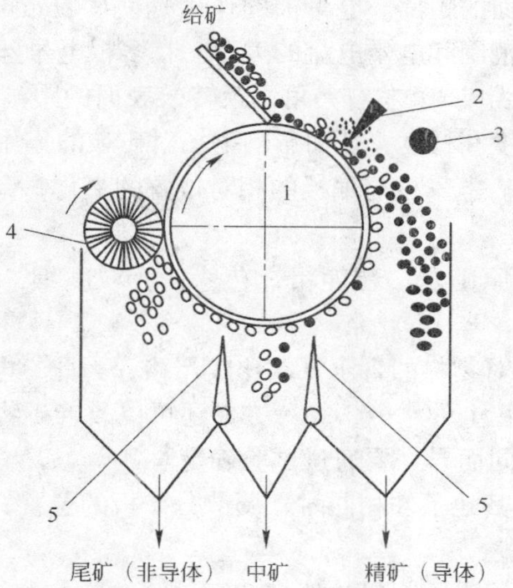

图8-6 电选机示意图

1—转鼓；2—电晕极；3—偏极（静电极）；4—毛刷；5—分矿调节格板

目前电选机的给矿粒度以2～0.1mm为宜，最适宜的粒度范围是1～0.1mm，并且粒度组成愈均匀，选别效果愈好。因此，常将物料分成较窄的级别分别进行电选。但分级过窄，工作量太大，应在基本符合要求的条件下，尽量减少分级次数。一般稀有金属矿分为－0.59＋0.25mm、－0.25＋0.149mm、－0.149＋0.104mm、－0.104＋0.074mm、－0.074mm；有色金属矿分为：－0.59＋0.149mm、－0.149＋0.104mm、－0.104＋0.074mm、－0.074mm。有时也可用电选机进行分级：从前面出来的导体产品是粗粒级，从后面出来的非导体是细粒级，反复几次便可得出若干个粒级。

电选前对物料表面进行处理，常常能改善电选效果。表面处理包括两个方面：一方面是酸处理，即用酸清洗矿物表面铁质和其他污染物，以显露矿物的本来表面，做法是用水将物料湿润，然后加浓度为1%、重约为物料的3%～5%的粗硫酸使之发热，再加浓度为5%～6%、重约为物料的8%～10%的粗盐酸，搅拌5～20min，然后反复用清水冲洗，排出冲洗水；另一方面是添加其他药剂进行表面处理，使药剂与矿物表面生成新的表面化合物，或减少颗粒间的黏附作用，使彼此松散。

矿粒表面上的吸附水对电选是不利的，电选前要对试料加热干燥。

预先试验是根据分离矿物的比导电度、整流性和介电常数，按照同类矿石电选经验，采用相近条件进行初步试验，观察初步分选效果，作为下一步条件试验的基础。

条件试验是在预先试验的基础上，对影响电选的各项因素进行系统试验，找出因素的主次和最佳条件。试验内容是：

（1）电压高低。电压高低对选别效果影响很大。在一般情况下，粒度大，电压要高些，粒度小，电压可低些；要提高导体产品质量，电压稍低些，要提高非导体质量，电压稍高些。

（2）电极位置。电极位置是指电晕极、偏极（有时无偏极）在转鼓（接地极）第一象限内的角度和离转鼓表面的距离。电晕极的作用是使矿粒带电（充电），它的位置的变化，能改变电晕极充电区范围和电晕电流的大小。在多根电晕丝中，第一根的影响是最主要的，它与转鼓纵向中心线成30°左右夹角，距转鼓表面的距离实验室常采用40～60mm。偏极位置影响静电场的强度和梯度，从而影响电场对矿粒的作用力的大小，它与转鼓纵向中心线成45°～60°的夹角。电晕极与偏极的相对位置的变化，会引起电场位置和电场强度的改变。

（3）转鼓转速。一般原则是：粒度粗，转速低，粒度细，转速高，而且与粗选、扫选、精选作业的要求有关。

（4）试料加温。电选对物料的含水要求比较严格，为此，电选前要对试料加温。其作用是一方面去掉黏附于矿粒上的水分，另一方面还可以改善矿物的电性。从而改善分选效果。加温的温度因矿石不同而异，要通过试验确定。

（5）分矿板位置。在其他条件相同时，调节分矿板的位置，可控制精、中、尾矿的产率和品位。

（6）给矿量。给矿量太大，会影响选矿指标；给矿量太小，处理量降低。一般粗粒级矿层厚为$2 \sim 3d_{max}$（d_{max}指给矿最大粒度），细粒级常为1～1.5mm。

流程试验主要是确定精选和扫选次数，中矿处理方法以及精选、扫选作业的合适条件。处理细粒级时，要增加扫选次数。流程中产出的中矿，如果属连生体，则应返回再磨再选；如已单体解离，则可混入原矿中再选。这时，常遇到残余电荷的影响。为了消除残余电荷的影响，宜将中矿停放几天再处理。

试验时必须高度注意安全。各高压线接头必须严密连接，防止漏电。电选机的所有接近通电流构件的金属部件都应接地（接地电阻应小于6Ω），且应经常检查，防止松动。高压电断开时，高压电极上尚有残余电荷，必须先用接地放电器放电，然后才能与其接触。

9 重选试验

9.1 重选试验的特点

各种选矿方法的可选性试验，其基本任务都是相同的，都是要通过试验选择适用于处理所研究矿产的选矿方法、流程、设备和工艺条件，确定该矿产的可选性，即可能达到的工艺指标。因而试验的程序和方法，也是大体相同的。

重选、浮选、磁选、电选等各种选矿方法，由于它们的分选原理不同，其工艺过程本身就各有其特点，它们的实验室技术也各有特点，因此不仅要弄清各种选矿方法试验技术的共同本质，而且要了解它们的特殊本质。

不论哪一种选矿方法的实验室试验，都要考察选别流程、设备和工艺条件，但各种方法的试验的侧重点都是不一样的。例如，浮选试验时，工艺条件的考察是主要方面；而重选试验时的主要方面往往是流程和设备的选择，工艺因素的考察，则处于相对次要的地位。

尽管浮选机的型号有多种，但浮选的基本原理是一样的。而重选过程，实际包括多种选矿方法，如重介质选矿、跳汰选矿、摇床选矿、溜槽选矿、离心选矿，其选别原理和应用范围都不相同，而设备本身的工作效率又往往是决定选别效率的首要因素，这就是重选试验时必须首先抓住流程和设备问题的基本原因。特别是重选生产的重大变革都是与设备的改进和创新工作分不开的，因而即使是在为解决具体矿石可选性的应用性选矿试验工作中，也常常离不开新设备的引用或研制工作。

重选过程的基本原理相对来说比较简单，从矿石性质本身这方面来看，主要因素——密度原则上是不可改变的，粒度也是可预计的，而各种选别设备，只要其入选原料的密度组成和粒度组成基本相同，选别条件也基本相同。再加上重选过程中发生的一些物理现象比较直观，大多可以凭肉眼直接观察判断。这些都决定了重选试验中有关工艺因素的考察工作与浮选不相同。

重选所处理的物料的入选粒度一般较粗，粒度范围也较宽。不同粒度的物料要求选用不同的设备，即使可以用同一类设备处理，为了提高效率，物料也常常分级选别，再加上为了避免过粉碎对选别的不利影响，常采用阶段选别流程，导致流程的组合一般比较复杂。

此外，重选试验通常是按开路流程进行的，原因是一方面重选工艺因素比较简单和稳定，中矿返回影响较小。如果要做中矿返回试验，其目的主要仅在于考察中矿的分配，而很少像浮选那样，会由于中矿的返回而明显地影响到原矿的选别条件和效率。另一方面，由于重选流程长，物料粗，用料多，试验工作量大，在一般的实验室条件下，实际上很难组织全流程范围的闭路和连续试验。

但是，尽管从全流程而言，重选试验大多是开路的，不连续的，而对每个具体作业而言，却又常是按连续给矿原则工作的，有时甚至是闭路循环的（如旋流器、离心机）。并且，重选试验所用设备规格比较大，除可选性评价试验目前一般采用实验室型设备外，为选矿厂设计提供依据的可选性试验，目前大多倾向于采用半工业型设备，个别甚至采用工业型设备。

9.2　重选试验方法及内容

9.2.1　试样的准备

试样的准备根据试验的目的不同而异。仅是为了考察矿石用重介质选别的可能性时，3～0.5mm 的物料通常不进行研究，因为在目前技术水平下，重介质选矿不能处理 3～0.5mm 的物料。若需全面地考察矿石重选的可能性，则可根据选别的下限粒度确定研究的下限。

若是为了考察矿石的入选粒度，可将试样缩分为几份，分别破碎到不同的粒度进行试验。例如，可将试样缩分为四份，分别破碎到 25mm、18mm、12mm、6mm，筛除不拟入选的细粒，洗涤脱泥，晾干后分别进行试验；筛出的细粒（包括矿泥）要烘干，称量，并进行化学分析。分离试验一般可在岩矿鉴定的基础上，从粗级别开始试验，若在粗级别能得到满意的分离指标，则不必对较细的试样进行试验，否则应逐步降低入选粒度，直至得出满意的分离指标为止。

试验的最初阶段，通常将试样分成窄级别，洗去矿泥晾干后，分别进行试验。通过试验，选定粒度范围，再用宽级别物料进行校核试验。窄级别试样的分级比，一般大致为 $\sqrt{2}$ ～2。

原始试样的总质量随物料粒度上限而异，应能满足试样最小质量 $m = kd^2$（kg）的关系。一般当最大粒度为 25mm 时，可取 25～30kg。逐块测密度法分离矿块时，所用的试样量一般较小，各级别矿块总数大致为 200 块。

试样必须按正规的缩分方法进行缩分。试样质量或块数只要大致符合要求即可。

9.2.2　试验方法

9.2.2.1　重力分析

重力分析又称密度组分分析，即对物料进行筛分、重力分离、化学分析。其实质是在接近理想的条件下将矿石分离为不同密度的部分，根据不同密度部分的产率和品位，算出各部分中各组分的分布率。

矿石不同密度部分的分离，常用方法有三：重液分离法；重悬浮液分离法；逐块测密度法。前两者又称为浮沉试验法，是重选试验最基本的方法。

A　重液分离法

重液分离是矿物分析和测定矿石中有用矿物浸染粒度最常用的方法之一。

在重介质选矿试验中，重液分离法是作为预先试验的方法，目的是确定重介质选矿过程的理论指标。其分离过程是将矿块置于一定密度的重液中，其密度大于重液密度者下沉，小于重液密度者即浮在液面上，与重液密度相近者则处于悬浮状态。据此可配制一套密度不同的重液，分离出矿石中各个密度不同的部分。

重液通常是指密度比水大的液体，包括有机重液、无机盐溶液和熔盐三类。测定金属矿石常用的重液有：

（1）三溴甲烷或四溴乙烷，最高相对密度可达 2.9～3.0。应用苯、甲苯或四氯化碳与之混合物，可以改变其密度。

（2）杜列液，即碘化钾与碘化汞按 1∶1.24 的比例配成的水溶液。最高相对密度可达 3.2。这种液体配制方法简单，实际工作中应用较多，但它对硫化矿物有分解作用，对皮肤有腐蚀性，使用时须多加注意。

（3）二碘甲烷配制最高相对密度达 3.3，可用苯或其他有机溶剂稀释。

（4）克列里奇液，是甲酸铊和丙二酸铊配成的水溶液。配制相对密度最高达 4.25。与硫化矿物不起反应，但对人体有害。

重液密度的测定，可用比重瓶法或比重计法测定。

大于 0.074mm 的试样，均利用重力自然沉降分离；小于 0.074～0.04mm 的试样，则需在离心力场中分离。

块状和粗粒物料的分离试验，通常在烧杯或玻璃缸中进行。首先将不同密度的重液按要求配好，分别倾入容器中，然后将试样分小批给入重液中，搅拌后静置，待其分层后将浮物和沉物分别用漏勺捞出，待全部试样分离完毕后，再转入下一个分离密度进行分离。分离试验通常是按从小密度到大密度的顺序进行。例如，先用相对密度 2.6 的重液分离出浮物和沉物，浮物作为最终产品，沉物再用相对密度 2.7 的重液分离，如此类推，最后将试样分成 −2.6、−2.7 +2.6、−2.8 +2.7、−2.9 +2.8、−3.0 +2.9、+3.0 等不同相对密度的产物，但若发现某一个密度的产物其产率甚大，亦可增加一个分离密度，将该部分再分成两个部分。各部分产物分别洗涤、烘干、称量、取样、送化学分析。洗下的重液可再生使用。

细粒物料的分离，可在分液漏斗中进行。无专门分液漏斗时也可用带胶皮管的普通漏斗，但碘化汞和碘化钾溶液对橡胶有腐蚀作用，不能采用带胶皮管的普通漏斗。分离时先向漏斗中注入重液，然后给入试样，用玻璃棒搅拌数次，盖上表面皿，静置分层。分层完毕打开旋塞或夹子将沉物和浮物分别过滤、洗涤、烘干、称重、取样、送化学分析。洗下的重液回收再用。

离心力场中的分离，是利用离心试管作分离容器，在手摇或电动离心机中分离。操作时，离心机中位于对称位置的两个试管所装的试样质量要相近，否则高速旋转时玻璃管会破裂。离心机转速应渐增，一般最高 3000～4000r/min 即可，持续 3～5min，逐渐减速停止。离心试管上层矿物用玻璃棒拨出或用小网勺捞出。下层沉物则随同重液一起移出，分别过滤、洗涤、烘干、称量、取样、送化学分析。重液再生回收。

B 重悬浮液分离法

目前生产上重介质选矿多数是用重悬浮液作为介质，因而对于重介质选矿试验，重液分离只能作为预先试验，最后还必须在实际悬浮液中进行正式分离试验。有时由于重液缺乏，或物料粒度粗、试样多，或矿石松散，不适于在重液中分离，可不经重液分离而直接用悬浮液进行分离试验。但重悬浮液分离法不适用于研究细粒物料，因为细粒物料同介质混杂后难以分离。

重悬浮液分离试验常用的介质加重剂见表 9-1，由于配制的重悬浮液密度均比加重剂的密度小得多，在实验室矿石密度组分分析工作中，主要采用密度大的加重剂，如方铅矿、硅铁等。在重介质旋流器分离过程中，由于实际分离密度将大于悬浮液密度，故可用密度较小的物料做加重剂，如砷黄铁矿、黄铁矿、磁铁矿、磁黄铁矿等。在实验室试验阶段，通常是利用挑选的大块纯矿物粉碎后制成介质，因而实际密度接近了表列密度；在半工业性试验阶段，一般只能用相应的选矿产品代替，例如，用浮选铅精矿代替纯方铅矿，因而其密度将小于表列密度。

表 9-1　常用加重剂

加 重 剂	加重剂相对密度	可能达到的悬浮液最大相对密度	莫氏硬度
重晶石	4.4	2.2	3.0～3.5
磁黄铁矿	4.6	2.3	3.5～4.5
黄铁矿	5.0	2.5	6.0～6.5
磁铁矿	5.0	2.5	5.5～6.5
砷黄铁矿	6.0	2.8	5.5～6.0
细磨硅铁（85%铁，15%硅）	6.9	3.1	7.0
粒状硅铁（90%为球形）（85%铁，15%硅）	6.9	3.5～3.8	7.6～7.7
方铅矿	7.5	3.3	2.5～2.75

方铅矿通常磨到 70%～80% −44μm，易磨，可以得到比较稳定的悬浮液，其缺点是容易泥化而使悬浮液变黏，影响分离效果，并可能污染产品。

硅铁通常需磨到 60%～65% −44μm，难磨，在给入磨矿机前应尽可能破碎到较小粒度，磨碎时间长，要用淘洗的方法周期地取出细粒，为防止氧化，潮湿的硅铁应保存在水中。硅铁含硅量一般为 13%～18%。粒状硅铁，由于呈球形颗粒，悬浮液黏度较小，可配成较高的浓度使用，可能达到的悬浮液密度也较大。

为配制给定密度的悬浮液所需加重剂的质量可按下式计算：

$$m = \frac{\rho_s(\rho_p - \rho_l)}{\rho_s - \rho_l}V \tag{9-1}$$

式中　m——加重剂质量；

V——悬浮液体积；

ρ_s——加重剂密度；

ρ_p——悬浮液密度；

ρ_l——水的密度。

悬浮液的密度可用浓度壶测定，其测定方法和原理与比重瓶法相同。

分离操作可在直径和高大约为 200mm 的圆形容器（桶、缸、杯）中进行。

分离试验操作与重液分离类似，主要差别是悬浮液为非均匀介质，静置时会分层，必须不断搅拌方能保持密度的稳定。

将配制好的悬浮液注入分离容器，不断搅拌，并测其密度。调节到要求数值后，一面缓慢搅拌，一面加入预先用同样悬浮液浸湿的试样。停止搅拌后 5 ~10min，用漏勺自悬浮液表面（插入深度大致相当于一最大块的尺寸）捞出浮物，然后再取出沉物。如除浮物和沉物之外还有大量密度与悬浮液接近的中间产物处于不沉不浮的状态，则最好单独收集。取出的产物分别置于筛子上用水洗净，分别烘干、称量、取样、送化学分析。若有必要，洗下的悬浮质可用选矿的方法再生后回收再用。

C 逐块测密度法

常用的重液多半稀贵、有毒，当块度大时，耗用重液多，因而一般大于 10mm 的块状物料可用逐块测密度法测定。测定前应先将试样筛分成窄级别，然后用四分法自每个级别中缩分出约 200 个矿块作为试样，分别用水冲洗、晾干，用专门的或改装的比重天平逐块测定密度。

将测过密度的矿块，按一定的密度间隔分成几堆，即几个不同密度部分，分别称量、取样，送化学分析。划分密度间隔的原则是，靠近分离密度的地方间隔取窄些，但又要使每一个密度部分的矿块不致过少。

9.2.2.2 可选性曲线

上述每一种分离方法的试验结果，所得出的原始数据，是密度级别、质量和品位，并且要进一步计算产率和金属分布率。根据原始数据计算试验结果列表，即可绘出可选性曲线。表 9-2 是一组筛出了 -3mm 后 -25 +3mm 铅矿石的浮沉试验结果，现说明其计算步骤及曲线绘制方法。

表 9-2 浮沉试验结果

相对密度级别	产率/%			品位/%			金属分布率/%		
	个别 r	浮物累计 r_f	沉物累计 r_s	个别 β	浮物累计 β_f	沉物累计 β_s	个别 ε	浮物累计 ε_f	沉物累计 ε_s
(1)	(2)	(3)	(4)	(5)	(6)	(7)	(8)	(9)	(10)
-2.7	22.9	22.9	75.4	0.2	0.2	2.39	1.9	1.9	73.5
-2.8 +2.7	13.3	36.2	52.5	0.6	0.35	3.35	3.3	5.2	71.6
-2.9 +2.8	8.6	44.8	39.2	0.9	0.45	4.28	3.1	8.3	68.3
-3.0 +2.9	5.9	50.7	30.6	1.6	0.59	5.23	3.8	12.1	65.2
+3.0	24.7	75.4	24.7	6.1	2.39	6.10	61.4	73.5	61.4
-25 +3mm 共计		75.4			2.39			73.5	
-3 +0mm 共计		24.6			2.65			26.5	
-25 +0mm 原矿		100.0			2.46			100.0	

首先把原始数据列于表 9-2 第（1）、（2）、（5）栏中，第（2）栏产率，是对原矿的相对值，第（5）栏为化学分析数据。预先筛出的细粒 -3mm，其产率和品位列于表的下方。

第（3）栏浮物累计产率 r_f 是自轻级别产物开始向下累计相加得出。

第（4）栏沉物累计产率 r_s 则是自重级别产物开始向上累计相加得出。

第（6）栏浮物累计品位 β_f 是低于某密度级别的全部轻产物的平均品位，按下式计算得出：

$$\beta_f = \frac{\sum r_i \beta_i}{\sum r_i}\% \tag{9-2}$$

第（7）栏沉物累计品位 β_s 则是高于某密度级别的全部重产物的平均品位，计算方法与式（9-2）相同，只是需由下向上累计。

第（8）栏金属分布率 ε 是对原矿的相对值，由下式计算得出：

$$\varepsilon_i = \frac{r_i \beta_i}{\sum r\beta} \times 100\% \tag{9-3}$$

第（9）栏浮物累计 ε_f 是自轻级别产物开始自上而下累计相加得出。

第（10）栏沉物累计 ε_s 是自重级别产物开始自下而上累计相加得出。

根据表 9-2 绘出的可选性曲线如图 9-1 所示。图中曲线分别表示不同分离密度时的分离指标：浮物累计产率 r_f、浮物累计品位 β_f、浮物累计金属分布率 ε_f、沉物累计产率 r_s、沉物累计品位 β_s、沉物累计金属分布率 ε_s。图中表示在理想条件下重悬浮液分离所得轻、重产物的产率、品位及金属分布率与分离密度的变化关系。在指定出任一指标后，其他各项指标即可由图示关系求得。

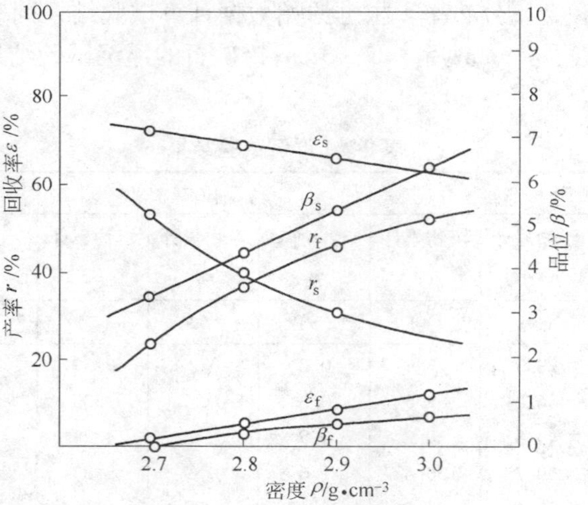

图 9-1　矿石可选性曲线

9.2.3　洗矿及筛分

9.2.3.1　*洗矿*

目前尚无一个恰当的小型洗矿试验方法，能直接为工业设计提供洗矿指标。实验室内，大块矿石的洗矿，通常是用筛分加人工刷洗。块度较小时，也可采用实验室型槽式洗矿机和螺旋分级机。目前实验室洗矿试验，实际上是在理想状态下将矿块（或矿砂）同矿泥分开，所得的产品的产率、品位、金属分布率等指标只能看做是理论指标。

9.2.3.2　*筛分*

筛分、分级和脱泥都是按粒度分离，也可统称为分级。一般大于2～0.5mm时采用筛分的方法，小于此值时用水力分级。

实验室内大块物料的筛分通常用人工方法进行。细粒物料（6mm以下）有的用人工方法筛分，有的用实验室振动筛筛分。通常应备有一整套筛子，从150mm至1mm，每隔适当的尺寸设一个筛子。

9.2.3.3　*矿砂分级*（-2+0.074mm）

大量试样的分级，可采用实验室型机械搅拌式分级机。这种分级机的处理能力约为100kg/h，一次可分出四个沉砂产品。

少量试样的分级，可模仿工业分级原理，用铁皮自制简易的单室或多室水力分级设备。

图9-2是实验室用缝隙式分级机，使用时根据分离粒度颗粒的自由沉降速度计算水的用量（cm^3/s）：

$$W = Av_0 \tag{9-4}$$

式中　v_0——分离粒度颗粒的自由沉降末速；

　　A——分级箱中缝隙的总面积。

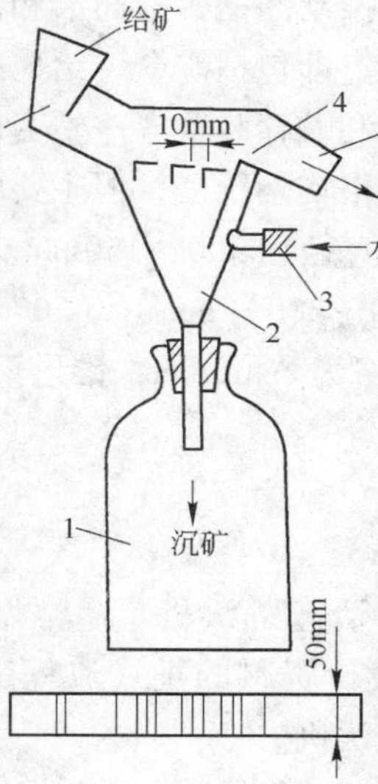

图9-2　试验室用缝隙式分级机

1—沉砂收集瓶；2—分级箱；3—胶皮管；4—挡板；5—溜槽；6—给矿槽

通常是以石英为标准计算沉降末速。表9-3是石英自由沉降末速的试验数据。

9.2.3.4　*矿泥分级*

少量试样的分级，可在较大的容器内，用静置沉降后虹吸的方法进行，其原理与水析的方法相同。这种装置简单，但处理细级别时分级过程时间长。

表 9-3 石英自由沉降末速

粒度/mm	沉降速度/cm·s^{-1}	粒度/mm	沉降速度/cm·s^{-1}
4.58	24.0	0.199	2.439
3.48	20.9	0.156	1.724
2.44	16.8	0.121	1.020
1.85	14.66	0.0912	0.602
1.37	11.84	0.0747	0.357
1.04	9.45	0.0629	0.252
0.76	7.67	0.0503	0.178
0.51	5.27	0.0435	0.126
0.41	4.12	0.0319	0.0746
0.305	3.448	0.0209	0.0313

试样量较大时，建议用水力旋流器。实验室用旋流器的规格较小，一般直径为 25 ~ 75mm，并备有一套可以拆换的部件，以便调节各项结构参数。

旋流器的给料必须连续、恒压给入，因而旋流器试验装置必须附有给矿斗、砂泵、压力计等一套附属装置，而且给矿口和底流（沉砂）口应能更换或调节。

9.2.4 重介质选矿

常用的重介质选矿设备有重介质振动溜槽、圆筒形和锥形重介质选矿机以及重介质旋流器等。它们的连续试验装置均类似，即包括矿仓、给矿机、悬浮液搅拌桶、分选机、脱介质筛和冲洗筛、砂泵以及其他运输和贮存装置等一整套设备。

目前试验用的重介质选矿设备规格均不统一，但主要取决于试料粒度，重介质旋流器在入选粒度为 20 ~13mm 时，旋流器直径约 300 ~150mm。重介质振动槽入选粒度为 50 ~ 75mm 时，规格一般为宽 × 长 = （200 ~300） mm × （3000 ~5000） mm。当入选粒度变为 25mm 时，圆筒形重介质选矿机的规格为 ϕ400mm，锥形重介质选矿机为 ϕ500mm。

9.2.5 跳汰选矿

跳汰选别粒度范围为 20 ~0.5mm。

实验室型跳汰机有隔膜跳汰机、活塞跳汰机。通常做可选性评价试验和探索性试验时，均采用实验室型跳汰机；提供设计资料的正式流程试验，趋向于采用半工业型跳汰机，但精选作业只能采用实验室型跳汰机。

目前国产实验室隔膜跳汰机的尺寸为 100mm ×150mm 和 200mm ×300mm；梯形跳汰机为 120/240mm ×800mm。

9.2.6 摇床

摇床的有效选别粒度为 2 ~0.037mm。

试验用摇床大致分为三类：第一类为实验室型，床面尺寸为 1100mm ×500mm 和 1000mm ×450mm，还有微型摇床为 400mm ×250mm 和 300mm ×190mm；第二类为半工业型，床面尺寸约为 2000mm × 1000mm；第三类为工业型，床面尺寸约为 4500mm ×

1800mm。

实验室型摇床其床面形式与生产设备类似，粗粒用带来复条的床面（又分为粗砂型和细砂型），细粒用带刻槽的床面。

实验室型摇床主要用于可选性评价试验，提供设计资料的选矿试验大多采用半工业型摇床。试样量较大时，也可采用工业型摇床。

9.2.7 溜槽选矿

9.2.7.1 螺旋选矿机

螺旋选矿机的有效选别粒度为1～0.074mm。

实验室使用的螺旋选矿机，即小型的工业型设备，其尺寸有ϕ500～600mm，制作材料有汽车轮胎，铸铁、胶衬铸铁、胶衬塑料等。

试验装置要设恒量给矿装置和循环矿浆用的砂泵等附属设备。

9.2.7.2 尖缩溜槽（扇形溜槽）

实验室和工业生产所用尖缩溜槽单体尺寸相同。实验室试验时一个作业只用一个槽子，而半工业性或工业性试验时是多个槽子组合使用。常用尖缩溜槽单体长600～1200mm，给矿端宽150～300mm，尖缩比（给矿端同排矿端宽度比）20左右。试验装置包括一个可调节溜槽坡度的支架、恒量给矿装置、截取产品的装置及循环矿浆用的砂泵等。

将一组扇形溜槽沿圆周向中心排列，去掉侧壁就成了圆锥选矿机。由于消除了侧壁对矿浆流的干扰，选别效果有所改善。可选性研究时，一般直接采用工业型设备进行试验，以免因设备规格不同引起选别指标偏差。

9.2.7.3 离心选矿机（离心溜槽）

实验室用离心选矿机的尺寸尚未定型化，现所用有ϕ380mm×400mm、ϕ340mm×340mm和ϕ400mm×300mm等不同规格。转鼓尺寸缩小后转速必须相应增大。

实验室型设备的试验结果必须用工业型设备校核，目前实验室型离心选矿机仅用于探索性试验。为提供设计资料都要求采用工业型设备进行试验。

离心选矿机的试验装置必须附有恒量给矿及矿浆循环用的砂泵等附属设备，并最好备有可更换的具有不同倾角的转鼓。转鼓转速必须是可以调节的。

9.2.7.4 溜槽

实验室试验可用长1.8m、宽0.15m的手动溜槽，间歇操作，定时翻转（成45°）冲洗排矿，扩大试验时再采用工业型设备校核。

9.2.7.5 皮带溜槽

皮带溜槽，主要用作矿泥精选设备。工业型皮带溜槽宽1000mm，长3000mm；实验室型皮带溜槽仅宽度减小到300～500mm，长度不变，故二者选别效果相近，仅处理量按槽宽的缩小比例相应减小。实验室型设备所取得的试验指标可直接应用于工业生产，不必用工业型设备校核。

横流皮带溜槽，是利用剪切原理分选矿物的一种新型细粒、微粒设备，给矿和冲洗水是沿皮带横向即垂直于皮带运动方向给入，尾矿和中矿也沿横向排出，精矿则沿纵向在运动皮带端部排出。实验室型设备规格为700mm ×1200mm。回收粒度下限为10μm，富集比高，适于作精选设备。

振摆皮带溜槽，是根据重砂淘洗原理，结合摇床的振动松散，皮带溜槽的连续排矿带有综合运动的细泥选矿设备。规格为800mm ×2600mm，选矿回收率和富集比均比普通皮带溜槽高，特别是对于密度差较小的矿物，其分选精确性较高，可作精选设备用。回收粒度下限为20μm。

同其他溜槽设备一样，必须设有给矿系统的附属设备。

9.3　重选试验流程

9.3.1　拟订重选流程的一般原则

流程的基本结构，必须根据矿石性质并参照同类型矿石的生产实践经验确定。

对重选过程，最重要的因素是矿物密度差和选别粒度。密度差是一个不可改变的因素，它表明矿石用重选法选别的难易程度，对于拟订试验流程本身并无实际指导意义。粒度对重选效率影响是很大的，尽管重选在理论上可以选别一切粒度的物料，但由于技术上的原因，实际的选别粒度是有限制的。但是物料入选前的破碎粒度，是根据有用矿物的嵌布特性确定的，因此拟订试验流程的核心问题，就是根据矿石的嵌布特性决定矿石的选别粒度，并选择相应的设备。

在拟订重选流程时，必须吸取生产实践经验。例如，关于“洗矿入磨，阶段磨选，能丢早丢，能收早收，泥砂分选，分级处理，贫富分选”等一整套选厂流程改革中积累起来的经验，都值得认真考虑。

拟订重选试验流程时应考虑以下几个问题：

（1）选别粒度。选别粒度包括是否需要洗矿和脱泥、入选粒度、选别段数、分级段数及各级别的范围等。总之要根据矿石性质及生产规模并参照同类型矿石的生产实践经验确定。

（2）各级别物料的选别方法。粒度范围不同，其适用的选别方法亦不相同，并且在每一个具体的粒度范围内又有几种设备可供选择。因而试验人员必须深入现场，熟悉各类设备的性能和特点，以便在拟订试验流程时，正确选定各粒级物料的重选方法和设备。

（3）中矿处理。在试验过程中得出的中矿，应根据其矿物组成、各种矿物共生的性质以及有用矿物单体分离的情况等，确定其处理的方案。

（4）作业内部结构。重选流程的作业内部结构比较简单，很少采用多次精选和多次扫选的流程。内部结构原则是：要求只产一种最终产品（产精矿或丢尾矿）的作业，一般只采用一次粗选，不用精选和扫选；多段选别时，后一段即可作为前一段的扫选作业，前一段作业本身一般不再设扫选。

9.3.2 试验流程的特点

试验流程分为探索性试验流程与正式试验流程。探索性试验流程是灵活的，所有试验因素原则上都应在探索性阶段考察清楚，然后再拟定正式试验流程。正式试验流程实际上只是一种验证性流程，只是为了取得最终选别指标和其他技术经济数据。

由于在探索性试验过程中要对一些待定因素进行考察对比，因而试验流程可以是多方案的；或者是多支的——在一个试验流程内部，在某些需要考察对比的环节上分为几支平行地试验；或者是可以在试验过程中根据流程前段的试验结果临时确定后段试验流程。

探索性试验流程与正式试验流程的差别在于：

（1）探索性试验流程中具有未定因素，因而试验工作不一定能够进行到得出最终产品和最终指标；

（2）探索性试验，不一定每次均做完全部流程，也不要求提供正式指标，试样量可以减少；

（3）探索性试验的流程，为了探讨问题可以比生产流程复杂，为了减少工作量也可比生产流程简单。

从原则上讲，所有的试验工作都应经历探索性试验和正式试验两个阶段。也就是说，首先应按探索性流程进行试验，然后再转入正式流程试验。实际上并不是在所有情况下都要经过这两个阶段。如果所研究的矿石，已有同类矿石丰富的生产经验可供参考，或者过去对该矿床已做过许多研究工作，即可根据矿石性质参照生产经验，直接选定一个正式试验流程，一次成功。反之，对于工业上没有成熟的经验可资借鉴的矿产，就必须经历流程探索阶段。

9.4 重选试验操作

重选试验操作的内容，主要包括工艺条件的考察及重选试验过程的操作方法两个方面。

9.4.1 工艺因素的考察

重选试验，在进行系统的流程试验前，一般都要考察影响各种设备效率的工艺因素，找出其最合适的工艺条件。

9.4.1.1 考察内容

（1）负荷。主要是指给矿量（按干矿计算）、给矿浓度、体积负荷（给入矿浆体积）。对于不同的设备，考察的重点亦有所不同。对跳汰机和洗矿设备主要是控制给矿量，对流膜选矿设备则主要是控制体积负荷。

负荷量是一个重要的因素，但在确定负荷量时要全面考虑技术经济效果，调节的范围要适当。

对于旋流器，不仅要考察负荷量，还必须考察所给矿浆压力。给浆压力是影响旋流器工作的最重要因素之一。

（2）水量。重选过程（湿法）的水量也是一个重要因素，除了与负荷有关的给矿水外，还有各种补加水，如跳汰机和重介质振动槽的筛下水、流膜选矿设备所用的冲洗水等。

（3）介质和床层。重选过程中，最基本的选别介质是水以及水同固体物料的悬浮液。重悬浮液选矿时首先要确定悬浮液的密度，然后选择加重剂的品种和粒度组成以及悬浮液中加重剂的固体含量。

细粒跳汰过程，除了由入选物料形成的自然床层以外，还要添加人工床层。自然床层厚度、人工床层厚度、床层材料和粒度等都是可能影响跳汰选别效果的因素。

（4）设备结构参数。此处所指的是在选矿试验过程中要调节的那些参数。

对摇床、尖缩溜槽、皮带溜槽等这类在重力场中作用的普通流膜选矿设备，需要调节的结构参数主要是坡度（倾角）。

在离心力场中分离时，设备的结构参数比较重要。最突出的是旋流器，几乎全部参数都是可以调节的，但其中有些是在设计实验室设备时即应考虑决定的，进行选矿试验时只是如何根据作业性质选择其规格尺寸的问题，如筒体的直径和高度、锥角和给矿口尺寸等；实际使用中经常要调节的主要是沉砂口和溢流口的尺寸。

（5）设备运动参数。对于往复运动的设备，如跳汰机和摇床以及重介质振动槽，运动参数指的是冲程和冲次。但冲次一般可以根据所选物料粒度预先选定，需要通过对比试验考察的主要是冲程。

对于回转运动的设备，运动参数就是指转速，如离心选矿机的转鼓转速。

（6）作业时间。对于间歇给矿的设备，需考察作业时间的影响，如离心选矿机和自动溜槽的给矿时间和冲洗时间。

9.4.1.2 *考察方法*

上述各种工艺因素的考察，其判断方法大多根据分选过程的现象直观观察，即可判断其选别效果的优劣。

最典型的是摇床，其分选现象完全可通过物料在床面呈扇形分布的情况直观判断，因而在试验过程中摇床的操作条件都是在正式试验前利用少量试样临时调节，很少安排专门的条件试验。

跳汰机的分选也可根据床层松散程度作出初步判断，必要时在此基础上安排较少的条件试验进行考察。

有的重选设备虽然不能依靠直观判断选定操作条件，但却可作出某些初步判断，帮助我们减少试验工作的盲目性和工作量。例如各种溜槽，特别是离心溜槽试验中，若发现“拉沟”现象即可断定其选别效果不会好，而不必盲目取样化验。

前面罗列了重选试验时需要考虑的各项工艺因素，具体试验时则必须了解各类设备各有其特点，不能盲目地对所有因素都进行考察。

例如，跳汰首先应调节冲程，其次是人工床层厚度和筛下水量。对摇床主要调节冲程、冲洗水量和床面坡度，其体积负荷虽然是一个重要因素，但常是按定额选取。至于其他因素，更多的情况是属于它们已有一般规律可循，没有必要在每次试验时都重新系统考察，也没有必要在操作中随时调节。如摇床的冲次，可根据试料粒度预先选定，操作中不再调节。

9.4.2 操作方法

重选试验过程的操作，主要是给矿、接矿以及产品的计量和取样。

9.4.2.1 *给矿和接矿*

给矿方法有间断给矿和连续给矿两种。间断给矿时，试料是一次给入或分几批给入，其操作方法是等一批试料处理完毕以后，才给入第二批。间断给矿方法仅在探索性试验时为考察某些工艺操作条件时用，如实验室重液或重悬浮液分离试验、在小型跳汰机中进行预先试验或精选试验等。

在多数情况下，重选试验都是采用连续给矿方法。负荷的稳定，对于重选设备的正常工作，是一个重要的前提。因而各种试验设备，最好附有机械给矿装置。对于细粒和泥矿选别设备，不仅要求给矿量恒定，还要求浓度和体积负荷恒定，因而还必须附有搅拌桶和湿式给料装置。

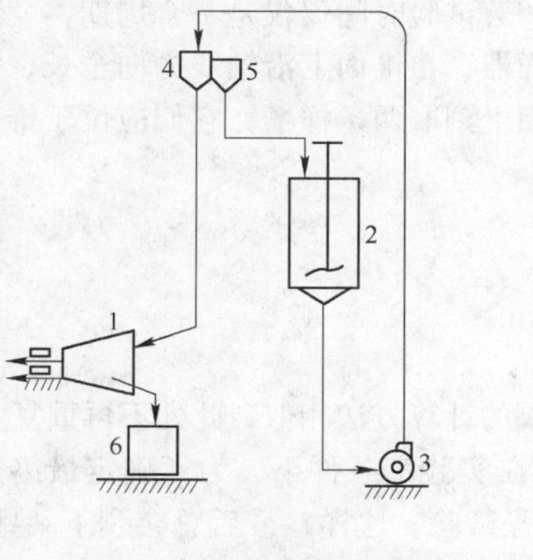

图 9-3 某小型离心选矿机试验装置
1—离心选矿机（ϕ380mm ×400mm）
2—搅拌桶（ϕ500mm ×1000mm）；3—立式砂泵；
4—高位恒压给矿斗；5—溢流斗；6—接矿容器

如果要求给浆具有一定压力（如旋流器），就需要配设砂泵和高位恒压给矿槽（斗）。有时候，即使是在自然压力下给浆，为了保持给浆量的稳定，最好也设高位恒压给矿斗。所不同者，是前者给矿斗与选别设备之间，高差必须大到能形成足够之进浆压力；而后者，高差不要很大，只要便于配置和操作即可。图 9-3 为小型离心选矿机试验装置。

重选试验时，矿浆产品的接取，通常都必须备有一大批大桶或大缸。此外，在预先试验时，为了节省试样，常需将产品混合后循环再用，因而连续装置通常都设有矿浆循环管道。可以用砂泵将产品扬送到原给矿搅拌桶或给矿斗中。

如何确定精矿截取量，也是试验操作中的一个重要问题。在大多数情况下，精矿的截取量是根据直观判断。有时，如果不能直接从现象上进行判断，就只有将产品划细些，即多接几个产品，分别计量和取样化验，并据此绘制精矿产率对精矿品位和回收率的关系曲线，从曲线图即可找出精矿达到预定的选别指标的截取量该是多少。

9.4.2.2 *计量和取样*

重选试验，一般流程长，所用试样量大，因此计量取样操作要特别注意，要求所取样品具有代表性；计量要准确，否则会造成很大的误差。

（1）计量。计量总的原则是：最终产品应尽可能地直接称量；如不能全部直接称量，至少应将精矿直接称量。

粗粒产品，如跳汰产品，一般可全部收集，脱水烘干后直接称量。

细粒和泥矿产品，若试样量不大，也最好全部收集起来，脱水烘干后直接称量。若试样量大，不宜全部烘干称重，则有两个方法处理：一是仍将全部产品收集起来，然后直接称量矿浆的湿重，并取样测量其浓度，据此计算矿浆的干重；二是在试验进行过程中，待矿浆流量稳定后，用截流法测量单位时间内流过的矿浆量，同时测量其浓度，据此算出单位时间内处理的干矿量和得出的产品质量（干重）。后者实质是取样计量，而不是全量计量，因而计量的准确性首先取决于取样方法的可靠性。在具体操作中必须遵循取样的基本原则，同时计时要准确。

由于在重选试验中，某些产品（矿泥及泥状尾矿）容易流失而造成计量的不准确。而原矿或作业给矿常是干矿，容易计量，因而原矿和作业给矿都必须计量。在全流程试验时，中间产品的质量原则上可以根据最终产品的质量反推，但对于一些关键性的产品，只要计量工作不影响下一步试验，也最好计量。

（2）取样。块状和粗粒产品的取样，通常是在全部产品脱水烘干并计量后，用堆锥四分法缩分取样。

细粒和矿泥产品，若产品量不大，也可采用上述方法。产品量大时，则采用截流取样法。

对于一些周期性的作业，例如，离心选矿机，若试验时间仅仅是一个周期，就可让精矿留在锥体上，待设备停稳后，用特制的槽形取样器，在锥面上沿轴线方向全长、沿矿层厚，刮取一条沉积的矿砂作为试样。一般要在锥面上刻取两条样槽，它们应位于锥体圆周上两相对的位置，即各相距 180°。

9.5　重选试验结果的处理

9.5.1　试验结果的计算

重选小型试验结果的计算方法与重力分析结果的计算方法相似，此处不再重复。

重选试验流程复杂，需要的试样量大，因而在实验室条件下，为了确定最终选别指标，一般都是按开路原则（中矿不返回）进行流程试验。这样，最后总会剩下一些中矿。在计算最终指标时，如何处理这部分中矿，是一个比较麻烦的问题。

一般来说，当中矿产率较大时，无论采用何种折算办法，都难以得出合乎实情的指标。在试验过程中，应事先注意到把中矿尽量处理，通过多次再选的办法使最终中矿的产率和金属量都很小。这时，可用下列公式计算从中矿部分可能得到的回收率，然后加入精矿回收率中，即为闭路作业精矿的总回收率。

$$\varepsilon = \varepsilon_1 + \varepsilon_2 \times \frac{\varepsilon_1}{\varepsilon_1 + \varepsilon_3} \tag{9-5}$$

式中　ε——按闭路原则工作时，可能达到的精矿回收率指标；

ε_1——按开路原则试验时，精矿中有用成分的回收率；

ε_2——按开路原则试验时，最终中矿中有用成分的回收率；

ε_3——按开路原则试验时，尾矿中有用成分的回收率。

这个公式的实质是，假定中矿的可选性与原矿相同。显然，这种情况是很少的，在大多数情况下中矿的可选性都比原矿差，即矿物组成可能比原矿复杂，常有中等密度矿物富集，嵌布粒度也可能比原矿细，因而其选别效果也应比原矿差。这样，有人建议在按式 9-5计算之后，应再按经验打一个折扣，根据中矿的组成和嵌布特性，可以是七折、六折或对折。在对中矿指标进行折算之前，若发现中矿性质与原矿相差甚远，实际难以选别，就只能建议以最终难选中矿产出，不要进行折算。

9.5.2 试验结果的分析

评定选矿效果的好坏，一般采用精矿品位和回收率。在重选试验中，特别是对于细粒物料的选别，还常采用粒级回收率作为评定选别效果的依据。

通常是将原矿、精矿、尾矿分别进行筛析和水析，根据各个级别的化验品位和产率，算出各产品中各个粒级的金属分布率，再按以下两式计算粒级回收率。

$$\varepsilon_1 = \frac{\varepsilon_j P_j}{\varepsilon_y P_y} \times 100\% \tag{9-6}$$

$$\varepsilon_1 = \frac{\varepsilon_j P_j}{\varepsilon_j P_j + \varepsilon_w P_w} \times 100\% \tag{9-7}$$

式中 ε_1——某粒级的回收率；

ε_j——精矿的回收率；

ε_w——尾矿的回收率；

ε_y——原矿的回收率；

P_j——精矿中某粒级的金属分布率；

P_w——尾矿中某粒级的金属分布率；

P_y——原矿中某粒级的金属分布率。

表 9-4 所示是某砂锡矿粗选离心选矿机粒级回收率的计算表格。例如，+0.074mm 粒级回收率为：

$$\varepsilon_{+0.074} = \frac{83.4 \times 0.32}{100 \times 1.2} \times 100\% = 22.24\%$$

上式分子项中的 83.4% 是精矿的总回收率，0.32% 是对应于 +0.074mm 行第 7 列的数据，100% 是给矿的回收率，1.2% 是对应于 +0.074mm 行第 4 列的数据。

表 9-4 某砂锡矿粗选离心选矿机粒级回收率

粒级 /mm	给矿			精矿			粒级回收率 /%
	产率 /%	品位 /%	金属分布率 /%	产率 /%	品位 /%	金属分布率 /%	
(1)	(2)	(3)	(4)	(5)	(6)	(7)	(8)
+0.074	9.41	0.053	1.20	1.98	0.195	0.32	22.24
-0.074 +0.037	28.04	0.397	26.68	17.66	1.518	22.28	69.65
-0.037 +0.019	36.96	0.733	64.95	61.91	1.393	71.68	92.04
-0.019 +0.010	10.59	0.19	4.82	9.92	0.568	4.68	80.98
-0.010	15.00	0.065	2.35	8.53	0.146	1.04	36.91
合计	100.00	0.417	100.00	100.00	1.203	100.00	83.4

由表 9-4 可以看出，离心选矿机最有效的选别粒度是 -0.037 +0.019mm，其次是 -0.019 +0.010mm 和 -0.074 +0.037mm，而 +0.074 和 -0.010mm 的选别效率都很低。

利用粒级回收率这个指标，可以判断在原矿粒度组成不同的情况下，选矿效果的优劣。这种方法在我国重选生产和试验工作中广泛应用。

10 现厂试验

前面详细介绍了实验室中的小型条件试验、闭路试验及连续浮选试验，上述三种试验均是实验室浮选试验不可缺少的重要一环，但由于设备规格、试验规模较小、试验时间较短等原因与生产现厂的实际情况相差较大，其试验结果仅可用于评价矿石可选性，以及对生产现厂在生产过程中存在的某些问题进行改进或指导，还不足以作为大型选矿厂设计的依据。

为对拟建新选矿厂的设计提供依据，在实验室试验的基础上尚需在生产现厂进一步进行半工业性试验和工业性试验。

10.1 半工业性试验

半工业性试验的设备规格及试验规模虽比连续浮选试验有明显扩大，但与生产实际仍有一定的差距，而处于实验室试验和工业性试验之间，因此，也称为中间试验。半工业性试验常在生产现厂进行。

为便于扩大试验规模，可选择一个黑色金属或有色金属矿山建设一座小型试验厂，以供试验之需。

10.1.1 建设小型试验厂的条件

试验厂是为试验而建的一座小型选矿厂，建厂前需充分考虑是否有建试验厂的必要。当拟建选厂的规模及投资较大时，为慎重起见在工业性试验前，通过试验厂的试验获得比较确切和详尽的试验数据，以便为工业性试验打下有利基础，这时即可考虑建一座小型试验厂。

10.1.2 试验厂的主要任务

试验厂的主要任务有：

（1）验证实验室的试验方案是否完善以及技术、经济指标的稳定性和可靠性，总的目的是用试验厂的试验来验证实验室试验的可信度。

（2）在试验厂的实际操作中可根据矿石性质及变化情况做相应的调整，初步确定的浮选流程方案、药剂制度及工艺条件、浮选刮泡操作等对浮选过程及效果有影响的一些因素。

（3）为选矿厂设计积累经验及资料。试验厂在试验中可根据原矿性质的变化通过实际操作对试验过程进行调整。此外，试验厂的试验设备及规模较大更有利于调整控制，操作过程与工业生产过程十分接近，其试验结果也比较准确，可为设计新选矿厂提供更为可靠的设计参考资料。

（4）试验厂可为新建大型选矿厂锻炼和培养操作人员和工程技术人员，为生产、技术管理打下基础。

（5）试验厂也可为本矿区内不同类型的矿石进行预先试验，以便为未来生产本矿石时创造良好的条件。

（6）对选矿厂的生产工艺改革在小范围内进行试验，以防工艺改革的盲目性，而获得事半功倍的效果。

（7）为其他矿山，特别是附近矿山进行可选性试验，以便确定最佳工艺流程、工艺条件，为改革或革新创造有利条件。

（8）试验厂除承担试验任务外，在没有试验任务时进行工业生产，以提高试验厂的人员及设备的有效利用率。

总之，试验厂是新建大型选矿厂的缩影。厂小投资少，设备配置灵活机动，流程易于变化，既可试验又可生产，试验厂对选矿厂的设计及生产均有非常重要的意义。

10.1.3 试验厂的规模

试验厂规模的大小与多种因素有关，主要有选别方法、选别流程的复杂程度、拟回收的目的矿物的种类及数量、原矿品位的高低等。试验厂的规模应视上述情况，综合考虑后最终确定。有色或稀有金属矿通常为25～50t/d；而黑色金属矿为360t/d。设备规格视试验厂的规模而定，当试验厂的规模较大时可采用较大一些的设备。试验厂的规模及回收矿物种类不同，可采用不同的工艺流程。某日处理50t的重－浮联合流程如图10-1所示，供参考。

某重-浮联合试验厂所用设备如图10-1及表10-1所示，供参考。

表10-1 重－浮联合试验厂设备表

编号	设备名称	规格	编号	设备名称	规格
1	粗矿仓	$20m^3$	19	分级箱	200×200
2	颚式破碎机	250×400	20	分泥斗	$\phi1500$
3	皮带	$B=450$	21	水力旋流器	$\phi125$
4	对辊机	$\phi600$	22	矿浆分配器	
5	粉矿仓	$39m^3\times2$	23	泥浆泵	62.5
6	双层振动筛	900×1800	24	分泥斗	$\phi3600$
7	立式砂泵	50	25	泥浆泵	50
8	棒磨机	$\phi900\times1800$	26	泥浆泵	50
9	球磨机	$\phi1200\times1200$	27	立式砂泵	50
10	螺旋分级机	$\phi750$	28	调和槽	$\phi1000$
11	浓密机	$\phi6000$	29	卧式砂泵	50
12	分泥斗	$\phi1800$	30	卧式砂泵	62.5
13	分级箱	800×800	31	浮选机	1A
14	分级箱	400×400	32	浮选机	39L
15	分级箱	200×200	33	提升搅拌机	$0.7m^3$
16	6S摇床	1825×4520	34	浮选机	12L
17	弹簧摇床	750×1750	35	浮选机	2A
18	分级箱	400×400			

注：表中未标注单位的，单位均为mm。

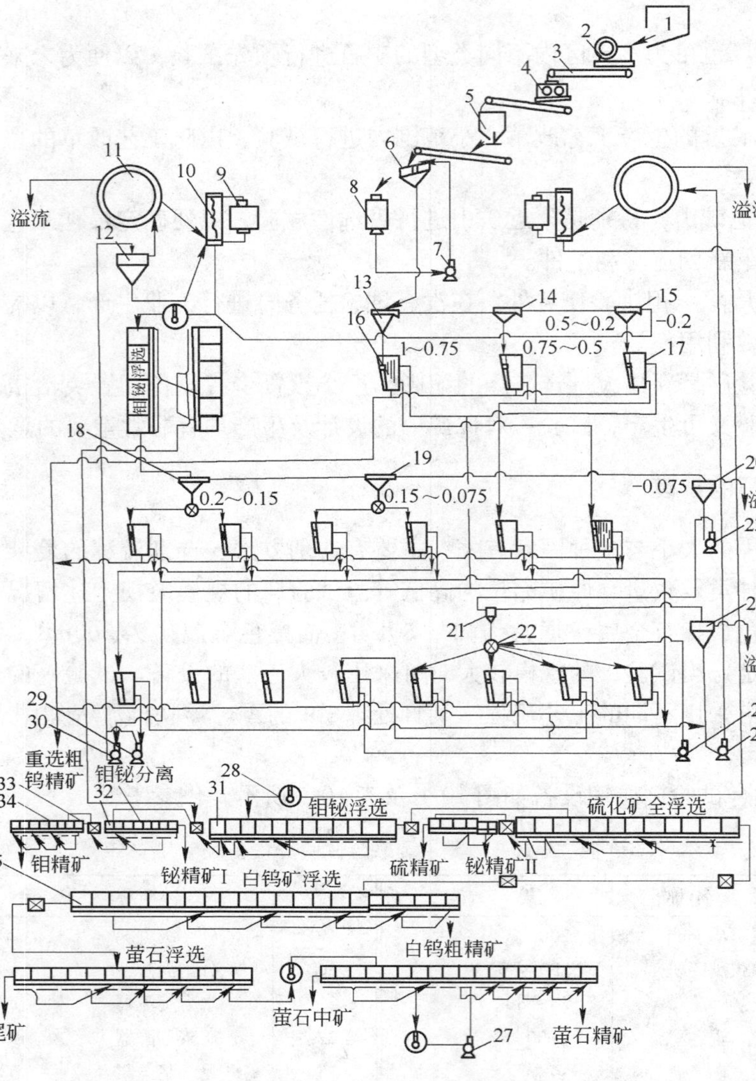

图 10-1　某钨、钼、铋矿试验厂设备联系图

10.1.4　试验厂的操作及试验的主要内容

试验厂的操作与连续浮选试验的操作基本相同，并且更接近于生产实际，试验厂的试验操作内容主要有浮选流程及其结构、浮选药剂制度及工艺条件、浮选刮泡操作等诸多因素。首先确定具体试验流程、粗选及扫选次数，以及中矿的处理方法；其次进行不同流程方案的对比试验；药剂制度包括本试验矿石可能使用的药剂，同类药剂单独使用还是混合使用，以及它们之间的比例；浮选刮泡时应根据矿石性质对产品技术指标的要求等调整好矿液面的高度并使之保持平稳。

10.2　工业性试验

工业性试验是在试验厂（半工业性试验）试验的基础上深入进行的浮选试验，工业性试验是在工业生产现厂进行的。工业性试验的内容有新设备在生产现厂进行定型试验、已生产现厂的工艺改革试验、为设计新选矿厂而进行的工业性试验。本节仅就新建选矿厂设计前的工业性试验作简要介绍。

10.2.1　原矿试样的采取

试样的代表性是工业性试验成败的关键，为保证矿样有充分的代表性，首先应按采样设计的要求有组织、有计划地采取有足够数量的代表性矿样，及时运往选矿厂并妥善处理，严防其受污染变质。

10.2.2　试验内容

工业性试验的内容与半工业性试验基本相同，它们的主要不同仅在于生产规模及试验时间的差异。生产规模视生产现厂的常规生产能力而定，试验时间可长达数日以上，由于试验规模较大、试验时间较长，所需的试样量较大。

在生产试验过程稳定、获得必要的经验及相关数据后试验方可结束，在停车前必须做好取样及检测工作，否则将前功尽弃。

10.2.3　取样及检测

工业性试验是为新选矿厂设计积累经验和必要的数据，这些数据就来源于生产过程的取样及检测。

生产或试验过程中的取样及检测可分为两大类：

（1）离线取样检测法。所谓离线取样检测法就是利用人工取样或普通取样机进行试样的采取。当用人工取样时人为操作误差可能较大，取样时需特别细心，并注意人身安全及取样效果，在有条件的情况下尽量少用人工取样；用取样机进行取样时避免了人为操作因素的不利影响，而且能做到及时、等量采取试样。无论人工取样还是取样机取样均需对试样进行加工处理，然后再送往相关部门进行化验分析及产品鉴定，试样在加工处理及化验分析过程中等待时间较长，不利于及时发现生产中的问题，当发现有问题时已难以补救。

（2）在线检测法。所谓在线检测法就是利用各种在线分析仪进行直接连续测量，再利用电子计算机有效控制，可实现工艺过程最优化的自动调整与控制，缩短了试验时间，特别是可随时获得实验数据及结果，可实现及时调整及控制操作。在线检测的主要内容有矿石品位、矿石粒度、矿浆浓度、矿浆 pH 值及矿浆流量等。常用的在线自动检测仪及应用情况简要介绍如下：

1）品位的自动检测。品位的自动检测均采用在线 X 射线荧光分析仪，其原理是用 X 射线管发生 X 射线，照射被检测的样品，激发样品中各种元素产生代表本元素特征的二次射线即荧光，该荧光的波长就代表了该元素的种类；荧光的强度可代表该元素含量的多少，再用 X 射线探测仪探测并记录该元素被激发的荧光射线强度，即可对试样中的该元素进行自动定性及定量分析。待测样品中各元素就可用上述方法直接测得，品位自动分析仪在国外一些选矿厂早已应用，我国目前已在研究或应用中。

2）粒度的自动检测。粒度的自动检测主要采用计数法进行测定，计数法就是直接统计不同粒度颗粒多少（个数）的方法，计数法又可分为间接测定法和直接测定法两大类。

间接测定法就是利用测量和统计粒子图像的方法以确定颗粒的尺寸；直接测定法就是对粒子直接测定和统计。计数法可用于测定选矿试验中可能遇到的各种粒度范围内物料的粒度，也可用于生产矿浆中矿粒的连续自动测定。常用的在线粒度测定仪有超声波式和激光式两种。

3）矿浆浓度的自动检测。矿浆浓度的自动检测就是利用某些矿浆浓度检测仪进行自动测定，矿浆浓度测定仪的种类较多，主要有 γ 射线浓度计和压差式浓度计。此外，还有自动矿浆秤法、比重计法等。

γ 射线浓度计通常用铯 137 或钴 60 为射源，通过光电倍增管、GM 计数管为探测器，利用射源产生的射线在不同浓度的矿浆中被阻断程度的不同，及被吸收射线的差异来测定矿浆的浓度；

压差式浓度计就是以矿浆中高低不同位置处两点间的压力差为依据，根据两点间的压差为两点垂直距离与矿浆浓度之积的原理进行矿浆浓度的测定，压差计可直接显示矿浆的浓度。

4）矿浆 pH 值的自动检测。矿浆 pH 值的自动检测常用电 pH 计，在国内一些选矿厂已陆续采用，电 pH 计的工作原理如前所述。矿浆 pH 值自动检测仪的种类和型号较多，如上海某分析仪器厂生产的工业酸度计的型号为 pHG -21B 型，双量程的 pH 范围为 7 ~6 及 7 ~14，单量程为 2 ~10，测量精度为 0.2pH。

5）矿浆流量的自动检测。矿浆流量的自动测量常用的方法是电磁流量计法，当矿浆在具有磁场的管道中流过而切割力线时，根据法拉第电磁感应定律在矿浆中将会产生电势，其方向与矿浆的流动方向及磁场方向相垂直，电势的大小与矿浆的流速、磁场的磁通密度、管道的直径成正比，当磁场磁通的密度及管道的直径一定时，电势的大小主要取决于矿浆的流速，矿浆流经管道时所产生的电势可代表其流量并在仪表上显示出来；当被测矿浆中含有磁性矿粒，特别是含量较高时，磁性矿粒将对测量结果造成一定的干扰，为此需采用磁补偿式电磁流量计以获得准确测定结果。

10.3　流程考察

流程考察又称流程查定，通过对生产或试验中的工艺过程进行全面、系统的检测即考察，以便揭示选矿生产或试验中工艺过程的工作状况以及所存在的问题，为日后的生产或试验提供参考，也可为新选矿厂设计时工艺流程的计算提供相应的数据。

实验室的连续浮选试验、试验厂的半工业性试验以及工业性试验结束前均应进行流程考察，特别是流程有较大变革时更应做流程考察，以便比较其效果。无论什么性质的流程考察其具体做法基本相同，常按如下步骤进行：

（1）取样设计。取样设计就是根据浮选流程的具体情况有计划、科学、合理地安排取样点。下面以单金属矿一次粗选、两次扫选、两次精选为例介绍如下。

1）取样点个数的确定。取样及检测是预先试验及正式试验中的一项重要工作，取样方法见前述矿浆取样部分。检测的主要内容有各产物的品位、矿物组成特性、粒度组成特性及单体解离度、矿浆浓度及矿浆 pH 值等，为工艺过程分析及评价、流程计算等提供依据。为顺利完成上述工作，首先需按浮选试验流程确定必要而充分的计算指标的个数及取样点的位置。必需而充分的计算指标的个数的计算公式如下：

$$N=(n-a)\cdot c \tag{10-1}$$

式中　N——流程计算必要而充分的指标的个数；

n——产物个数；

a——作业个数；

c——可列出金属平衡方程式的个数。

例如单一金属一次粗选、三次精选、三次扫选浮选流程中，$a=7$，$c=2$，$n=14$，则：

$$N=(n-a)\times c=(14-7)\times 2=14$$

2）取样点的布置。上述14个取样点布置的地点及计算指标选取的原则是：取样点应布置在每个作业的产物处，选取的计算指标应为各取样点的品位为好。取样点的布置如图10-2所示。

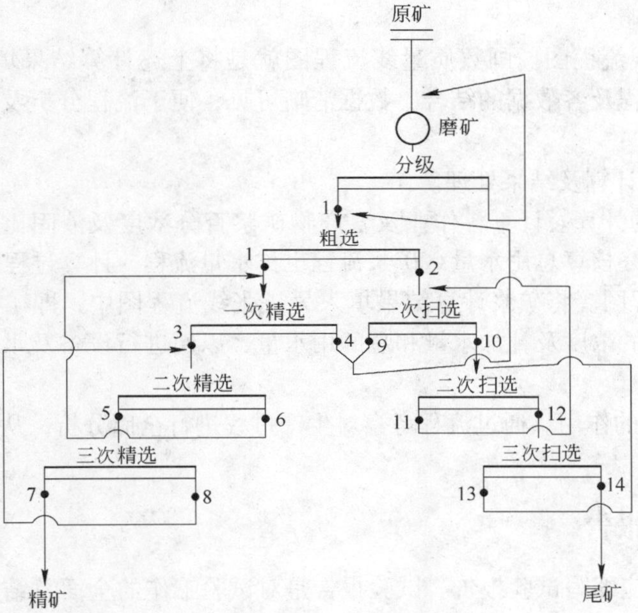

图10-2　各取样点的布置图

由于矿浆中的矿量难以获得准确数值，其他指标如产率、金属量等均为推算所得，而品位是化验结果，其值比较可靠，因此，选择各产物的品位为原始计算指标是最佳选择。上述14个计算指标不含原矿。

（2）试样的采取。

1）取样工具。根据取样点的多少备足取样用品及用具，至少每个取样点备取样勺及矿浆盆各1个。不同取样点不得互用，矿浆盆贴上标签以免混乱，取样勺置于盛矿盆中，放在取样点附近安全位置处。

2）取样对象。为使所采取的试样有足够代表性，应选择生产指标居中、生产操作稳定的时段或班组为取样对象。

3）试样采取的方法。取样方法可用取样机自动取样，可做到定时、定量、均匀，效果可靠；也可用人工取样，效果可能差些。当中间室窄小不便使用取样机自动取样时，则可用人工手工采取。

4）取样时间。取样时间为一个整班（8h）或一个工作日（24h），每15min或30min取样一次，考虑交接班时生产过程可能有所波动，接班后30min开始取样，交班前30min为最后一次取样。

（3）试样的加工处理。所采取上述各点试样，首先分别称重，再分别脱水、烘干、称干重、混均、缩分、取样，送化验分析及矿物鉴定并预留副样，以备不时之需。如采用自动检测时应将检测数据留存。

（4）数质量流程计算及计算结果处理。

1）数质量流程计算。首先以各品位为依据计算其他指标，计算过程由下而上，由外而内，先精矿后尾矿，各混合点的品位用加权平均法计算，回收率用理论计算公式计算，计算的内容有各点的矿量（干）、产率、金属量、混合点的品位、回收率及富矿比、选矿比等。具体计算从略。

2）画数质量线流程图。画数质量线流程图就是将上述计算结果填写在线流程图中，数质量流程图是流程及各数据的结合，数据清晰可见，便于流程分析及设计时参考。数质量流程图从略。

（5）矿浆流程计算及结果处理。

1）矿浆流程的计算。计算各作业及各产物矿浆百分浓度及液固比，以便计算各个作业的补加水量，最终核算总用水量。矿浆流程也称水量流程，计算过程从略。

2）画矿浆流程图。将矿浆计算结果填入另一张线流程图中，即矿浆流程图，从图中可直观了解各作业的浓度及补加水量和总的用水量，以便进行设备及水源地的选择。矿浆流程图从略。

（6）流程考察的作用。通过流程考察对生产过程进行全面分析，从中发现问题，并提出解决办法。

10.4 编写试验报告

试验结束后均应编写试验报告。试验报告是对试验工作的全面总结，报告的内容能体现试验工作的全过程，为此试验期间要详细记录所观察到的现象及有关数据。试验结束后编写试验报告是一项不可或缺的重要工作，不仅是全部试验的一篇技术总结，同时也可为选矿厂设计提供资料。试验报告的主要内容如下：

（1）封面。试验报告的封面即试验报告的首页。试验报告的封面应注明：试验报告的名称、试验单位的全称、编写日期。

（2）前言。试验报告的前言应包括试验的目的及任务，简要介绍试样的来源及采取、矿石性质、推荐流程及浮选指标等。

（3）正文。试验报告的正文应详细说明矿石特性、矿石可磨度、单体解离度及金属分布率、浮选流程确定的依据、药剂制度、矿浆酸碱度即pH值、浮选指标及评述，反映试验数据的图、表及水、电、材料消耗等。

（4）结论。根据试验结果推荐浮选流程及指标，必要时可引用相同矿石性质的同类选矿厂的生产资料或试验资料、参考文献，论证上述推荐方案的可靠性。

（5）附件。最后附数质量流程图和矿浆流程图各一份。

编写试验报告时应注意如下几个问题：

（1）试验结果的表示方法。为便于观察和了解试验结果，可将试验数据用列表或绘图的方式表示，以便更简明、直观、清晰地显示各因素间的关系及变化规律。主要注意事项如下：

1）用表格表示时应做到：有统一单位的应将单位集中列于表头中、数据为零时写作“0”，空格应写作“—”，同一列数据的小数点要上下对齐，数值过大或过小时应适当改换相应的单位。

2）用图形表示各因素间的关系时多以自变量为横坐标，因变量为纵坐标，必要时也可采用双坐标。

3）根据具体情况可分别采用自然坐标系、半对数坐标系及对数坐标系。

4）曲线应保持圆滑，勿强求曲线全部通过各交点。

（2）试验数字的表示方法。试验过程及试验结果中的数字是试验具体工作的体现，其中最重要的问题就是有效数字。有效数字是一切数据计算中均会遇到的共性问题，是用来表示数的大小并具有确定意义的数字。表示一个数值大小的有效数字的位数可视不同情况有多有少，如某选矿厂日处理原矿量为6829t，该四位数均为有效数字，而日产精矿中的金属量为129.86t，则该五位数也均为有效数字。此外，值得说明的是零也是数，它位于数列之首没有意义，位于数列之间时为有效数字，位于数字末尾也为有效数字，但不能随意添加。

在计算过程中很难得到全部为整数的数，算到何时为止，应根据需要及相关条件按通常惯例计算到小数点后第三位，第三位四舍五入，小数点后第二位便是欠有效数字。如129.864≈129.86，则百分位上的6比原有小了0.004，则百分位就成了欠有效数字；又如129.865≈129.87则百分位上的7比原来增大了0.005，小数点后第二位也成为欠有效数字，因此129.86及129.87百分位均为欠有效数字，前面的几位数字均为有效数字。

当然也不是在所有情况下都计算到小数点后三位而保持小数点两位数字，它往往与测量仪器的精度有关，如某地中衡可称量至零点几吨，（如129.8t）；有的精密仪器的最小分度可到如0.001g即可精确到千分之一，计算结果需保持到小数点后第三位，否则误差会变得更大。

（3）运算误差的判定。在进行加、减、乘、除运算时，根据误差传递理论多个数相加、减时，和及差的误差不会大于各单项误差中的最大值；而乘和除运算时，积和商的误差是各单项相对误差之和，即通过乘除运算其误差会加大，有效数字的位数会减少，如质量误差为正负2%，化验误差为正负1%，则金属量的误差可能会达到正负3%，因而金属量的误差会大于质量和品位的误差。

11 试验方法

试验方法就是科学、合理地安排和设计矿石可选性试验的一种方法，有了正确的试验方法可以做到投入少量的人力、物力和时间获得事半功倍的效果。试验方法仅是科学的安排试验的一种方法，而不涉及各项试验的具体操作及试验过程，它是保证试验顺利进行并取得准确试验结果的重要一环，也是试验的基础。任何一个试验研究人员均希望在较短的时间内尽快获得较准确的试验结果，因此就必须选用恰当的试验方法。

从试验所用的时间及进度方面而言可有两种情况：

（1）试验本身花费的时间不长，几个试点一天就可以完成，但等待的时间较长，第一天的结果出来后才能进行第二天的试验。如水玻璃的用量试验，其用量范围为 0～1500g/t，若用量间隔为 100g/t，需 16 个试点，若每天做 4 个试点，需 4 天（即 4 批次）才能完成。这类试验决定试验的进度是试验的批次，而不是每个批次试验的个数。

（2）每个批次试验花费时间较长，而等待试验所需的时间较短，甚至不需等待。

上述两种试验方法有明显不同的效果，诸如此类问题正是试验方法所要解决的问题。由此看来，正确地选择试验方法在选矿试验中具有重要意义。

11.1 试验方法的分类

为便于掌握和应用各种试验方法，常将试验方法分成不同的种类。试验方法的种类较多，从不同的角度出发则有不同的分类结果。若按试验因素多少不同可分为两大类，即单因素试验法和多因素组合试验法。

单因素试验法就是仅考察某一个因素的影响，或有多个影响因素时，一次只做一个因素的考察，其他因素可根据经验及相关资料暂时固定在某一适当水平上，待前一试验最佳水平确定后固定下来，再依次考察其他因素，即一次一因素试验法。该法简单易于操作，但不能揭示各个因素间交互作用的影响。单因素试验法根据具体试验方案的不同又可分为穷举试验法和序贯试验法，而序贯试验法还能依次分成不同的试验方法，具体分类结果如图 11-1 所示。

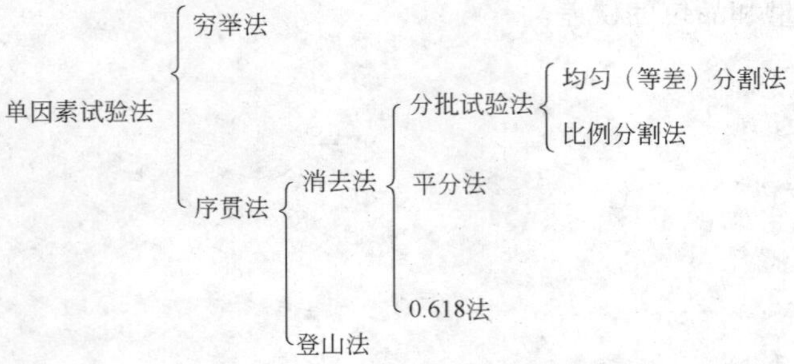

图 11-1　单因素试验法的分类

多因素组合试验法就是将多个影响因素组合在一起同时进行试验的方法，该法有利于揭示各因素间的交互作用，在考虑各因素交互作用影响的情况下，可使浮选试验迅速、有效、准确地确定最佳试验条件。多因素组合试验法同样可分为多因素穷举法、消除法、0.618 法、登山法以及正交试验设计。

在应用单因素试验法和多因素组合试验法时应注意下列三个问题：

（1）试验范围。试验范围就是考察某因素的试验水平高低的两极限值，试验范围应根据相关技术资料或同类矿石性质的浮选实践，以及试验研究人员的经验共同商定，如水玻璃用量试验范围为 0～1500g/t，在不具备上述条件时可通过预先试验拟订。

（2）试点间隔。试点间隔就是每个试点间的间距，它是影响试验进度及试验质量的重要因素之一，在确定试验范围之后再在试验范围内确定试点的多少，即间隔。若间隔太小，试点增多，工作量加大；若间隔太大，虽然试点较少，但可能将最佳点漏掉，或某试点离最佳点太远而不能准确找到最佳点而影响试验效果。影响试点间隔的因素很多，其中主要有：

1）试验的精度。如黄药的用量为 100g/t，若用量间隔在 5～20g/t 时，对浮选指标的影响就会落在试验误差范围内。因此，黄药用量的变化间隔至少应在 20g/t 以上。

2）试点的布置方法。试点的布置就是各试点布置在试验范围内的何处，当试验范围较宽时，同一水平的波动值在各段的影响可能有所不同。如石灰的试验范围为 500～1000g/t，在低水平时对浮选的效果影响较大，则在低水平处试点的密度应加密，可按等比关系布点，如按 0.5、1、2、4、8 比例关系布点，而黄药的试验范围较窄为 40～120g/t，可按等差关系布点，即 40g/t、60g/t、80g/t、100g/t、120g/t 五个水平。此外，如磨矿细度试验，若用磨矿细度表示影响因素的水平时，应按等差关系布点，如 −0.074mm 含量分别为 50%、60%、70%、80%、90% 五个试点，若用磨矿时间表示影响因素的水平，因前几分钟磨矿的细度变化较小，应按等比关系布点，即磨矿时间分别为 14min、20min、28min、40min 四个试点：在最可能的最佳试点附近将试点加密。

（3）试验顺序。试验顺序就是从哪个试点开始试验，继之又向哪个方向寻求最佳试点。实践经验表明，试验先从中间开始较为有利，试验时可根据经验及浮选现象确定接下来向高水平方向进行，还是向低水平方向进行，这样就避免了多走弯路，如果按顺序从一端向另一端进行，可能在最后才发现问题，白做了一些实在不该做的试点，浪费了人力、物力。

11.2 单因素试验法

单因素试验法就是对某一个因素不同用量进行试验的方法。单因素试验法可分为单因素穷举法、均匀分割法、比例分割法、0.168 法及登山法等。现以水玻璃用量试验为例讨论如下。

11.2.1 穷举试验法

穷举试验法就是将所有水平的试点全部进行试验，其试验过程如下：

（1）首先拟订水玻璃的用量范围，如 0～1500g/t，试点间隔为 100g/t；

（2）然后按等差间隔布置成 16 个试点，并对 16 个试点全部进行试验；

(3) 试验结果全部得出后进行比较。

单因素穷举法试验如图 11-2 所示。

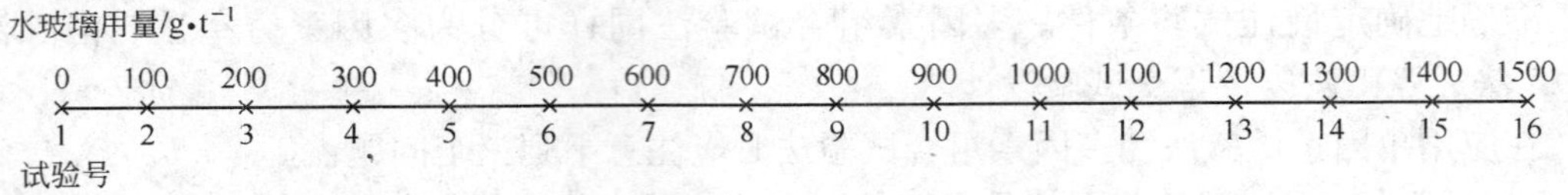

图 11-2　水玻璃用量试验（穷举法）

从图 11-2 中可知试验范围为 0～1500g/t，采用等差布点法试点间隔为 100g/t，对所有各试点均进行试验，每天做 4 个试点，第二批试验需等第一批试验结果出来后再进行，共需 4 天时间完成试验，可见每次试验时间不长，但等待试验结果的时间较长。影响试验进度的主要因素是试验的批次，这是穷举试验法的主要缺点，但因操作简单易行，目前浮选试验中仍广泛采用该法。

11.2.2　均匀分割法

所谓均匀分割法就是将试验范围均匀布点后再均匀分割成几段，取其中的部分试点进行试验，而其余各点消去不做而省时、省力，加快了试验速度，均匀分割法的布点及试验安排如图 11-3 所示。

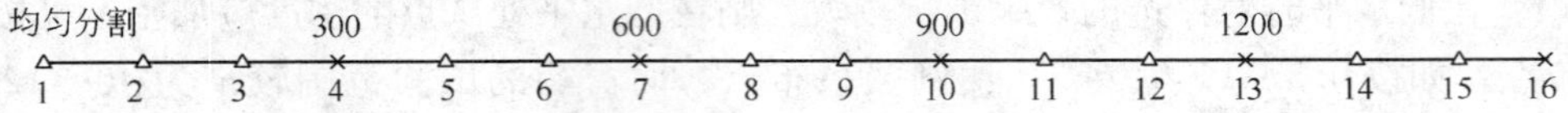

图 11-3　水玻璃用量试验（均匀分割法）

从图 11-3 中可知水玻璃的试验范围在 0～1500g/t 之间，再均匀分割成 16 个试点，第一批次仅作试点 4（300g/t）、7（600g/t）、10（900g/t）、13（1200g/t）四个试点，其余各点均消去不做，上述四个试点中若试点 10（900g/t）浮选效果较好，而试点 4（300g/t）、试点 7（600g/t）及 13（1200g/t）均不如试点 10 的试验效果，则第一批次试验确定试点 10（900g/t）是较好试点，是否是最佳试点还不能确定，为此再进行第二批次试验。第二批次的试验范围是试点 7（600g/t）～13（1200g/t）之间，再在试点 7～10 之间按等差均匀布点进行第二批次试验，如果试验结果均不如试点 10（900g/t）表明试点 10 就是最佳试点；如果两试点中的一个试点的试验效果比试点 10 还好，那么其中之一就是最佳试点。本试验仅两次试验就找到了水玻璃的最佳用量，达到了省时、省力、试验速度快的效果。

11.2.3　比例分割法

比例分割法就是按比例分割安排试点，如水玻璃用量范围仍为 0～1500g/t，采用比例分割法进行试验，试验安排如图 11-4 所示。

试验时按等比分割法布点，第一批取试点 5、6、11、12 四个试点，其对应的水玻璃用量分割为 400g/t、500g/t、1000g/t、1100g/t，若试点 12 的试验效果较好，则第二批试验另取 13、14、15、16 四个试点，水玻璃的用量分别用 1200g/t、1300g/t、1400g/t、1500g/t 进行试验，如果试验效果都不如试点 12，则试点 12 水玻璃用量为 1100g/t 为最佳

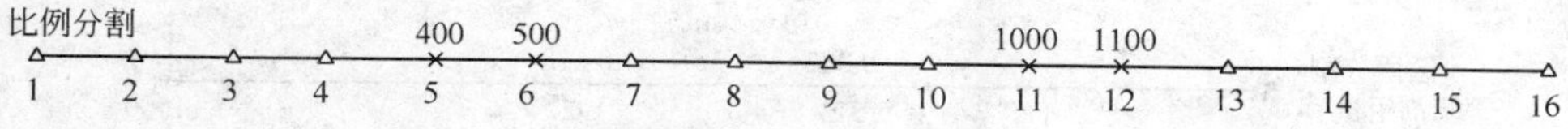

图 11-4　水玻璃用量试验（比例分割法）

试点；如果第二批四个试点中某个试点试验效果比试点 12 的试验效果好，则该点就是最佳试点，其水玻璃用量就是最佳用量。

同理，如果试点 11 较好，第二批可补做 10、9、8、7 四个试点；如果试点 6 较好，再做 7、8、9、10 四个试点；如果试点 5 较好，第二批需补做 4、3、2、1 四个试点。由此可见无论第一批试点哪个较好只需再补四个试点，两批次做完试验，该法同样省时、省力。

比例分割法的布点是两两相连，第一批试验找到较好试点后，只需向一侧补点即可。比例分割法虽然省时、省力，但试点较少、精度较差，此法效果不如均匀分割法。

11.2.4　平分法

平分法就是在试验范围确定后，先取中间试点进行试验，根据该点的试验结果凭经验判断试验效果偏低还是偏高，以便决定接下来的试验向哪个方向进行以寻求最佳试点。如果该试验结果偏低，则将该试点以下各试点消去，该点以上范围为第二批次的试验范围，再取中点进行试验，试验结果低于该中点以下各点再消去，再向较高范围进行试验；如果发现实验结果偏高则试验过程与上述相反。可见，每次试验仅做一个试点，试点就消去一半，一次试验的工作量虽小，但试验批次增多，试验时间较长，在浮选试验中常用于预先试验。如水玻璃用量范围是 0～1400g/t，试点间隔为 100g/t，可分成 15 个试点，试验安排及试验进程如图 11-5 所示。

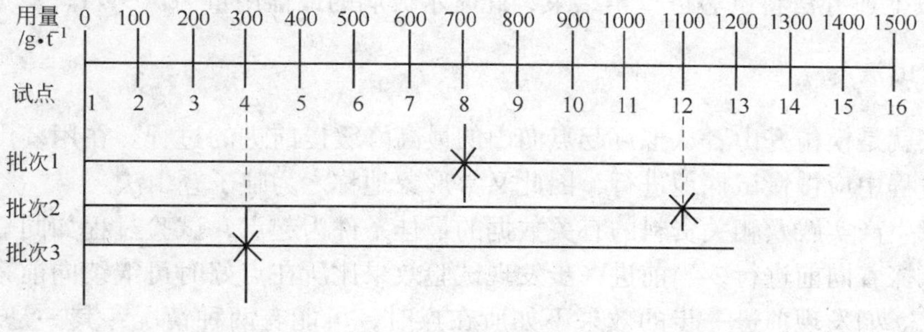

图 11-5　水玻璃用量试验（平分法）

11.2.5　0.618 法（黄金分割法）

0.618 法又称为黄金比例分割法，简称黄金分割法，0.618 法开始时不涉及试验水平的具体数值，而是把总体用量视为 1 即整体，在 1 的 0.618 处取一试点，在与 0.618 相对的 0.382 处另取一试点，对此二点进行试验，对试验结果比较后消去效果较差点，再按 0.618 黄金比例分割划分试点进行试验，直至试验结束。0.618 法的试验安排及试验过程如图 11-6 所示。

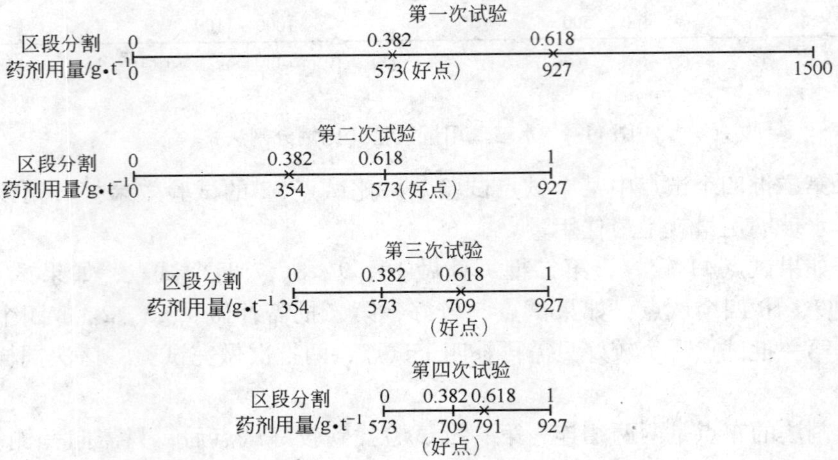

图 11-6 水玻璃用量试验（0.618 法）

用 0.618 法寻求最佳试点的做法及步骤总结如下：

(1) 首先将水玻璃的用量定为 0～1（0～1500g/t）。

(2) 然后在 0.618 处（927）及相对应的 0.382（573）处取两点，分别进行试验；若 0.618 处效果较差，将试验效果较差点 0.618（927）以上消去，以下保留。

(3) 再以 0.618 处为 1，其试验范围仍为 0～1（927g/t）进行试验；若 0.382 处效果较差，则将试验效果差点 0.382（354）以下消去，以上保留。

(4) 以 0.382 点为 0，以第二次的 1 点为 1 再按 0.618（709）及 0.382 两点进行试验。

(5) 将效果较差的试点 0.382（572g/t）以下消去，以上保留。

(6) 按上述办法将试验进行至结束，此时水玻璃的最佳用量为 709g/t。

11.2.6 登山法

登山法就是模仿登山者从拟订起点向山的最高峰缓慢前进的过程。在用登山法寻求最佳试点的过程中应慢慢试探地进行，因此又常形象地称之为瞎子登山法。

该法以生产实践及相关资料的有关数据的最佳条件为起点，试验过程如同登山一样在小范围内试探着向前进行，当前进一步发现试验效果比所在点好时可继续向前攀登，直至找到最佳点。如发现前进一步的效果不如所在点时，可能有两种情况：其一是步长太大，越过了最佳试点，遇此情况可退回半步，重新试验；其二是前进的方向不对，应退回原处，向另一方向逐渐向前摸索直至找到最佳试点为止。

采用登山法时前进的步长不宜太大，不能急于求成，应慢速摸索前进，但步长也不宜太小，试验时应根据矿石性质及水平范围的大小适当确定试验步长。

在进行半工业及工业性试验时，为避免操作失误不宜进行大幅度调整。对于实验室浮选试验是在已有相关资料的基础上进行的试验，最佳试点可能就在试验起点附近，因此，步长也不宜过大。

11.2.7 试验方法的比较

现将上述水玻璃用量试验中的各种试验方法的比较结果列于表 11-1。

表 11-1 单因素各种试验方法比较表

试验方法	穷举法	等差法	等比例法	平分法	登山法
试点总数	16	16	16	16	—
第一次个数	4	4	4	1	—
试验批次	4	2~3	2	2~3	—
试验间隔	100g/t	100g/t	100g/t	100g/t	—
特　点	费时费力	省时、省力、速度快			速度慢、时间长

从表 11-1 可知，单因素穷举法费时、费力，试验进度较慢，但简单易于操作，它是目前选矿试验中比较常用的方法；0.618 法虽然试验的次数较多，但试点明显较少，方法也比较科学，在各行各业得到了广泛应用；平分法虽然试点较少，但后期的试点密度变化不大；比例分割法的试点两两相连，试验批次少；登山法进度太慢，仅适用于实验室的预先试验。

11.3 多因素组合试验法

多因素组合试验法就是将多个影响因素组合在一起同时试验。在实验室及生产实践中影响浮选效果的因素很多，如磨矿细度、矿浆 pH 值、药剂制度等均对浮选效果有重要影响，而且这些影响还同时存在，甚至交互作用使影响变得更为复杂。如捕收剂和抑制剂的用量经常会相互制约，当捕收剂用量少时，抑制剂的用量就可以少些，反之捕收剂用量大时，抑制剂的用量就需增加；上述两种药剂的用量同时增加或减少可能得到相同的浮选效果；如果单独增加或减少某一种药剂的用量将会得到截然不同的浮选效果。又如：在做抑制剂用量试验时，错误地将捕收剂的用量固定在较高水平，抑制剂的用量就会得出较高的结论，接下来进行捕收剂用量试验时，由于抑制剂的用量已经选定了，就必然得出捕收剂用量也高的结论。两种药剂的同时或单独使用之所以有不同效果就是该两种药剂存在交互作用的结果，各种交互作用的影响均会导致试验结果出现很大偏差。多因素组合试验法就是解决上述问题较好的办法之一。

多因素组合试验法大多由单因素试验法引申而来，单因素试验法的原则在多因素组合试验法中仍然适用。现就多因素组合试验法分别讨论如下。

11.3.1 多因素穷举法

多因素穷举法就是将各种影响因素及水平经排列组合后全部进行试验。如磨矿细度与黄药用量两个因素分别各取 5 个水平，则此二因素五水平的组合结果如图 11-7 所示。

从图 11-7 可见，仅二因素五水平就需做 25 个试验（$S=25$），浮选实践中影响因素何止两个，有时可多达数个，若四因素五水平则需做试验的个数为 $S=625$ 个，可见试验之多，试验时间之长显而易见。因此，多因素穷举法的应用就有一定的限度，除少数影响因素不多、水平较少时可以采用外，其他多因素、多水平的试验不宜采用。

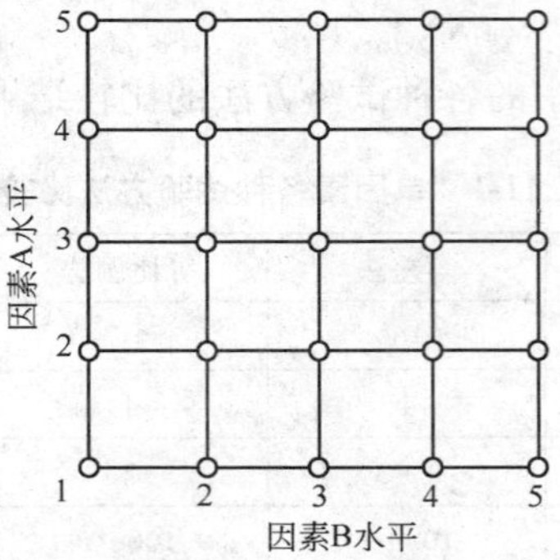

图 11-7　磨矿细度与黄药用量排列组合结果

11.3.2　一次一因素试验法

一次一因素试验法就是每次只变动一个因素，其他因素可根据经验及相关资料暂时固定在某一适当水平，当前一试验因素确定在某最佳水平固定后再按上述方法进行下一个因素的试验，直至试验全部结束，因此，此法又叫降维法，它是利用单因素试验法解决多因素问题。一次一因素试验法简单易于操作而被广泛采用，但各因素间有交互作用时会导致错误的结果，当采用一次一因素试验法进行试验时应注意下列两个问题：

（1）特别注意有交互作用的浮选药剂的影响程度，为此，在正式试验前首先对有交互作用的药剂进行预先试验，通过预先试验将有交互作用的药剂初步确定在最佳组合水平上。

（2）妥善安排各影响因素的试验顺序，妥善安排试验顺序的原则是：

1）首先对浮选效果有重要影响的主要因素先进行试验，而其他因素暂时固定在某适当水平上，即使这样试验结果也可能有误，较好的解决办法就是回过头来再做校正试验。所谓校正试验就是当某因素的影响水平确定后，再返回到前面的影响因素进行试验，以验证试验效果是否准确。

2）对交互作用影响明显的药剂，通过一两次预先试验很容易确定最佳用量水平，可放在其他药剂后面试验，如捕收剂和起泡剂虽然对浮选效果有重要影响，但在预选试验时比较容易确定最佳用量，因此，在浮选试验中常放在其他药剂之后进行试验。

11.3.3　多因素分批试验法

多因素分批试验法就是针对诸多试验条件科学、合理地选择其中几个试点逐步向最佳试点逼近，逐步消去那些不太可能的试点而加快了试验速度，下面以黄药和氰化物二因素五水平为例介绍如下：

（1）试验范围的确定。首先根据经验确定二因素最佳试验范围，如黄药用量范围为 40～120g/t，氰化物用量范围为 50～250g/t。

（2）画试验方框图。以黄药为横坐标，以氰化物为纵坐标，按上述试验范围划一方框图，在方框图的四个顶标注标号 2、3、4、5，如图 11-8 所示。

（3）选取最佳的最初试点。试验最佳水平一定在方框图之内，以取中心为宜，标注为

1，如图 11-9 所示。

（4）首次试验。取上述五个试点（1、2、3、4、5）分别进行试验，在五个试点中必然有一个试点试验效果较好，假如试点 3 的效果较好，则表明黄药用量低于 80g/t、氰化物用量低于 150g/t 以下效果均不好，可以消去，如图 11-9 断面线所示，方框图的 3. 7. 1. 8 部位保留为下次试验范围。

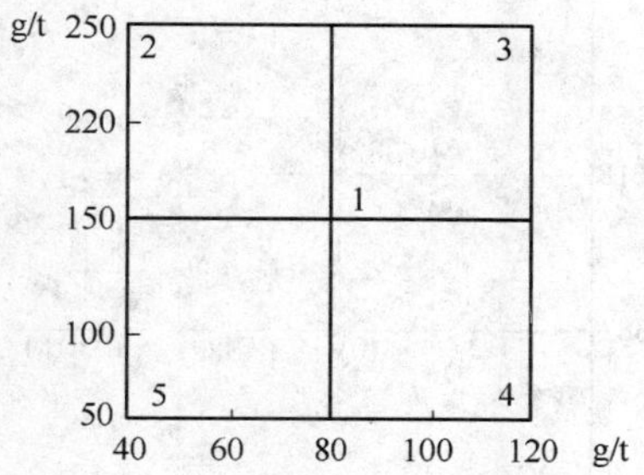

图 11-8　黄药-氰化物分批试验方框图

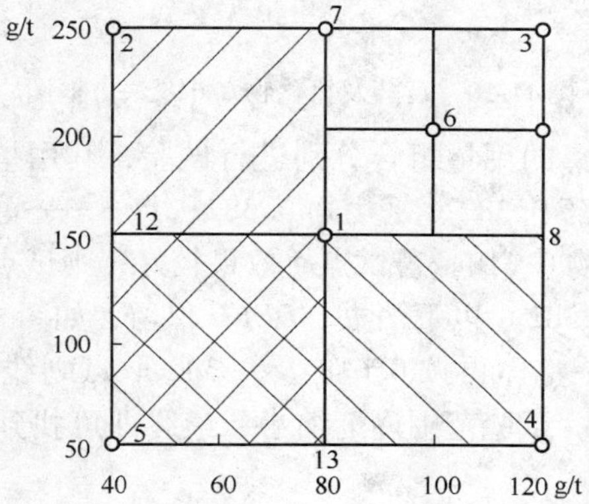

图 11-9　首次试验结果

（注：图中药剂用量单位均为 g/t）

（5）第二次试验。在方框图 3. 7. 1. 8 范围内进行第二次试验，同样在方框图 3. 7. 1. 8 内取中点标注为 6，再按 3、7、1、8、6 五个试点分别进行试验，对试验结果比较后若试点 6 效果最好，则试点 6 就是最佳试点，黄药及氰化物用量分别为 100g/t 和 200g/t。

假如试点 6 并不是最好试点，可在第二次试验的基础上沿用上述方法进行第三次试验，直至试验结束。

此外，对角上的两个顶点（3，5）的试验效果可能均较好，如确系如此，表明有两个最佳试验点，可按上述方法及过程分别在 3. 7. 1. 8 及 5. 12. 10. 13 两个方框内再寻求最佳点的位置并确定相对应的用量，不过实践中这种现象并不多见。

11. 3. 4　多因素 0. 618 法

多因素 0. 618 法就是利用单因素 0. 618 法解决多因素问题，换言之，就是单因素 0. 618 法在多因素中的应用。下面仍以黄药和氰化物用量试验为例介绍如下：

（1）首先根据经验确定试验范围，最大用量范围用1表示，其试验范围分别为0～1。

（2）画黄药及氰化物试验范围0～1方框图，如图11-10所示，并注明范围为*ABCD*。

（3）分别在方框图的0.618及相对应的0.382取点，并作水平线及垂线分别交于1、2、3、4四点，如图11-10所示。

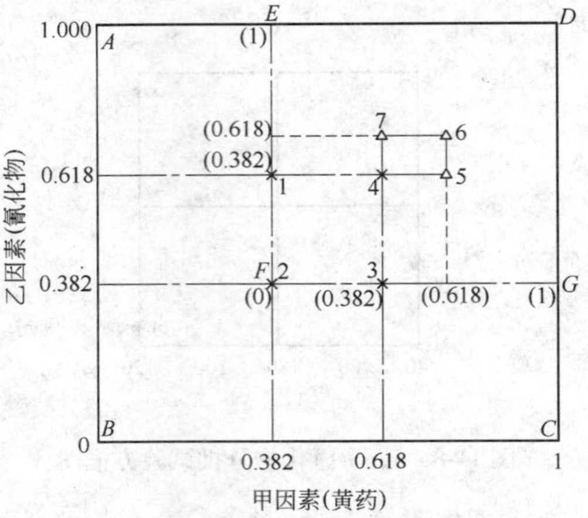

图11-10　黄药及氰化物0.618法方框图

（4）按1、2、3、4四点的用量组合分别进行试验，其用量为：点1——黄药0.382、氰化物0.618；点2——黄药0.382、氰化物0.382；点3——黄药0.618、氰化物0.382；点4——黄药0.618、氰化物0.618。若试点4效果较好，则试点1、2、3均不好，将不好点（黄药0.382、氰化物0.382）以下消去，*DEFG*保留，如图11-10所示。

（5）以*DEFG*方框为一整体再按0.618及0.382取点划线如图11-10所示，再按4、5、6、7四个试点进行试验，试验范围逐渐缩小，最终即可找到最佳试点，最后再查其最佳用药量组合即可。

11.3.5　多因素登山法

多因素登山法就是将多个因素组合在一起，由起点同时缓慢向较好方向前进，直至最终找到最佳点。多因素登山法的试验安排与多因素分批试验法相似，也是按五个试点安排，但起点不在方框的四个顶点而在方框内部，现以两因素为例介绍如下：

（1）首先拟订试验范围并画试验范围方框图。

（2）在方框图内的小范围内选择五个试点1、2、3、4、5，如图11-11及图11-12所示。

（3）按上述五个试点进行试验，试验结果可能有下列几种情况：

1）四个顶点（2、3、4、5）及中点（1）试验可能相近，则由2、3、4、5四点所组成的方框内有一个最佳点，但可能性不大，只能表明最佳点在原范围之外，结果应再向四周扩大试验范围至2′、3′、4′、5′，如图11-12所示；

2）四个顶点（2′、3′、4′、5′）试验结果均不如中点（1），表示中点（1）是最佳点，或最佳点就在中点（1）附近，应缩小范围再进行试验；

3）某一顶点的试验效果较好，可按该顶点方向再向前试验，如图11-13所示，直至找到最佳点。

4）某一些试点的试验结果均好，可按该点连线的垂线方向再向前进行试验，如图 11-14 所示，直至找到最佳点。

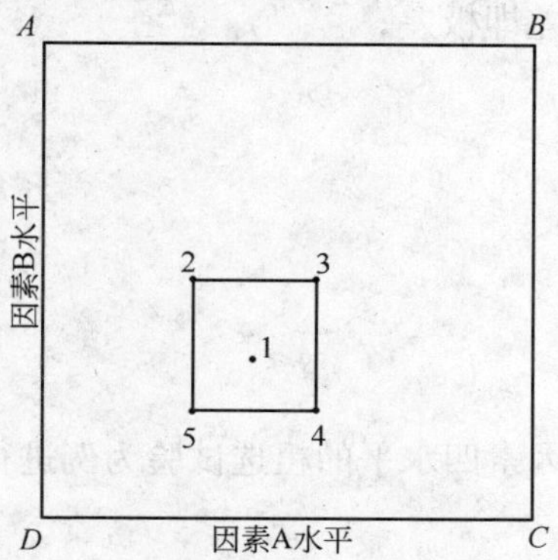

图 11-11　登山法方框图

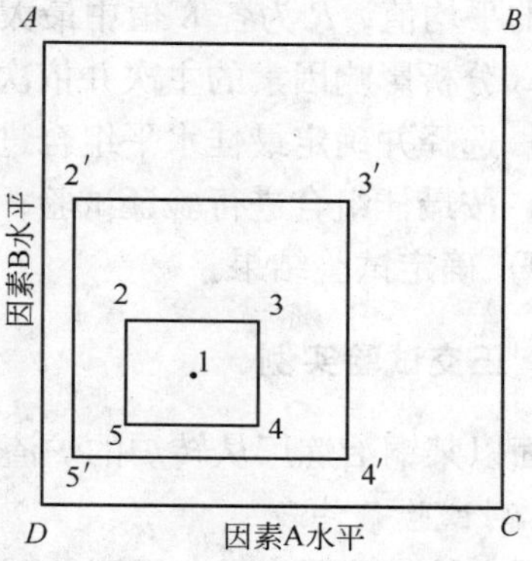

图 11-12　扩大试验范围图

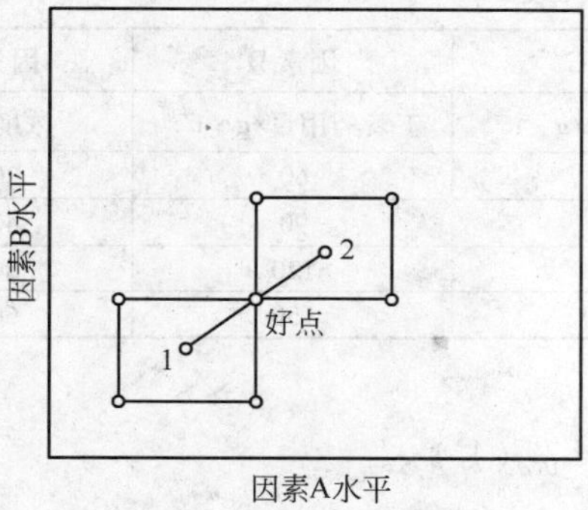

图 11-13　一个试点试验效果较好

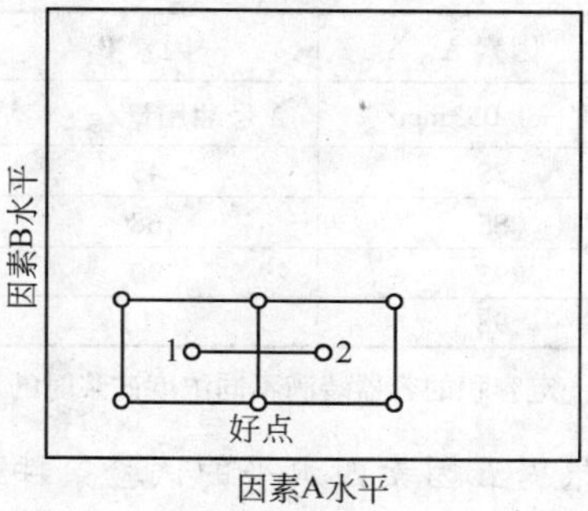

图 11-14　一些试点试验效果均好

11.4　正交试验设计

正交试验设计就是利用正交表科学地安排试验，并通过对试验结果进行计算和分析的一种试验方法。它的优点是：试点分布均匀，不受交互作用的影响，它是多因素试验法中较好的一种试验方法。

正交试验设计的工具是正交表，正交表就是一系列用以安排和指导试验的表格（详见附录正交表，正交表的符号是 L_i（P^n），L 代表正交表，i 代表试验的个数，n 代表试验因素，P 代表试验水平），如 L_9（3^4）、L_{16}（4^5）、L_{25}（5^6）等等，其中 L_{16}（4^5）表示五因素四水平，可做 16 个试验。

11.4.1　正交试验的步骤

正交试验的步骤如下：

（1）明确试验目的；

（2）根据经验及相关技术资料确定试验因素及各因素的试验水平；

（3）根据拟订的试验因素及水平选择适合的正交表；

（4）将试验因素及水平的数据填入正交表；

（5）按正交表因素及水平的具体条件进行试验；

（6）根据试验结果计算 K 值及 R 值，K 为各因素各水平基本判据（如精矿品位或回收率）的平均值，R 为各 K 值中最大值与最小值之差即极差；

（7）分析影响因素的主次并依次排列；

（8）选择并确定最佳水平组合进行试验；

（9）按最佳组合进行验证试验；

（10）确定试验结果。

11.4.2　正交试验实例

下面以某铜冶炼厂从转炉的炉渣中回收铜的五因素四水平的粗选试验为例进行介绍。

A　列试验条件表

将拟定的试验因素及各因素的试验水平列入表11-2中。

表11-2　试验条件表

试验水平	因素A	因素B	因素C	因素D	因素E
	细度 -0.053mm/%	2号油用量/$g \cdot t^{-1}$	水玻璃用量/$g \cdot t^{-1}$	丁黄药用量/$g \cdot t^{-1}$	浓度①/g
1	75	45	0	60	300
2	85	68	500	90	400
3	95	90	1000	120	500
4	98	113	2000	150	600

①此处是一定容积的容器装满不同浓度矿浆时的质量。

B　根据五因素四水平的试验条件选择正交表 $L_{16}(4^5)$

正交表如表11-3所示。

表11-3　正交表 $L_{16}(4^5)$

试验号＼列号	1	2	3	4	5
1	1	1	1	1	1
2	1	2	2	2	2
3	1	3	3	3	3
4	1	4	4	4	4
5	2	1	2	3	4
6	2	2	1	4	3
7	2	3	4	1	2
8	2	4	3	2	1
9	3	1	3	4	2
10	3	2	4	3	1
11	3	3	1	2	4
12	3	4	2	1	3
13	4	1	4	2	3
14	4	2	3	1	4
15	4	3	2	4	1
16	4	4	1	3	2

表 11-3 中横行为试验因素，竖列试验号为试验个数及编号，表内 1、2、3、4 为五因素四水平的相互排列组合。

C　列试验方案及试验结果表

表 11-2 为试验条件表，表 11-3 是采用的正交表，为试验方便将表 11-2 中各因素、各水平的具体数值及表 11-3 中水平代码填入表 11-4 中，即表 11-4 的实质就是将表 11-2 及 11-3 合二为一。

表 11-4　试验方案及试验结果表

因素 / 类别 / 试验号	试验方案										试验结果		
	A 细度		B 2 号油		C 水玻璃		D 丁黄药		E 浓度		精矿品位 β/%	回收率 ε/%	尾矿品位 θ/%
	水平	因素值 −0.053 mm/%	水平	因素值 /g · t^{-1}	水平	因素值 /g · t^{-1}	水平	因素值 /g · t^{-1}	水平	因素值 /g			
1	1	75	1	45	1	0	1	60	1	300	10.93	89.00	0.38
2	1	75	2	68	2	500	2	90	2	400	8.36	92.60	0.29
3	1	75	3	90	3	1000	3	120	3	500	8.38	91.7	0.31
4	1	75	4	113	4	2000	4	150	4	600	8.29	92.47	0.30
5	2	85	1	45	2	500	3	120	4	600	10.62	92.11	0.28
6	2	85	2	68	1	0	4	150	3	500	9.71	92.83	0.27
7	2	85	3	90	4	2000	1	60	2	400	9.75	92.12	0.29
8	2	85	4	113	3	1000	2	90	1	300	9.07	92.39	0.29
9	3	95	1	45	3	1000	4	150	2	400	12.38	91.48	0.28
10	3	95	2	68	4	2000	3	120	1	300	9.98	93.25	0.24
11	3	955	3	90	1	0	2	90	4	600	9.96	93.10	0.21
12	3	95	4	113	2	500	1	60	3	500	11.55	92.59	0.26
13	4	98	1	45	4	2000	2	90	3	500	14.66	90.80	0.30
14	4	98	2	68	3	1000	1	60	4	600	12.13	92.65	0.26
15	4	98	3	90	2	500	4	150	1	300	10.64	93.20	0.25
16	4	98	4	113	1	0	3	120	2	400	10.94	93.32	0.24

从表 11-4 中可见五因素四水平的 16 个试验将各因素、各水平进行了科学的排列组合。

D　试验操作

按表 11-4 中内容进行试验，并将试验结果填入表 11-4 中的试验结果内。

E　试验结果处理

试验结果处理就是求 K 值及 R 值。K 是各因素、各水平对基本判据的平均值；R 是 K 值中最大值与最小值之差即极差，部分 K 值及 R 值的计算示例如下：

（1）求因素 A（细度）各水平（75、85、95、98）对精矿品位的平均值（K）及极差

(R)。

① 求 K 的平均值：

$$K_1(75)=(10.93+8.36+8.38+8.29)/4=35.96/4=8.99$$

$$K_2(85)=(10.62+9.71+9.75+9.017)/4=39.15/4=9.79$$

$$K_3(95)=(12.38+9.98+9.96+11.55)/4=43.87/4=10.97$$

$$K_4(98)=(14.66+12.13+10.64+10.94)=48.37/4=12.09$$

② 求极差 R 值：

$$R=K_4-K_1=12.09-8.99=3.10$$

（2）其余各因素（A、B、C、D、E）各水平（1、2、3、4）对基本判据的 K 值及 R 值。其余各因素、各水平 K 值及 R 值的求法同上，在此从略。现将结果列入 K 值及 R 值的计算结果表 11-5 中。

表 11-5　K 值及 R 值计算结果表

序列 \ 因素		A 细度	B 2号油	C 水玻璃	D 丁黄药	E 浓度
精矿品位/%	K_1	8.99	12.15	10.39	11.09	10.16
	K_2	9.79	10.05	10.29	10.54	10.36
	K_3	10.97	9.68	10.49	9.98	11.08
	K_4	12.09	9.96	10.67	10.26	10.25
	R	3.10	2.47	0.38	1.11	0.92
回收率/%	K_1	91.45	90.85	92.06	91.59	91.96
	K_2	92.36	92.83	92.63	92.22	92.38
	K_3	92.61	92.54	92.07	92.61	91.99
	K_4	92.49	92.69	92.16	92.50	92.58
	R	1.16	1.98	0.57	1.02	0.62
尾矿品位/%	K_1	0.32	0.31	0.28	0.30	0.29
	K_2	0.28	0.27	0.27	0.27	0.28
	K_3	0.25	0.27	0.29	0.27	0.29
	K_4	0.26	0.27	0.28	0.28	0.26
	R	0.07	0.04	0.02	0.03	0.03

（3）计算结果分析。从表 11-5 中可看出各因素、不同水平对浮选效果有不同的影响，若极差越大，说明该因素所起的作用就越大，反之，极差越小，说明该因素所起的作用就越小，根据各项指标的要求对极值 R 做出评价。对于精矿品位和回收率而言，指标越高越好；而对于尾矿品位指标越低越好。例如，磨矿细度（因素 A）对精矿品位（指标）的影响程度是：水平 4（K_4）的影响最大；而水平 1（K_1）对精矿品位（指标）的影响最小，说明水平 4 比水平 1 好，则极值 $R=K_4-K_1=12.09-8.99=3.10$。

磨矿细度（因素 A）对回收率（指标）的影响程度是：水平 3（K_3）的影响最大，而水平 1（K_1）的影响最小，说明水平 3 比水平 1 好，则极值 $R=K_4-K_1=0.25-0.32=$

-0.07（尾矿越低越好）。

其他各因素、各水平的分析方法同上。不再一一说明。

F 排列组合

为便于分析试验结果，根据上述分析将各试验因素（A、B、C、D、E）及各试验水平（1、2、3、4）对试验结果的影响按 R 值的大小排列如下：

（1）五因素对精矿品位的影响——$A_4B_1D_1E_3C_4$（脚注为 K 的平均值中的最大者，以下同）

（2）五因素对尾矿品位的影响——$A_3B_3E_4D_2C_2$

（3）五因素对回收率的影响——$B_2A_3D_3E_4C_2$

G 排列组合综合结果

将上述排列组合结果列于表 11-6 中

表 11-6 排列组合综合结果表

指标 \ 项目	主次因素顺序（大→小）	最佳组合条件
精矿品位	ABDEC	$A_4B_1C_4D_1E_3$
回收率	BADEC	$A_3B_2C_2D_3E_4$
尾矿品位	ABEDC	$A_3B_2C_2D_2E_4$
综合结果	ABDEC	$A_3B_2C_1D_3E_4$

从试验条件综合表 11-6 中可知：A_3、B_2、C_2、D_3、E_4 对尾矿品位及回收率两项均有重要影响，本试验为粗选试验对精矿品位不做重点考虑。因此，最终试验方案组合为 $A_3B_2C_2D_3E_4$，即磨矿细度-0.074mm95%；2 号油用量为 68g/t；水玻璃用量为 500g/t；丁基黄药用量为 120g/t；浓度为 60%。

11.4.3 验证试验

上述组合方案效果如何，尚待进一步验证，为此需按上述组合条件进行验证试验。

A 验证试验及试验结果

按上述组合方案进行试验，其试验结果列于表 11-7 中。

表 11-7 验证试验结果表

指 标	原矿品位/%	产率/%	精矿品位/%	尾矿品位/%	回收率/%
最佳综合条件验证试验	2.70	26.34	9.75	0.19	94.83

B 结果比较

为便于比较，将验证试验结果与原正交试验各项最佳结果列于表 11-8 中。

表 11-8 验证试验与正交试验比较表

试验类型	原矿品位/%	产率/%	精矿品位/%	尾矿品位/%	原矿品位/%	回收率/%
正交试验结果	—	—	12.38	0.21	0.12	93.32
验证试验结果	2.70	26.34	9.75	0.19	0.19	94.83

从表 11-8 中可以看出验证试验的尾矿品位及回收率均比 16 个正交试验中最好的效果还好，因此，$A_3B_2C_2D_3E_4$ 为最佳试验组合，即磨矿细度 −0.074mm 及 95%，2 号油用量为 68g/t，水玻璃用量 500g/t，黄药用量 120g/t，浓度 60%。此外，本例最佳试验组合不包含在原 16 种组合之内，换言之，做 16 种组合试验得到的是第 17 种验证试验最佳试验组合，据此可充分表明正交试验个数虽小，但不至于把最佳条件组合漏掉。正交试验法与各种多因素试验法相比的优点是：

（1）正交试验法减少了试验次数及工作量，若用多因素试验法至少需做 20 个以上的试验，而用正交试验法不仅只做 16 个试验，而且试验效果还明显较好；

（2）正交试验法的试验安排已就绪不必等待化验结果，必要时可一次做完全部试验，不必等待化验结果，最终一次化验即可，缩短了试验周期，节省了试验时间；

（3）正交试验法引用了 K 值及 R 值的概念对试验法进行分析，避免了试验过程中出现的偶然误差对试验结果正确性的判断；

（4）不受各因素间交互作用的影响，试验效果可靠。

附　录

附录1　矿　物　表

矿物名称	化学成分		相对密度	莫氏硬度 HM
	分子式	元素或氧化物/%		
铁	Fe	100Fe	7.87	4.5
磁铁矿	Fe_3O_4	72.4Fe	4.9～5.2	5.5～6.5
赤铁矿	Fe_2O_3	70Fe	4.8～5.3	5.5～6.5
褐铁矿	$2Fe_2O_3 \cdot 3H_2O$	57.1Fe	3.4～4.4	1～5.5
菱铁矿	$FeCO_3$	48.2Fe	3.8～3.9	3.5～4.5
镜铁矿	Fe_2O_3	70Fe	4.8～5.3	5.5～6.5
针铁矿	$Fe_2O_3 \cdot H_2O$	63Fe		
假象赤铁矿	γ-Fe_2O_3	70Fe		
锰	Mn	100Mn	7.44	6
软锰矿	MnO_2	63.2Mn	4.7～4.8	1～2.5
硬锰矿	$mMnO_2 \cdot MnO \cdot nH_2O$	49～62Mn	3.7～4.7	5～6
水锰矿	$Mn_2O_3 \cdot H_2O$	62.5Mn	4.2～4.4	3.5～4
菱锰矿	$MnCO_3$	47.8Mn	3.3～3.6	3.5～4.5
褐锰矿	$3Mn_2O_3 \cdot MnSiO_3$	63.6Mn	4.75～4.82	6～6.5
黑锰矿	Mn_3O_4	72Mn	4.7～4.9	5～5.5
锰方解石	$(Ca、Mn)CO_3$	35.5Mn		
黝锰矿	MnO_2	63.2Mn	4.8～4.9	6～6.5
铬	Cr	100Cr	7.14	9
铬铁矿	$FeO \cdot Cr_2O_3$	$68Cr_2O_3$	4.3～4.6	5.5～7.5
铬酸铅矿	$PbCrO_4$	$31.1Cr_2O_3$	5.9～6.1	2.5～3
钒	V	100V	6.11	—
绿硫钒矿	VS_4 或 V_2S_5	1V	2.65～2.71	2.5
钒钛磁铁矿				
钒铅矿	$Pb_5Cl(VO_4)_3$	$19.4V_2O_5$	6.7～7.2	2.8～3
钒云母	$H_2K(Al、V)_3(SiO_4)_3$	$20V_2O_5$	2.9～3	2
钒铅锌矿	$(Pb、Zn)_2(OH)VO_4$	$22.7V_2O_5$	5.9～6.2	3.5
钒钾铀矿	$K_2V_2(UO_4)_2O_4 \cdot 3H_2O$	37.5V	2～2.5	1～3
钒铜矿	$6(Cu、Ca、Be)OV_2O_5 \cdot 15H_2O$	$15.8V_2O_5$		
钒钙铜矿	$(Cu,Ca)_2(OH)VO_4$	15V		
钒钙铀矿	$CaV_2(UO_4)_2O_4 \cdot 8H_2O$	35.4V		
钛	Ti	100Ti	4.5	4
金红石	TiO_2	60Ti	4.1～5.2	4～6.5
钛铁矿	$FeTiO_3$	31.6Ti	4.5～5.5	5～6
钛磁铁矿				
榍石	$CaTiSiO_5$	24.5Ti	3.4～3.6	5～5.5
钙钛矿	$CaTiO_3$	35.2Ti		

续附录 1

矿物名称	化学成分		相对密度	莫氏硬度 HM
	分子式	元素或氧化物/%		
铈钙钛矿	$(Ca、Ce)(Ti、Fe)O_3$	14.5Ti		
白钛矿	$Na_4Ba(TiO)_2(Si_2O_5)$	26.8Ti		
铜	Cu	100Cu	8.96	3
黄铜矿	$CuFeS_2$	34.5Cu	4.1~4.3	3.5~4
辉铜矿	Cu_2S	79.8Cu	5.5~5.8	2.5~3
斑铜矿	Cu_5FeS_4	63.3Cu	4.9~5.4	3
铜蓝	CuS	66.4Cu	4.6~6	1.5~2
黝铜矿	$4Cu_2S \cdot Sb_2S_3$	52.1Cu	4.4~5.1	3~4.5
砷黝铜矿	$4Cu_2S \cdot As_2S_3$	57.5Cu	4.4~4.5	3~4
斜方硫砷铜矿	$3Cu_2S \cdot As_2S_5$	48.3Cu	4.4~4.5	3~3.5
赤铜矿	Cu_2O	88.8Cu	5.8~6.2	3.5~4
黑铜矿	CuO	79.85Cu	5.82~6.25	3~4
蓝铜矿	$2CuCO_3 \cdot Cu(OH)_2$	55.3Cu	3.7~3.8	3.5~4
孔雀石	$CuCO_3 \cdot Cu(OH)_2$	57.5Cu	3.7~4.1	3.5~4
硅孔雀石	$CuSiO_3 \cdot 2H_2O$	36.2Cu	2~2.2	2~4
氯铜矿	$CuCl_2 \cdot 3Cu(OH)_2$	59.5Cu	3.75~3.77	3~3.5
水胆矾	$CuSO_4 \cdot 3Cu(OH)_2$	56.2Cu	3.8~3.9	3.5~4
胆矾	$CuSO_4 \cdot 5H_2O$	31.8Cu	2.1~2.3	2.5
自然铜	Cu	100Cu	8.8~8.9	2.5~3
铅	Pb	100Pb	11.3	1.5
方铅矿	PbS	86.6Pb	7.4~7.6	2.5~2.75
白铅矿	$PbCO_3$	77.5Pb	6.4~6.6	3~3.5
铅矾	$PbSO_4$	68.3Pb	6.1~6.4	2.7~3
硫锑铅矿	$Pb_2Sb_2S_5$	50.8Pb;29.5Sb	5.5~5.6	2~3
车轮矿	$CuPbSbS_3$	24.7Pb;42.5Cu	5.7~5.9	2.5~3
砷铅矿	$(Pb、Cl)Pb_4As_3O_{12}$	69.7Pb	7~7.3	3.5
水白铅矿	$2PbCO_3 \cdot Pb(OH)_2$	80.5Pb	6.14	1~2
磷氯铅矿	$Pb_5Cl(PO_4)_3$	76.4Pb	6.9~7.1	4
青铅矿	$PbCuSO_4 \cdot (OH)_2$	5.1Pb	5.3~5.5	2.5
脆硫锑铅矿	$4PbS \cdot FeS \cdot 3Sb_2S_3$	40.2Pb;35.4Sb		
锌	Zn	100Zn	7.1	2.5
闪锌矿	ZnS	67Zn	3.9~4.1	3.5~4
菱锌矿	$ZnCO_3$	52Zn	4.1~4.5	5
红锌矿	ZnO	80.3Zn	5.4~5.7	4~4.5
异极矿	$H_2Zn_2SiO_5$	54Zn	3.3~3.6	4.5~5
铁闪锌矿	$(Zn、Fe)S$	46.5~56.9Zn	3.9~4.2	5
水锌矿	$ZnCO_3 \cdot 2Zn(OH)_2$	59.5Zn	3.5~3.8	2~2.5
锌铁尖晶石	$(Zn、Mn)Fe_2O_4$	22Zn	5~5.2	6~6.5
硅锌矿	Zn_2SiO_4	58.5Zn	3.9~4.1	5.5
钨	W	100W	19.3	7.5
钨锰铁矿	$(Fe、Mn)O_4$	$76.5WO_3$	7.3	5~5.5
钨酸钙矿	$CaWO_4$	$80.6WO_3$	5.9~6.2	4.5~5
钨铁矿	$FeWO_4$	$76.3WO_3$	7.5	5
钨锰矿	$MnWO_4$	$76.6WO_3$	7.2	4~4.5

续附录1

矿物名称	化学成分		相对密度	莫氏硬度 HM
	分子式	元素或氧化物/%		
钨华	WO_3	79.3W	2.09~2.06	1~2
钨铜矿	$CuWO_4$	59.04W	3~3.5	4.5~5
钨酸铅矿	$PbWO_4$	$51WO_3$	7.87~8.13	2.7~3
锡	Sn	100Sn	7.31	2
锡石	SnO_2	78.6Sn	6.8~7.1	6~7
黝锡矿	Cu_2FeSnS_4	27.5Sn	4.3~4.5	4
圆柱锡矿	$6PbS_6 \cdot SnS_2 \cdot Sb_2S_3$	35Pb	5.42	2.5~3
钼	Mo	100Mo	10.2	5.5
辉钼矿	MoS_2	60Mo	4.7~5	1~1.5
彩钼铅矿	$PbMoO_4$	26Mo	6.3~7	2.75~3
钨钼钙矿	$Ca(Mo、W)O_4$		4.5	3.5
钼钙矿	$CaMoO_4$	47.96Mo	4.55	3.5
钼镁矿	$MgMoO_4$	52Mo		
钼华	MoO_3	66.7Mo	4.5	1~2
铋	Bi	100Bi	9.8	2.5
辉铋矿	Bi_2S_3	81.2Bi	6.4~6.5	2~2.5
铋华	Bi_2O_3	89.69Bi	4.36	1~2
泡铋矿	$(BiO)_2 \cdot CO_3 \cdot H_2O$	76.8Bi	6.9~7.7	4~4.5
黄铋矿	Bi_2CO_3	$91.3Bi_2O_3$	7.3~7.4	3~3.5
硒铋矿	Bi_2Se_3	63.7Bi 36.6Se	6.25~6.62	2.5~3.5
硫铅铋矿	$Pb_2Bi_2O_5$	42Bi 36.3Pb	6.4~6.75	2.3~3
辉碲铋矿	$Bi_2(Te、S)_3$	59Bi 36.4Te	7.3~7.6	1.5~2
叶碲铋矿	Bi、Te、S、Ag	70.2Bi 28.5Te	8.37~8.44	1~2
硅铋矿	$Bi_4(SiO_4)_3$	69.4Bi	6.1	4.5
砷酸铋矿	$3Bi_2O_3 \cdot As_2O_5 \cdot 2H_2O$	40.5Bi	6.4	3~4.5
辉铋铅矿	$6PbS \cdot Bi_2S_3$	21.5Bi	4.6	
针硫铋铅矿	$2PbS \cdot Cu_2S \cdot 3Bi_2S_2$	57Bi	6.1~6.3	2~2.5
自然铋	Bi	100Bi	9.7~9.83	2~2.5
镍	Ni	100Ni	8.9	4
针硫镍矿	NiS	64.7Ni	5.3~5.7	3~3.5
镍黄铁矿	(Fe、Ni)S	18~40Ni	4.6~5.1	3.4~4
硫砷镍矿	NiAsS	35.4Ni	5.6~6.2	5.5
翠镍矿	$NiCO_3 \cdot 2Ni(OH)_2 \cdot 4H_2O$	46.8Ni	2.6	3
砷镍矿	$NiAs_2$	28.1Ni	6.4~6.6	5.5~6
红砷镍矿	NiAs	48.9Ni	7.3~7.7	5~5.5
硅镍矿	$2NiO \cdot 2MgO \cdot 3SiO_2 \cdot 6H_2O$	22.6Ni	2.4	2~4
紫矿镍铁矿				
含镍绿高岭石	$nRO \cdot R_2O_3 \cdot (4+n)SiO_2 \cdot 4H_2O$			
暗镍蛇纹石	$H_2(Ni、Mg)SiO_4 \cdot H_2O$	25~30Ni	2.4	2~4
镍华	$Ni_3As_2O_8 \cdot 8H_2O$		3~3.1	1~2.5

续附录1

矿物名称	化学成分		相对密度	莫氏硬度 HM
	分子式	元素或氧化物/%		
钴	Co	100Co	8.92	5.5
硫钴矿	Co_3S_4	57.9Co	4.8~5	5.5
砷钴矿	$CoAs_2$	28.2Co	6.4~6.6	5.5~6
辉砷钴矿	CoAsS	35.5Co	5.8~6.3	5.5~6
硫铜钴矿	Co_2CuS_4	38Co	4.85	5.5
钴土矿	$CoMn_2O_5 \cdot 4H_2O$	25Co	3.15~3.29	1~2
钴华	$Co_3(AsO_4)_2 \cdot 8H_2O$	29Co	2.9~3	1.5~2.5
硫镍钴矿	$(Co、Ni、Fe)_3S_4$	27.4Co		
含钴黄铁矿	$(Fe、Co)S_2$	33 Co		
含钴磁黄铁矿	(Fe、Ni、Co)S	28.7Co	4.5~4.6	3.5~4.5
水钴矿	$(Co、Ni)_2O_3 \cdot 2H_2O$	50~60Co	3.4	3
钴镍黄铁矿	$(Co、Fe、Ni)_9S_8$	29Co		
锑	Sb	100Sb	6.68	2
辉锑矿	Sb_2S_3	71.4Sb	4.55~4.62	2
锑硫镍矿	NiSbS	57.3Sb	6.4	5.3
黄锑矿	Sb_2O_4	78.9Sb	4.1	4~5
硫氧锑矿	Sb_2S_2O	75Sb	4.5~4.6	1~1.5
红锑镍矿	NiSb	67.5Sb	7.5	5.5
锑华	Sb_2O_3	83.3Sb	5.57	2.5~3
黄锑华	$H_2Sb_2O_5$	74.5Sb	5.1~5.3	4~5.5
汞	Hg	100Hg	13.6	
辰砂	HgS	86.2Hg	8~8.2	2~2.5
硫汞锑矿	$HgS \cdot 2Sb_2S_3$	22Hg	4.81	2
甘汞	HgCl	85Hg		
黑辰砂	HgS	86.2Hg	7.7	3
铝	Al	100Al	2.7	2.9
铝土矿	$Al_2O_3 \cdot 2H_2O$	$73.9Al_2O_3$	2.4~2.6	1~3
一水硬铝石	$Al_2O_3 \cdot H_2O$	$85Al_2O_3$	3.3~3.5	6.5~7
一水软铝石	$Al_2O_3 \cdot H_2O$	$85Al_2O_3$	3.0~3.1	
三水铝石	$Al_2O_3 \cdot 3H_2O$	$65.4Al_2O_3$	2.3~2.4	2.5~3.5
尖晶石	$MgO \cdot Al_2O_3$	$71.8Al_2O_3$	3.5~4.5	7.5~8
刚玉	Al_2O_3	52.9Al	3.95~4.1	9
红柱石	$Al_2O_3 \cdot SiO_2$	$63.2Al_2O_3$	3.6	4~7
硅线石				
蓝晶石				
金	Au	100Au	19.3	2.5
自然金	Au	99Au	16~19	2.5~3
碲金矿	$AuTe_2$	44.03Au	9~9.35	2.5
斜方碲金矿	$(Au、Ag)Te_2$	35.5Au	8.3~8.4	2.5
叶状碲金矿	$Au_2Pb_{14}Sb_3Te_7S_{17}$	7.8Au	6.8~7.2	1~1.5
银	Ag	100Ag	10~10.49	
自然银	Ag	72~100Ag	10.1~11.1	2.5~3
辉银矿	Ag_2S	87.1Ag	7.2~7.33	2~2.5
锑银矿	Ag_9SbS_6	75.6Ag	6~6.2	2~3

续附录1

矿物名称	化学成分		相对密度	莫氏硬度 HM
	分子式	元素或氧化物/%		
脆银矿	Ag_5SbS_4	68.5Ag	6.2~6.3	2~2.5
硒铅银矿	(Ag、Pb)Se	43Ag	8	2.5
浓红银矿	Ag_3SbS_3	60Ag	5.77~5.86	2.5~3
硫锑铜银矿	$(Ag、Cu)_{16}(Sb、As)_2S_{11}$	75.6Ag	6~6.2	2~3
淡红银矿	Ag_3AsS_3	65.4Ag	5.57~5.64	2~2.5
碘银矿	AgI	46Ag	5.6~5.7	3~4
角银矿	AgCl	75.3Ag	5.55	1~1.5
铂	Pt	100Pt	21.5	4.5
自然铂	Pt	70~96Pt	14~19	4~4.5
砷酸铂矿	$PtAs_2$	56.5Pt	10.6	6~7
等轴铋碲钯矿				
碲铂矿				
砷铂铱矿				
铋碲钯镍矿				
铱锇矿	IrOs(Rh、Pt、Ru)	100合金	19.3~21.1	6~7
铌	Nb	100Nb	8.57	
铌铁矿	$(Fe、Mn)[(Nb、Ta)O_3]_2$	$10\sim15Nb_2O_5$	5.3~7.3	6
褐钇铌矿	$Y(Nb、Ta)O_4$	21.7Nb		
烧绿石	$(Na、Ca、TR、U、Th)_2$ $(Nb、Ta、Ti)_2(O、OH、F)_7$			
钛铌钙铈矿	$(Nb、Ca、Ce)(Ta、Ti、Nb)O_3$			
重铌铁矿	$(FeNb_2O_6)$	$79Nb_2O_5$		
钛铁金红石	$(Ti、Nb、Ta、Fe)O_2$	22.7Nb		
钽	Ta	100Ta	16.6	
钽铁矿	$(Fe、Mn)Ta_2O_6$	$50\sim70Ta_2O_5$	6.5~7.3	6
细晶石	$Ca_2Ta_2O_7$	$70\sim80Ta_2O_5$	5.5~5.6	5.5
重钽铁矿	$Fe(Ta、Nb)_2O_6$	$73.9Ta_2O_5$ $11.3Nb_2O_5$	7.3~7.8	6
铌钽铁矿	$(SbO)_2(Ta、Nb)_2O_6$	$51.13Ta_2O_5$ $7.56Nb_2O_5$	6~7.4	5~5.5
锰钽铁矿	$MnTa_2O_6$	$36Ta_2O_5$		
钇钽矿				
正方铌钽矿				
钛铌钽矿				
铍	Be	100Be	1.85	5
绿柱石	$3BeO·Al_2O_3·6SiO_2$	14BeO	2.6~2.8	7.5~8
金绿宝石	$BeO·Al_2O_3$	19.8BeO	3.5~3.8	8.5
似晶石	$2BeO·BiO_2$	45.55BeO	3	7.5~8
磷钠铍石	$NaBePO_4$	7.1Be	2.8	5.8
白闪石	$Na(BeF)Ca(SiO_3)_2$	10.3BeO	2.96	4
日光石榴石	$(Mn、Fe)_2(Mn_2S)Be_3(BiO_4)_3$	13.6BeO	3.16~3.36	6~6.5
硅酸铍石	$H_2O·4BeO·2SiO_2$	42.1BeO	2.3~2.6	6~7
硅铍石	$Be_4(Si_2O_7)(OH)_2$	49BeO		
香花石	$Ca_3(BeSiO_4)_3·2LiF$	15.8BeO		

续附录 1

矿物名称	化学成分		相对密度	莫氏硬度 HM
	分子式	元素或氧化物/%		
顾家石	$Ca_2BeSi_2O_7$	9.5BeO		
锂	Li	100Li	0.53	0.6
锂辉石	$LiAl(SiO_3)_2$	$8.4Li_2O$	3.1~3.2	6~7
锂云母	$(Li、K)_2(F、OH)_2Al_2(SiO_3)_2$	$3\sim5Li_2O$	2.8~2.9	2.5~4
铁锂云母	$(K、Li)_3Fe(AlO)Al(F、OH)_2(SiO_4)_3$	$1\sim5Li_2O$	2.8~3.2	2.5~3
透锂长石	$LiAl(Si_2O_5)_2$	$1.97\sim4.5Li_2O$	2.39~2.46	6~6.5
磷锂铁矿	$LiFePO_4$	$9.5Li_2O$	3.4~3.7	4.5~5
磷锂锰矿	$LiMnPO_4$	$9.6Li_2O$	3.4~3.6	4.5~5
磷锂石	$Li(Al、F)PO_4$	$10.1Li_2O$	3~3.1	6
钡	Ba	100Ba		
重晶石	$BaSO_4$	65.7BaO	4.3~4.7	2.5~3.5
菱钡矿	$BaCO_3$	77.7BaO	4.2~4.4	3~4
锶	Sr	100Sr		
天青石	$SrSO_4$	47.7Sr	3.5~4	3.9~4
菱锶矿	$SrCO_3$	59.3Sr	3.6~3.8	3.5~4
锆	Zr	100Zr	6.5	4.5
锆石	$ZrSiO_4$	$67.2ZrO_2$	4.4~4.8	7~8
单斜锆矿	ZrO	$100ZrO_2$	5.5~6	6.5
锗	Ge	100Ge		
锗石				
硫银锗矿	$3AgSGeS_2$	73.5Ag	6.1	2.5
硫银铁铜矿				
黑硫银锡矿				
铊	Tl	100Tl		
红铊矿	$TlAsS_2$	61Tl		
铊银矿				
硒铊银铜矿				
硫砷铊铅矿				
辉铊锑矿	$Tl(As、Sb)_2S_5$	32Tl		
镉	Cd	100Cd	8.65	2
硫镉矿	CdS	77.7Cd	4.9~5	3~3.5
菱镉矿	$CdCO_3$	65Cd		
铯	Cs			
铯沸石	$CsAlSi_2O_6 \cdot xH_2O$			
硼铯铷矿				
钪	Sc			
钪钇石	$(ScY)_2Sc_2O_7$	38.4Sc		
稀土金属				
独居石	$(Ce、La、Nb、Pr、Y、Er)PO_4 \cdot SiO_2 \cdot ThO_2$	$18ThO_2$	4.9~5.3	5~5.5
氟碳铈矿				
氟碳铈镧矿				
褐石				
鄂博矿				
磷钇矿	YPO_4	48.5Y		

续附录1

矿物名称	化学成分		相对密度	莫氏硬度 HM
	分子式	元素或氧化物/%		
硅铍钇矿	$Be_2FeY_2Si_2O_{10}$	38Y		
铀	U	100U	19.05	
沥青铀矿	$UO_2 \cdot UO_3 \cdot Pb \cdot Th \cdot Ca \cdot Ra$	$76 \sim 91U_3O_8$	6.4～9.7	3～6
铀铅矿	$(Pb、Ca、Ba)U_3SiO_{12} \cdot 6H_2O$	$61UO_3$	3.9～4.2	2.5～3
铀铋矿	$Bi_2O_3 \cdot 2UO_3 \cdot 3H_2O$	$52.7UO_3$;38Bi	6.4	2.3
铜铀云母	$CuO \cdot 2UO_3 \cdot P_2O_5 \cdot 8H_2O$	$61.2UO_3$	3.4～3.6	2～2.5
钙铀云母	$CaO \cdot 2UO_3 \cdot P_2O_5 \cdot 8H_2O$	$62.7UO_3$	3.1～3.2	2～2.5
砷酸铜铀矿	$CuO \cdot 2UO_3 \cdot As_2O_5 \cdot 8H_2O$	$56UO_3$	3.2	2～2.5
砷酸钙铀矿	$CaO \cdot 2UO_3 \cdot As_2O_5 \cdot 8H_2O$	$57.2UO_3$	3.45	2～3
磷酸钡铀矿	$BaO \cdot 2UO_3 \cdot P_2O_5 \cdot 8H_2O$	$56.7UO_3$	3.5	2～2.5
钒酸钾铀矿	$K_2U_2V_2O_{12} \cdot 3H_2O$	$47UO_3$	2～2.5	1～1.5
晶质铀矿	U_3O_8			
钒钙铀矿	$CaO \cdot 2UO_3 \cdot V_2O_5 \cdot nH_2O$			
钛铀矿	$(TiO_2 \cdot U_2O_3)TiO_3$	$81UO_3$		
铀黑矿				
钍	Th	100Th	11.7	
硅钍石	$ThSiO_4$	$81.5ThO_2$	4.4～5.4	4.5～5
方钍石	$ThO_2 \cdot U_3O_8$	$23.8ThO_2$	9.32～9.7	6.5
硒	Se			
硒铅矿	PbSe	27.6Se	7.6～8.8	2.5～3
硒铋矿	Bi_2Se	15.8Se		
硒镍银矿				
硒镍矿				
硒铊银铜矿				
红硒铜矿	$CuSeO_3 \cdot 2H_2O$	28.1Cu 34.9Se	3.8	2.5～3
灰硒汞矿				
碲	Te			
碲铅矿	PbTe	38.1Te	8.2	3
碲铋矿	$BiTe_2$	57Te		
碲辉铋矿	BiTeS	35Te		
碲银矿	Ag_2Te	63Ag	8.3～8.9	2.5～3
碲汞矿				
硫	S	100S	2	2
硫磺	S	100S	2～2.1	1.5～2.5
黄铁矿	FeS_2	53.4S;46.6Fe	4.95～5.1	6～6.5
白铁矿	FeS_2	53.4S;46.6Fe	4.85～4.9	6～6.5
磁黄铁矿	$Fe_5S_6 \sim Fe_{16}S_{17}$	40S;60Fe	4.85～4.65	3.5～4.5
砷	As	100As	5.73	
毒砂	FeAsS	46As	5.9～6.2	5.5～6
雌黄	As_2S_3	61As	3.4～3.5	1.5～2
雄黄	AsS	70.1As	3.4～3.6	1.5～2
斜方砷铁矿	$FeAs_2$	72.82As	7～7.4	5～5.5
砷华	As_2O_3	75.8As	3.7	1.5

续附录1

矿物名称	化学成分		相对密度	莫氏硬度 HM
	分子式	元素或氧化物/%		
其他矿物				
石英	SiO_2	46.7Si	2.65	7
磷灰石	$Ca_5(PO_4)_3(F、Cl、OH)$	$56.5PO_4$	3.2	5
萤石	CaF_2	48.9F;51.1Ca	3~3.25	4
方解石	$CaCO_3$	56Ca	2.7	3
白云石	$(Ca、Mg)CO_3$	30.4CaO;21.7MgO	2.8~2.9	3.5~4
菱镁石	$MgCO_3$	46.6MgO	2.9~3.1	3.5~4.5
光卤石	$KMgCl_3 \cdot 6H_2O$	14.1K;38.3Cl	1.6	1
硫镁石	$MgSO_4 \cdot H_2O$	17.6Mg	2.57	3.5
钾盐镁矾	$MgSO_4 \cdot KCl \cdot 3H_2O$	30KCl	2.13	3
石膏	$CaSO_4 \cdot 2H_2O$	32.5CaO;46.6SO_3	2.2~2.4	1.5~2
冰晶石	Na_3AlF_6	13Al;54.4F	2.5~3	2.95~3
钾盐	KCl	52.4K	1.9~2	2
杂卤石	$K_2SO_4 \cdot MgSO_4 \cdot 2CaSO_4 \cdot 2H_2O$		2~2.2	2.5~3
钠硝石	$NaNO_3$		2.2~2.3	1.5~2
硝石	KNO_3	38.6K;13.9N	2.1~2.2	2
钙硝石	$Ca(NO_3)_2 \cdot H_2O$			0~2
镁硝石	$Mg(NO_3)_2 \cdot 6H_2O$		2~3	1~2
碳钠石	$Na_2CO_3 \cdot 10H_2O$		2.11~2.14	2.5~3
泻利盐	$MgSO_4 \cdot 7H_2O$	9.9Mg	1.7~1.8	2~2.5
芒硝	$NaSO_4 \cdot 10H_2O$		1.5	1.52
无水芒硝	Na_2SO_4		2.7	2~3
钙芒硝	$Na_2SO_4 \cdot CaSO_4$		2.7~2.9	2.5~3
硬石膏	$CaSO_4$		2.7~3	3~3.5
硼砂	$Na_2B_4O_7 \cdot 10H_2O$	36.6B_2O_3	1.7	2~2.5
硼钠方解石	$NaCaB_5O_9 \cdot 9H_2O$		1.65	1
硬硼酸钙石	$Ca_2B_6O_{11} \cdot 5H_2O$		2.4	4~4.5
方硼石	$Mg_3ClB_7O_{13}$		2.9~3	4.5~7
明矾石	$K_2O \cdot 3Al_2O_3 \cdot 4SO_3 \cdot 6H_2O$	37Al_2O_3;11.4K_2O	2.6~2.8	3.5~4
黄玉	$Al_2(F、OH)_2SiO_4$		3.4~3.7	8.0
电气石	$(Na、Ca、)(Mg、Fe、Li、Al、Mn)$ $Al_6(Si_6O_{18})(BO_3)_3(O、OH、F)_4$		3~3.2	7~7.5
斧石	$HCa_2(Fe、Mn)Al_2(SiO_4)_5$		3.3	6.5~7
绿帘石	$Ca_2(Al、Fe)Al_2(Si_3O_{12})(OH)$		3.25~3.45	6~7
符山石	$Ca_6[Al(OH、F)]Al_2(SiO_4)_5$		3.3~3.5	6.5
石榴石	$(Ca、Mg、Fe、Mn)_3(Al、Fe、Mn、Cr、Ti)_2(SiO_4)_3$		3.4~4.3	6.5~7
硅灰石	$CaSiO_3$	48.3CaO;51.7SiO_2	2.8~2.9	4~5
辉石	$(Ca、Mg、F^2e、F^3e、Ti、Al)_2$ $(Si、Al)_2O_6$		3.2~3.6	5~6
角闪石	$Ca_2(Mg、Fe)_4Al(Si_7、AlO_{22})(OH)_2$		2.9~3.4	5~6
正长石	$KAlSi_3O_8$	18.4Al_2O_3	2.5~2.6	6~6.5
钠长石	$NaAlSi_3O_8$	19.5Al_2O_3	2.62~2.65	6~6.5
白云母	$H_2KAl_3(SiO_4)_3$		2.76~3.1	2~2.5
黑云母	$(H、K)_2(Mg、Fe)_2Al_2(SiO_4)_3$		2.7~3.1	2.5~3

续附录1

矿物名称	化学成分		相对密度	莫氏硬度 HM
	分子式	元素或氧化物/%		
绿泥石	$H_4Mg_3SiO_9+H_4Mg_4Al_2SiO_9$		2.65~2.97	2~3
蛇纹石	$H_4Mg_3Si_2O_9$	43Mg	2.5~2.8	4
滑　石	$H_2Mg_3(SiO_3)_4$	19.2Mg;29.6Si	2.5~2.8	1~1.5
高岭土	$H_4Al_2Si_2O_9$	$39.5Al_2O_3$	2.2~2.6	2~2.5
石　墨	C	100C	2.09~2.23	1~2
十字石	$HFeAl_5Si_2O_{13}$		3.65~3.75	7~7.5
霞　石	$Na_6K_2Al_8Si_9O_{34}$		2.55~2.65	5~6
白榴石	$KAl(SiO_3)_2$	$21.5K_2O$ $23.5Al_2O_3$	2.5	5.5~6
叶蜡石	$H_2Al_2(SiO_3)_4$	$28.3Al_2O_3$	2.8~2.9	1~2
蛭　石	$3MgO\cdot(Fe、Al)_2O_3\cdot3SiO_2$		2.7	1.5
锰橄榄石	Mn_2SiO_4		4~4.1	6.5~7
透闪石	$CaMg_3(SiO_3)_4$		2.9~3.4	5~7
钙铬榴石	$Ca_3Cr_2(SiO_4)_3$		3.5	6.5~7.5
镁铝榴石	$Mg_3Al_2(SiO_4)_3$		3.7	6.5~7.6
蔷薇辉石	$MnSiO_3$	42Mn	3.4~3.7	5.5~6.5
锰铝榴石	$Mn_3Al_2(SiO_4)_3$		4~4.3	6.5~7.5
橄榄石	$(Mg、Fe)_2SiO_4$		3.3	6.5~7
蛋白石	$SiO_2\cdot nH_2O$		1.9~2.3	5.5~6.5
磷钙岩	$Ca_3(PO_4)_2$	$32.1P_2O_5$	3.2	5
紫苏辉石	$(Fe、Mg)SiO_3$		3.5	5~6
钙铝榴石	$Ca_3Al_2(SiO_4)_3$		3.4~3.7	6.5~7.5
岩　盐	NaCl	39.4Na	2.1~2.6	2.5
多水高岭土	$H_4Al_2O_3\cdot2SiO_3\cdot2H_2O$		2~2.2	1~2
钙铁榴石	$Ca_3Fe_2(SiO_4)_3$		3.1~4.3	6.5~7.5
水金云母			2.3	1.5
软滑黏土	$Ca_{12}Al_2Si_9O_{36}$		2.9~3.1	5
贵橄榄石	$(Mg、Fe)_2SiO_4$		3.3	6.5~7
青石棉	$Na_2(Mg、Fe^2、Fe^3、Al)_5(Si_8O_{22})(OH)$		3.2~3.3	4~5
金刚石	C	100C	3.5	10
水镁石	$MgO\cdot H_2O$	69MgO	2.4	2.5
玉　髓	SiO_2		2.7~2.9	7
阳起石	$Ca_2(Mg、Fe)_5(Si_8O_{22})(OH)$		3~3.2	5~6
铁铝榴石	$Fe_3Al_2(SiO_4)_3$		3.1~4.3	6.5~7.5
铁石棉	$(Mg、Fe)_7(Si_8O_{22})(OH)$		3.2~3.3	
方沸石	$NaAlSi_2O_6\cdot2H_2O$	$23.2Al_2O_3$	2.2~2.3	5~5.5
钙长石	$CaAl_2Si_2O_8$	$36.7Al_2O_3$	2.7~2.8	6~6.1
直闪石	$(Mg、Fe)SiO_3$		3~3.2	5
文　石	$CaCO_3$	56CaO	2.9	3.4~4

附录2 各国试验筛筛孔尺寸标准

国际标准化组织 ISO 565—1983			西德国家标准 DIN 4188—1977			法国国家标准 AFNOR X11-504—1975	苏联国家标准 ГОСТ 3584—1973	英国国家标准 BS 410—1976	美国(加拿大)国家标准 ANSI/ASTM E11—1970(77)		美国泰勒筛制				日本工业标准 JIS Z8801—1982	
主序列	辅序列		主序列	辅序列							筛号	筛孔尺寸				
												英寸	mm			
R 20/3 /mm	R 20 /mm	R 40/3 /mm	R 10 /mm	R 20/3 /mm	R20 /mm	R10、20/2 /mm	R10、20 /mm	/mm	目数或英寸	mm	目数		现行标准	旧标准	R20 /mm	R40/3 /mm
125	125	125	125	125	125	125		125	5	125					125	125
	112				112	(112)			4.24	106					112	
	100	106	100		100	100		106	4	(100)					100	106
90.0	90.0	90.0		90.0	90.0	(90.0)		90.0	$3^{1}/2$	90.0					90.0	90.0
	80.0		80.0		80.0	80.0									80.0	
	71.0	75.0			71.0	(71.0)		75.0	3	75.0					71.0	75.0
63.0	63.0	63.0	63.0	63.0	63.0	63.0		63.0	$2^{1}/2$	63.0					63.0	63.0
	56.0				56.0	(56.0)			2.12	53.0					56.0	
	50.0	53.0	50.0		50.0	50.0		53.0	2	(50.0)					50.0	53.0
45.0	45.0	45.0		45.0	45.0	(45.0)		45.0	$1^{3}/4$	45.0					45.0	45.0
	40.0		40.0		40.0	40.0									40.0	
	35.5	37.5			35.5	(35.5)		37.5	$1^{1}/2$	38.1					35.5	37.5
31.5	31.5	31.5	31.5	31.5	31.5	31.5		31.5	$1^{1}/4$	31.5					31.5	31.5
	28.0				28.0	(28.0)			1.06	26.5					28.0	
	25.0	26.5	25.0		25.0	25.0		26.5	1	(25.0)		1.050	26.5	26.67	25.0	26.5
22.4	22.4	22.4		22.4	22.4	(22.4)		22.4	7/8	22.4		0.883	22.4	22.43	22.4	22.4
	20.0		20.0		20.0	20.0									20.0	
	18.0	19.0			18.0	(18.0)		19.0	3/4	19.0		0.742	19.0	18.85	18.0	19.0
16.0	16.0	16.0	16.0	16.0	16.0	16.0		16.0	5/8	16.0		0.624	16.0	15.85	16.0	16.0
	14.0				14.0	(14.0)			0.530	13.2					14.0	
	12.5	13.2	12.5		12.5	12.5		13.2	1/2	(12.5)		0.525	13.2	13.33	12.5	13.2
11.2	11.2	11.2		11.2	11.2	(11.2)		11.2	7/16	11.2		0.441	11.2	11.20	11.2	11.2
	10.0		10.0		10.0	10.0									10.0	

续附录2

国际标准化组织 ISO 565—1983			西德国家标准 DIN 4188—1977			法国国家标准 AFNOR X11-504—1975	苏联国家标准 ГОСТ 3584—1973	英国国家标准 BS410—1976	美国(加拿大)国家标准 ANSI/ASTM E11—1970(77)		美国泰勒筛制				日本工业标准 JIS Z8801—1982	
主序列	辅序列		主序列	辅序列							筛号		筛孔尺寸			
													mm			
R 20/3 /mm	R 20 /mm	R 40/3 /mm	R 10 /mm	R 20/3 /mm	R20 /mm	R10、20/2 /mm	R10、20 /mm	/mm	目数或英寸	mm	目数	英寸	现行标准	旧标准	R20 /mm	R40/3 /mm
	9.00	9.50			9.00	(9.00)		9.50	3/8	9.50		0.371	9.50	9.423	9.00	9.50
8.00	8.00	8.00	8.00	8.00	8.00	8.00		8.00	5/16	8.00	2.5	0.312	8.00	7.925	8.00	8.00
	7.10				7.10	(7.10)			0.265	6.7					7.10	
	6.30	6.70	6.30		6.30	6.30		6.70	1/4 英寸	(6.30)	3	0.263	6.70	6.680	6.30	6.70
5.60	5.60	5.60		5.60	5.60	(5.60)		5.60	3.5	5.60	3.5	0.221	5.60	5.613	5.60	5.60
	5.00		5.00		5.00	5.00									5.00	
	4.50	4.75			4.50	(4.50)		4.75	4	4.75	4	0.185	4.75	4.699	4.50	4.75
4.00	4.00	4.00	4.00	4.00	4.00	4.00		4.00	5	4.00	5	0.156	4.00	3.962	4.00	4.00
	3.55				3.55	(3.55)									3.55	
	3.15	3.35	3.15		3.15	3.15		3.35	6	3.35	6	0.131	3.35	3.327	3.15	3.55
2.80	2.80	2.80		2.80	2.80	(2.80)		2.80	7	2.80	7	0.110	2.80	2.794	2.80	2.80
	2.50		2.50		2.50	2.50	2.50								2.50	
	2.24	2.36			2.24	(2.24)		2.36	8	2.36	8	0.093	2.36	2.362	2.24	2.36
2.00	2.00	2.00	2.00	2.00	2.00	2.00	2.00	2.00	10	2.00	9	0.078	2.00	1.981	2.00	2.00
	1.80				1.80	(1.80)									1.80	
	1.60	1.70	1.60		1.60	1.60	1.60	1.70	12	1.70	10	0.065	1.70	1.651	1.60	1.70
1.40	1.40	1.40		1.40	1.40	(1.40)		1.40	14	1.40	12	0.055	1.40	1.397	1.40	1.40
	1.25		1.25		1.25	1.25	1.25								1.25	
	1.12	1.18			1.12	(1.12)		1.18	16	1.18	14	0.046	1.18	1.168	1.12	1.18
1.00	1.00	1.00	1.00	1.00	1.00	1.00	1.00	1.00	18	1.00	16	0.0390	1.00	0.991	1.00	1.00
	0.900				0.900	(0.900)	0.900								0.90	

续附录 2

国际标准化组织 ISO 565—1983			西德国家标准 DIN 4188—1977			法国国家标准 AFNOR X11-504—1975	苏联国家标准 ГОСТ 3584—1973	英国国家标准 BS410—1976	美国(加拿大)国家标准 ANSI/ASTM E11—1970(77)		美国泰勒筛制				日本工业标准 JIS Z8801—1982	
主序列	辅序列		主序列	辅序列							筛号	筛孔尺寸				
												英寸	mm			
R 20/3 /mm	R 20 /mm	R 40/3 /mm	R 10 /mm	R 20/3 /mm	R20 /mm	R10、20/2 /mm	R10、20 /mm	/mm	目数或英寸	mm	目数	英寸	现行标准	旧标准	R20 /mm	R40/3 /mm
	0.800	0.850	0.800		0.800	0.800	0.800	0.850	20	0.850	20	0.0328	0.850	0.833	0.80	0.85
0.710	0.710	0.710		0.710	0.710	(0.710)	0.710	0.710	25	0.710	24	0.0276	0.710	0.701	0.710	0.710
	0.630		0.630		0.630	0.630	0.630								0.630	
	0.560	0.600			0.560	(0.560)	0.560	0.600	30	0.600	28	0.0232	0.600	0.589	0.560	0.600
0.500	0.500	0.500	0.500	0.500	0.500	0.500	0.500	0.500	35	0.500	32	0.0195	0.500	0.495	0.500	0.500
	0.450				0.450	(0.450)	0.450								0.450	
	0.400	0.425	0.400		0.400	0.400	0.400	0.425	40	0.425	35	0.0164	0.425	0.417	0.400	0.425
0.355	0.355	0.355		0.355	0.355	(0.355)	0.355	0.355	45	0.355	42	0.0138	0.355	0.351	0.355	0.355
	0.315		0.315		0.315	0.315	0.315								0.315	
	0.280	0.300			0.280	(0.280)	0.280	0.300	50	0.300	48	0.0116	0.300	0.295	0.280	
0.250	0.250	0.250	0.250	0.250	0.250	0.250	0.250	0.250	60	0.250	60	0.0097	0.250	0.246	0.250	0.250
	0.224				0.224	(0.224)	0.224								0.224	
	0.200	0.212	0.200		0.200	0.200	0.200	0.212	70	0.212	65	0.0082	0.212	0.208	0.200	0.212
0.180	0.180	0.180		0.180	0.180	(0.180)	0.180	0.180	80	0.180	80	0.0069	0.180	0.175	0.180	0.180
	0.160		0.160		0.160	0.160	0.160								0.160	
	0.140	0.150			0.140	(0.140)	0.140	0.150	100	0.150	100	0.0058	0.150	0.147	0.140	0.150
0.125	0.125	0.125	0.125	0.125	0.125	0.125	0.125	0.125	120	0.125	115	0.0049	0.125	0.124	0.125	0.125
	0.112				0.112	(0.112)	0.112								0.112	
	0.100	0.106	0.100		0.100	0.100	0.100	0.106	140	0.106	150	0.0041	0.106	0.104	0.100	0.106
0.090	0.090	0.090		0.090	0.090	(0.090)	0.090	0.090	170	0.090	170	0.0035	0.090	0.088	0.090	0.090
	0.080		0.080		0.080	0.080	0.080								0.080	

续附录2

国际标准化组织 ISO 565—1983			西德国家标准 DIN 4188—1977			法国国家标准 AFNOR X11-504—1975	苏联国家标准 ГОСТ 3584—1973	英国国家标准 BS410—1976	美国(加拿大)国家标准 ANSI/ASTM E11—1970(77)		美国泰勒筛制				日本工业标准 JIS Z8801—1982	
主序列	辅序列		主序列	辅序列							筛号	筛孔尺寸				
													mm			
R 20/3 /mm	R 20 /mm	R 40/3 /mm	R 10 /mm	R 20/3 /mm	R20 /mm	R10、20/2 /mm	R10、20 /mm	/mm	目数或英寸	mm	目数	英寸	现行标准	旧标准	R20 /mm	R40/3 /mm
	0.071	0.075			0.071	(0.071)	0.071	0.075	200	0.075	200	0.0029	0.075	0.074	0.071	0.075
0.063	0.063	0.063	0.063	0.063	0.063	0.063	0.063	0.063	230	0.063	250	0.0024	0.063	0.063	0.063	0.063
	0.056				0.056	(0.056)	0.056								0.056	
	0.050	0.053	0.050		0.050	0.050	0.050	0.053	270	0.053	270	0.0021	0.053	0.053	0.050	0.053
0.045	0.045	0.045		0.045	0.045	(0.045)	0.045	0.045	325	0.045	325	0.0017	0.045	0.044	0.045	0.045
	0.040		0.040		0.040	0.040	0.040								0.040	
	0.036	0.038			0.036	(0.036)			400	0.038	400	0.0015	0.038	0.037	0.036	0.038
(R10)																
0.032	0.032	0.032	0.032		0.032	0.032									0.032	0.032
	0.028				0.028	(0.028)									0.028	
0.025	0.025	0.026	0.025		0.025	0.025									0.025	0.026
	0.022	0.022			0.022	(0.022)									0.022	0.022
0.020	0.020		0.020		0.020	0.020									0.020	
0.016																
0.0125																
0.010																
0.008																
0.0063																
0.005																

附录3　常用正交表

一、L_4 (2^3)

试验号＼列号	1	2	3
1	1	1	1
2	2	1	2
3	1	2	2
4	2	2	1

注：任意两列的交互列是另外一列。

二、L_8 (2^7)

试验号＼列号	1	2	3	4	5	6	7
1	1	1	1	2	2	1	2
2	2	1	2	2	1	1	1
3	1	2	2	2	2	2	1
4	2	2	1	2	1	2	2
5	1	1	1	1	1	2	2
6	2	1	2	1	2	2	1
7	1	2	2	1	1	1	1
8	2	2	1	1	2	1	2

注：任意两列的交互作用均占一列，对应列号如下：

列号＼列号	1	2	3	4	5	6	7
1		7	6	5	4	3	2
2	7		5	6	3	4	1
3	6	5		7	2	1	4
4	5	6	7		1	2	3
5	4	3	2	1		7	6
6	3	4	1	2	7		5
7	2	1	4	3	6	5	

三、L_{12} ($2^3 \times 3^1$)

试验号＼列号	1	2	3	4
1	1	1	1	2
2	2	1	2	2
3	1	2	2	2
4	2	2	1	2
5	1	1	1	1
6	2	1	2	1
7	1	2	2	1
8	2	2	1	1
9	1	1	1	3
10	2	1	2	3
11	1	2	2	3
12	2	2	1	3

四、L_{16} (2^{15})

试验号＼列号	1	2	3	4	5	6	7	8	9	10	11	12	13	14	15
1	1	1	1	1	1	1	1	1	1	1	1	1	1	1	1
2	1	1	1	1	1	1	1	2	2	2	2	2	2	2	2
3	1	1	1	2	2	2	2	1	1	1	1	2	2	2	2
4	1	1	1	2	2	2	2	2	2	2	2	1	1	1	1
5	1	2	2	1	1	2	2	1	1	2	2	1	1	2	2
6	1	2	2	1	1	2	2	2	2	1	1	2	2	1	1
7	1	2	2	2	2	1	1	1	1	2	2	2	2	1	1
8	1	2	2	2	2	1	1	2	2	1	1	1	1	2	2
9	2	1	2	1	2	1	2	1	2	1	2	1	2	1	2
10	2	1	2	1	2	1	2	2	1	2	1	2	1	2	1
11	2	1	2	2	1	2	1	1	2	1	2	2	1	2	1
12	2	1	2	2	1	2	1	2	1	2	1	1	2	1	2
13	2	2	1	1	2	2	1	1	2	2	1	1	2	2	1
14	2	2	1	1	2	2	1	2	1	1	2	2	1	1	2
15	2	2	1	2	1	1	2	1	2	2	1	2	1	1	2
16	2	2	1	2	1	1	2	2	1	1	2	1	2	2	1

L_{16}（2^{15}）表头设计

因素数 \ 列号	1	2	3	4	5	6	7	8	9	10	11	12	13	14	15
4	A	B	AB	C	AC	BC		D	AD	BD		CD			
5	A	B	AB	C	AC	BC	DE	D	AD	BD	CE	CD	BE	AE	E
6	A	B	AB DE	C	AC DF	BC EF		D	AD BE CF	BD AE	E	CD AF	F		CE BF
7	A	B	AB DE FG	C	AC DF EG	BC EF DG		D	AD BE CF	BD AE CG	E	CD AF BG	F	G	CE BF AG
8	A	B	AB DE FG CH	C	AC DF EG BH	BC EF DG AH	H	D	AD BE CF GH	BD AE CG FH	E	CD AF BG EH	F	G	CE BF AG DH

五、L_{32}（2^{31}）

试验号 \ 列号	1	2	3	4	5	6	7	8	9	10	11	12	13	14	15	16	17	18	19	20	21	22	23	24	25	26	27	28	29	30	31
1	1	1	1	2	2	1	2	1	2	2	1	1	1	2	2	1	2	1	1	2	1	2	1	1	2	1	2	2	1	2	1
2	2	1	2	2	1	1	1	1	1	2	2	1	2	2	1	1	1	1	2	2	2	2	2	1	1	1	1	2	2	2	2
3	1	2	2	2	2	2	1	1	2	1	2	1	1	1	1	1	2	2	2	2	1	1	2	1	2	2	1	2	1	1	2
4	2	2	1	2	1	2	2	1	1	1	1	1	2	1	2	1	1	2	1	2	2	1	1	1	1	2	2	2	2	1	1
5	1	1	2	1	1	2	2	1	2	2	2	2	2	1	2	1	2	1	2	1	2	1	1	1	2	1	1	1	2	1	1
6	2	1	1	1	2	2	1	1	1	2	1	2	1	1	1	1	1	1	1	1	1	1	2	1	1	1	2	1	1	1	2
7	1	2	1	1	1	1	1	1	2	1	1	2	2	2	1	1	2	2	1	1	2	2	2	1	2	2	2	1	2	2	2
8	2	2	2	1	2	1	2	1	1	1	2	2	1	2	2	1	1	2	2	1	1	2	1	1	1	2	1	1	1	2	1
9	1	1	1	1	2	2	1	2	1	1	2	1	2	2	2	1	2	1	1	1	1	1	2	2	1	2	1	2	2	2	1
10	2	1	2	1	1	2	2	2	2	1	1	1	1	2	1	1	1	1	2	1	2	1	1	2	2	2	2	2	1	2	2
11	1	2	2	1	2	1	2	2	1	2	1	1	2	1	1	1	2	2	2	1	1	2	1	2	1	1	2	2	2	1	2
12	2	2	1	1	1	1	1	2	2	2	2	1	1	1	2	1	1	2	1	1	2	2	2	2	2	1	1	2	1	1	1
13	1	1	2	2	1	1	1	2	1	1	1	2	1	1	2	1	2	1	2	2	2	2	2	2	1	2	2	1	1	1	1
14	2	1	1	2	2	1	2	2	2	1	2	2	2	1	1	1	1	1	1	2	1	2	1	2	2	2	1	1	2	1	2
15	1	2	1	2	1	2	2	2	1	2	2	2	1	2	1	1	2	2	1	2	2	1	1	2	1	1	1	1	1	2	2
16	2	2	2	2	2	2	1	2	2	2	1	2	2	2	2	1	1	2	2	2	1	1	2	2	2	1	2	1	2	2	1
17	1	1	1	2	1	2	1	2	2	2	1	1	2	1	1	2	1	2	2	1	1	2	1	1	1	2	1	1	1	2	1
18	2	1	2	2	2	2	2	2	1	2	2	1	1	1	2	2	2	2	1	1	2	2	2	1	2	2	2	1	2	2	2
19	1	2	2	2	1	1	2	2	2	1	2	1	2	2	2	2	1	1	1	1	1	1	2	1	1	1	2	1	1	1	2
20	2	2	1	2	2	1	1	2	1	1	1	1	1	2	1	2	2	1	2	1	2	1	1	1	2	1	1	1	2	1	1
21	1	1	2	1	2	1	1	2	2	2	2	2	1	2	1	2	1	2	1	2	2	1	1	1	1	2	2	2	2	1	1
22	2	1	1	1	1	1	2	2	1	2	1	2	2	2	2	2	2	2	2	2	1	1	2	1	2	2	1	2	1	1	2
23	1	2	1	1	2	2	2	2	2	1	1	2	1	1	2	2	1	1	2	2	2	2	2	1	1	1	1	2	2	2	2
24	2	2	2	1	1	2	1	2	1	1	2	2	2	1	1	2	2	1	1	2	1	2	1	1	2	1	2	2	1	2	1
25	1	1	1	1	1	1	2	1	1	1	2	1	1	1	1	2	1	2	2	2	1	1	2	2	2	1	2	1	2	2	1
26	2	1	2	1	2	1	1	1	2	1	1	1	2	1	2	2	2	2	1	2	2	1	1	2	1	1	1	1	1	2	2
27	1	2	2	1	1	2	1	1	1	2	1	1	1	2	2	2	1	1	1	2	1	2	1	2	2	2	1	1	2	1	2
28	2	2	1	1	2	2	2	1	2	2	2	1	2	2	1	2	2	1	2	2	2	2	2	2	1	2	2	1	1	1	1
29	1	1	2	2	2	2	2	1	1	1	1	2	2	2	1	2	1	2	1	1	2	2	2	2	2	1	1	2	1	1	1
30	2	1	1	2	1	2	1	1	2	1	2	2	1	2	2	2	2	2	2	1	1	2	1	2	1	1	2	2	2	1	2
31	1	2	1	2	2	1	1	1	1	2	2	2	2	1	2	2	1	1	2	1	2	1	1	2	2	2	2	2	1	2	2
32	2	2	2	2	1	1	2	1	2	2	1	2	1	1	1	2	2	1	1	1	1	1	2	2	1	2	1	2	2	2	1

注：表中套有 L_{16}（2^{15}）、L_8（2^7）和 L_4（2^3），但其中 L_{16}（2^{15}）的排法与前页第四表不同，因而表头设计也不相同。

六、L_9（3^4）

试验号＼列号	1	2	3	4	试验号＼列号	1	2	3	4
1	1	1	3	2	6	3	2	1	2
2	2	1	1	1	7	1	3	1	3
3	3	1	2	3	8	2	3	2	2
4	1	2	2	1	9	3	3	3	1
5	2	2	3	3					

注：任意两列的交互列是另外两列。

七、L_{16}（4^5）

试验号＼列号	1	2	3	4	5	试验号＼列号	1	2	3	4	5
1	1	1	4	3	2	9	1	3	1	4	4
2	2	1	1	1	3	10	2	3	4	2	1
3	3	1	3	4	1	11	3	3	2	3	3
4	4	1	2	2	4	12	4	3	3	1	2
5	1	2	3	2	3	13	1	4	2	1	1
6	2	2	2	4	2	14	2	4	3	3	4
7	3	2	4	1	4	15	3	4	1	2	2
8	4	2	1	3	1	16	4	4	4	4	3

注：任意两列的交互列是另外三列。

八、L_{25}（5^6）

试验号＼列号	1	2	3	4	5	6	试验号＼列号	1	2	3	4	5	6
1	1	1	2	4	3	2	14	4	3	5	2	4	2
2	2	1	5	5	5	4	15	5	3	4	4	1	4
3	3	1	4	1	4	1	16	1	4	4	2	5	3
4	4	1	1	3	1	3	17	2	4	1	4	4	5
5	5	1	3	2	2	5	18	3	4	3	5	1	2
6	1	2	3	3	4	4	19	4	4	2	1	2	4
7	2	2	2	2	1	1	20	5	4	5	3	3	1
8	3	2	5	4	2	3	21	1	5	5	1	1	5
9	4	2	4	5	3	5	22	2	5	4	3	2	2
10	5	2	1	1	5	2	23	3	5	1	2	3	4
11	1	3	1	5	2	1	24	4	5	3	4	5	1
12	2	3	3	1	3	3	25	5	5	2	5	4	3
13	3	3	2	3	5	5							

注：任意两列的交互列是另外四列。

九、L_{27}（3^{13}）

试验号＼列号	1	2	3	4	5	6	7	8	9	10	11	12	13
1	1	1	3	2	1	2	2	3	1	2	1	3	3
2	2	1	1	1	1	1	3	3	2	1	1	2	1
3	3	1	2	3	1	3	1	3	3	3	1	1	2
4	1	2	2	1	1	2	2	2	3	1	3	1	1
5	2	2	3	3	1	1	3	2	1	3	3	3	2
6	3	2	1	2	1	3	1	2	2	2	3	2	3
7	1	3	1	3	1	2	2	1	2	3	2	2	2
8	2	3	2	2	1	1	3	1	3	2	2	1	3
9	3	3	3	1	1	3	1	1	1	1	2	3	1
10	1	1	1	1	2	3	3	1	3	2	3	3	2
11	2	1	2	3	2	2	1	1	1	1	3	2	3
12	3	1	3	2	2	1	2	1	2	3	3	1	1
13	1	2	3	3	2	3	3	3	2	1	2	1	3
14	2	2	1	2	2	2	1	3	3	3	2	3	1
15	3	2	2	1	2	1	2	3	1	2	2	2	2
16	1	3	2	2	2	3	3	2	1	3	1	2	1
17	2	3	3	1	2	2	1	2	2	2	1	1	2
18	3	3	1	3	2	1	2	2	3	1	1	3	3
19	1	1	2	3	3	1	1	2	2	2	2	3	1
20	2	1	3	2	3	3	2	2	3	1	2	2	2
21	3	1	1	1	3	2	3	2	1	3	2	1	3
22	1	2	1	2	3	1	1	1	1	1	1	1	2
23	2	2	2	1	3	3	2	1	2	3	1	3	3
24	3	2	3	3	3	2	3	1	3	2	1	2	1
25	1	3	3	1	3	1	1	3	3	3	3	2	3
26	2	3	1	3	3	3	2	3	1	2	3	1	1
27	3	3	2	2	3	2	3	3	2	1	3	3	2

十、L_8（$4^1 \times 2^4$）

试验号＼列号	1	2	3	4	5
1	1	1	2	2	1
2	3	2	2	1	1
3	2	2	2	2	2
4	4	1	2	1	2
5	1	2	1	1	2
6	3	1	1	2	2
7	2	1	1	1	1
8	4	2	1	2	1

注：在第二表 L_8（2^7）中，把第1列和第2列的1和1、1和2、2和1、2和2依次换成1、2、3、4，同时取消它们的交互列第七列，再将原表中的第3、4、5、6列依次提前一号，成为2、3、4、5列，就构成本表。

附录 4 元素周期表

原子序数 ← 19 K → 元素符号
钾 → 元素名称
注＊的是人造元素
相对原子质量 ← 39.0983

族 周期	I$_A$	II$_A$	III$_B$	IV$_B$	V$_B$	VI$_B$	VII$_B$	VIII			I$_B$	II$_B$	III$_A$	IV$_A$	V$_A$	VI$_A$	VII$_A$	0	电子层	0族电子数
1	1 H 氢 1.00794(7)																	2 He 氦 4.002602(2)	K	2
2	3 Li 锂 6.941(2)	4 Be 铍 9.012182(3)											5 B 硼 10.811(7)	6 C 碳 12.0107(8)	7 N 氮 14.0067(2)	8 O 氧 15.9994(3)	9 F 氟 18.9984032(5)	10 Ne 氖 20.1797(6)	L K	8 2
3	11 Na 钠 22.989770(2)	12 Mg 镁 24.3050(6)											13 Al 铝 26.981538(2)	14 Si 硅 28.0855(3)	15 P 磷 30.973761(2)	16 S 硫 32.065(5)	17 Cl 氯 35.453(2)	18 Ar 氩 39.948(1)	M L K	8 8 2
4	19 K 钾 39.0983(1)	20 Ca 钙 40.078(4)	21 Sc 钪 44.955910(8)	22 Ti 钛 47.867(1)	23 V 钒 50.9415(1)	24 Cr 铬 51.9961(6)	25 Mn 锰 54.938049(9)	26 Fe 铁 55.845(2)	27 Co 钴 58.933200(9)	28 Ni 镍 58.6934(2)	29 Cu 铜 63.546(3)	30 Zn 锌 65.39(2)	31 Ga 镓 69.723(1)	32 Ge 锗 72.64(1)	33 As 砷 74.92160(2)	34 Se 硒 78.96(3)	35 Br 溴 79.904(1)	36 Kr 氪 83.80(1)	N M L K	8 18 8 2
5	37 Rb 铷 85.4678(3)	38 Sr 锶 87.62(1)	39 Y 钇 88.90585(2)	40 Zr 锆 91.224(2)	41 Nb 铌 92.90638(2)	42 Mo 钼 95.94(1)	43 Tc 锝 (97,99)	44 Ru 钌 101.07(2)	45 Rh 铑 102.90550(2)	46 Pd 钯 106.42(1)	47 Ag 银 107.8682(2)	48 Cd 镉 112.411(8)	49 In 铟 114.818(3)	50 Sn 锡 118.710(7)	51 Sb 锑 121.760(1)	52 Te 碲 127.60(3)	53 I 碘 126.90447(3)	54 Xe 氙 131.293(6)	O N M L K	8 18 18 8 2
6	55 Cs 铯 132.90545(2)	56 Ba 钡 137.327(7)	57—71 La-Lu 镧系	72 Hf 铪 178.49(2)	73 Ta 钽 180.9479(1)	74 W 钨 183.84(1)	75 Re 铼 186.207(1)	76 Os 锇 190.23(3)	77 Ir 铱 192.217(3)	78 Pt 铂 195.078(2)	79 Au 金 196.96655(2)	80 Hg 汞 200.59(2)	81 Tl 铊 204.3833(2)	82 Pb 铅 207.2(1)	83 Bi 铋 208.98038(2)	84 Po 钋 (209,210)	85 At 砹 (210)	86 Rn 氡 (222)	P O N M L K	8 18 32 18 8 2
7	87 Fr 钫 (223)	88 Ra 镭 (226)	89—103 Ac-Lr 锕系	104 Rf 𬬻＊ (261)	105 Db 𬭊＊ (262)	106 Sg 𬭳＊ (263)	107 Bh 𬭛＊ (264)	108 Hs 𬭶＊ (265)	109 Mt 鿏＊ (268)	110 Ds 𫟼＊ (269)	111 Uuu ＊ (272)	112 Uub ＊ (277)								

镧系	57 La 镧 138.9055(2)	58 Ce 铈 140.116(1)	59 Pr 镨 140.90765(2)	60 Nd 钕 144.24(3)	61 Pm 钷＊ (147)	62 Sm 钐 150.36(3)	63 Eu 铕 151.964(1)	64 Gd 钆 157.25(3)	65 Tb 铽 158.92534(2)	66 Dy 镝 162.50(3)	67 Ho 钬 164.93032(2)	68 Er 铒 167.259(3)	69 Tm 铥 168.93421(2)	70 Yb 镱 173.04(3)	71 Lu 镥 174.967(1)
锕系	89 Ac 锕 (227)	90 Th 钍 232.0381(1)	91 Pa 镤 231.03588(2)	92 U 铀 238.02891(3)	93 Np 镎 (237)	94 Pu 钚 (239.244)	95 Am 镅＊ (243)	96 Cm 锔＊ (247)	97 Bk 锫＊ (247)	98 Cf 锎＊ (251)	99 Es 锿＊ (252)	100 Fm 镄＊ (257)	101 Md 钔＊ (258)	102 No 锘＊ (259)	103 Lr 铹＊ (260)

注：1. 相对原子质量录自1999年国际原子量表，以$^{12}C=12$为基准。相对原子质量的末位数的准确度加注在其后括号内。
2. 括号内数据是天然放射性元素较重要的同位素的质量数或人造元素半衰期最长的同位素的质量数。

参考文献

[1] 许时. 矿石可选性研究 [M]. 2版. 北京：冶金工业出版社，2007.
[2] 成清书. 矿石可选性研究 [M]. 北京：冶金工业出版社，1989.
[3] 龚明光. 浮游选矿 [M]. 北京：冶金工业出版社，1988.
[4] 杨家文. 碎矿与磨矿技术 [M]. 北京：冶金工业出版社，2008.
[5] 黄尔君. 化学选矿 [M]. 北京：冶金工业出版社，1993.
[6] 陈国山. 矿石学基础 [M]. 北京：冶金工业出版社，2009.

冶金工业出版社部分图书推荐